普通高等教育土木工程专业新形态教材

AutoCAD+天正建筑 计算机绘图教程

李飞燕　主　编

黄丹青　黄晨然　副主编

U0223293

清華大学出版社

北 京

内 容 简 介

本书主要结合《房屋建筑制图统一标准》(GB/T 50001—2017)、《建筑制图标准》(GB/T 50104—2010)和《建筑结构制图标准》(GB/T 50105—2010)等相关制图规范,由浅入深、循序渐进地介绍了 AutoCAD 2022 中文版和天正建筑 TArch 20 V7.0 两个计算机辅助设计软件。第一篇详细介绍了 AutoCAD 2022 中基本命令的使用和如何运用该软件进行多种土建图样的绘制;第二篇主要介绍利用天正建筑 TArch 20 V7.0 绘制建筑图的方法和技巧。此外,本书作为一体化教材,除了纸质教材外,还配有电子教学资源库。电子教学资源库包含课程教学大纲、电子课件、习题集、考试样卷、部分基本命令的操作视频、纸质教材中习题和工程案例的绘图视频等,可供读者学习使用。

本书可作为高等院校土建相关专业计算机辅助制图教材,也可以作为土建行业工程技术人员学习和参考用书。

图书在版编目(CIP)数据

AutoCAD＋天正建筑计算机绘图教程 / 李飞燕主编. -- 北京:清华大学出版社,2024. 11. -- (普通高等教育土木工程专业新形态教材). -- ISBN 978-7-302-67556-3

Ⅰ. TU204-39

中国国家版本馆 CIP 数据核字第 2024AX4742 号

责任编辑:秦　娜
封面设计:陈国熙
责任校对:欧　洋
责任印制:丛怀宇

出版发行:清华大学出版社
　　　网　　　址:https://www.tup.com.cn,https://www.wqxuetang.com
　　　地　　　址:北京清华大学学研大厦 A 座　　　邮　　编:100084
　　　社 总 机:010-83470000　　　邮　　购:010-62786544
　　　投稿与读者服务:010-62776969,c-service@tup.tsinghua.edu.cn
　　　质量反馈:010-62772015,zhiliang@tup.tsinghua.edu.cn
印 装 者:三河市君旺印务有限公司
经　　销:全国新华书店
开　　本:185mm×260mm　　　印　　张:23.75　　　字　　数:578 千字
版　　次:2024 年 12 月第 1 版　　　印　　次:2024 年 12 月第 1 次印刷
定　　价:75.00 元

产品编号:099620-01

前 言

PREFACE

　　新形态一体化教材是以纸质教材为核心,数字化资源相配合的新型教材,其将纸质教材和数字化资源进行一体化设计,发挥纸质教材体系的完整性、数字化资源呈现形式的多样性和服务的个性化等特点,通过二维码等网络技术、新颖的版式设计和内容编排,建立纸质教材和数字化资源的有机联系。新形态一体化教材可为高等院校教学提供一套整体解决方案。

　　本书在内容编排上由浅入深、循序渐进地介绍了 AutoCAD 2022 中文版和天正建筑 TArch 20 V7.0 这两个计算机辅助设计软件。第一篇详细介绍了 AutoCAD 2022 中基本命令的使用和如何运用该软件进行多种土建图样的绘制;第二篇主要介绍利用天正建筑 TArch 20 V7.0 绘制建筑图的方法和技巧。本书可作为高等院校土建相关专业计算机辅助制图教材,也可以作为土建行业工程技术人员学习和参考用书。

　　在本书的编写中,主要突出以下特点:

　　(1)本书是省级线下一流本科课程"土木工程 CAD 技术"的建设成果之一,除了纸质教材外,还配有电子教学资源库。电子教学资源库包含课程教学大纲、电子课件、习题集、考试样卷、部分基本命令的操作视频、纸质教材中习题和工程案例的绘图视频等,可以为读者提供全面的学习资源。其中纸质教材中的习题和工程案例的绘图视频可以在书中各章节扫描二维码进行查阅,其余资料则可扫描前言中二维码进行查阅。

0-1　教学大纲、知识体系、教学指南　　　0-2　操作习题集　　　　0-3　考试样卷

0-4　课件　　　0-5　CAD 部分基本命令操作视频

　　(2)在本书编写过程中,主要结合《房屋建筑制图统一标准》(GB/T 50001—2017)、《建筑制图标准》(GB/T 50104—2010)和《建筑结构制图标准》(GB/T 50105—2010)等相关制图规范,让读者在掌握软件基本命令操作的同时进一步熟悉制图规范,保证绘图的规范性。

　　（3）本书融入大量案例，内容更具实用性，读者在掌握绘图技巧的同时，能进一步提高工程识图的能力。

　　本书第 1～4 章、第 8 章由李飞燕编写，第 5～7 章、第 9 章由黄晨然编写，第 10～15 章由黄丹青编写，全书由李飞燕统稿。

　　由于时间仓促，书中不足之处在所难免，恳请专家和广大读者批评指正，编者不胜感激。

编　者

2024 年 4 月

目录
CONTENTS

第一篇　AutoCAD 2022

第 1 章　AutoCAD 2022 的操作基础 ··· 3

1.1　AutoCAD 2022 的工作空间 ·· 3

1.2　AutoCAD 2022 的操作界面及设置 ·· 4

　　1.2.1　AutoCAD 2022 的操作界面 ·· 4

　　1.2.2　AutoCAD 2022 操作界面设置 ·· 6

1.3　基本命令操作 ··· 7

　　1.3.1　鼠标的操作 ··· 7

　　1.3.2　命令的执行与结束 ··· 7

　　1.3.3　命令的重复与撤销 ··· 8

1.4　系统参数的设置 ··· 8

1.5　图形文件操作 ··· 9

　　1.5.1　新建文件 ··· 9

　　1.5.2　打开文件 ·· 12

　　1.5.3　保存文件 ·· 12

1.6　习题 ·· 14

第 2 章　绘图前的准备工作 ··· 15

2.1　AutoCAD 2022 的坐标系统 ·· 15

　　2.1.1　AutoCAD 2022 坐标系简介 ·· 15

　　2.1.2　坐标的输入 ·· 15

2.2　绘图环境的设置 ·· 17

　　2.2.1　图形单位设置 ·· 17

　　2.2.2　图形界限设置 ·· 18

2.3　辅助绘图功能及设置 ·· 18

　　2.3.1　栅格与捕捉 ·· 19

　　2.3.2　正交与极轴追踪 ·· 20

　　2.3.3　对象捕捉与对象捕捉追踪 ··· 20

　　2.3.4　动态输入 ·· 22

2.4　线型、线宽和颜色的设置 ···················· 23
　　2.4.1　线型 ···························· 23
　　2.4.2　线宽 ···························· 26
　　2.4.3　颜色 ···························· 27
2.5　图层的设置与管理 ······················· 27
　　2.5.1　新建与删除图层 ···················· 28
　　2.5.2　设置当前图层 ····················· 28
　　2.5.3　设置图层特性 ····················· 28
　　2.5.4　管理图层 ······················· 29
2.6　视图显示 ··························· 30
　　2.6.1　缩放视图 ······················· 30
　　2.6.2　平移视图 ······················· 34
2.7　相关规范对线型、线宽的规定 ················· 34
2.8　习题 ···························· 35

第3章　二维基本绘图操作 ························ 36

3.1　直线类图形的绘制 ······················· 36
　　3.1.1　直线 ···························· 36
　　3.1.2　射线 ···························· 37
　　3.1.3　构造线 ························· 37
　　3.1.4　多线 ···························· 37
　　3.1.5　矩形 ···························· 40
　　3.1.6　多边形 ························· 41
3.2　曲线类图形的绘制 ······················· 42
　　3.2.1　圆 ····························· 42
　　3.2.2　圆弧 ···························· 45
　　3.2.3　圆环 ···························· 47
　　3.2.4　椭圆与椭圆弧 ····················· 48
　　3.2.5　样条曲线 ······················· 49
3.3　多段线的绘制 ························· 50
3.4　点的绘制 ··························· 52
　　3.4.1　点样式的设置 ····················· 52
　　3.4.2　点的绘制 ······················· 52
　　3.4.3　定数等分 ······················· 53
　　3.4.4　定距等分 ······················· 53
3.5　图案填充与编辑 ························ 54
　　3.5.1　图案填充 ······················· 54
　　3.5.2　编辑图案填充 ····················· 57
3.6　习题 ···························· 58

第 4 章   二维基本编辑操作 ·· 60

4.1   对象的选择 ·· 60
4.1.1   对象选择方式设置 ·· 60
4.1.2   点选方式 ·· 60
4.1.3   窗口方式 ·· 61
4.1.4   交叉窗口方式 ·· 61
4.1.5   过滤方式 ·· 61
4.1.6   快速方式 ·· 62
4.2   基本编辑命令 ·· 63
4.2.1   删除和放弃 ·· 63
4.2.2   移动和复制 ·· 64
4.2.3   旋转和缩放 ·· 65
4.2.4   倒角和圆角 ·· 67
4.2.5   修剪和延伸 ·· 70
4.2.6   偏移和镜像 ·· 71
4.2.7   拉伸和拉长 ·· 72
4.2.8   打断和合并 ·· 74
4.2.9   分解 ·· 75
4.2.10   阵列 ·· 76
4.3   多线的编辑 ·· 79
4.4   多段线的编辑 ·· 82
4.5   对象特性 ·· 83
4.5.1   对象特性选项板 ·· 83
4.5.2   特性匹配 ·· 84
4.6   夹点编辑 ·· 85
4.7   习题 ·· 86

第 5 章   文本与表格 ·· 88

5.1   文字样式的设置 ·· 88
5.2   文字的输入 ·· 89
5.2.1   单行文字输入 ·· 89
5.2.2   多行文字输入 ·· 90
5.3   文字的编辑 ·· 96
5.3.1   文字内容的编辑 ·· 96
5.3.2   文字高度和对正样式的编辑 ··································· 96
5.4   表格的创建 ·· 97
5.4.1   表格样式的创建 ·· 97
5.4.2   表格的创建 ·· 98

5.5 表格单元的编辑 ·· 100

5.6 相关规范对文字的规定 ··· 101

5.7 习题 ··· 102

第 6 章 尺寸标注与编辑 ··· 104

6.1 尺寸标注基本常识 ·· 104

6.1.1 尺寸标注的组成 ·· 104

6.1.2 尺寸标注的类型 ·· 104

6.1.3 尺寸标注的关联性 ····································· 105

6.2 相关规范对尺寸标注的规定 ·································· 105

6.3 尺寸标注样式的设置 ··· 107

6.3.1 标注样式管理器 ·· 107

6.3.2 创建新的标注样式 ····································· 108

6.4 常用工程标注 ·· 113

6.4.1 长度尺寸标注 ·· 113

6.4.2 径向尺寸标注 ·· 115

6.4.3 角度尺寸标注 ·· 116

6.4.4 弧长尺寸标注 ·· 117

6.4.5 圆心标记标注 ·· 118

6.4.6 多重引线标注 ·· 118

6.5 尺寸标注的编辑 ··· 121

6.5.1 利用夹点编辑 ·· 121

6.5.2 利用特性选项板编辑 ·································· 122

6.5.3 利用命令编辑 ·· 122

6.6 习题 ··· 125

第 7 章 图块 ··· 126

7.1 图块的创建和插入 ·· 126

7.1.1 内部图块的创建 ·· 126

7.1.2 外部图块的创建 ·· 127

7.1.3 图块的插入 ··· 128

7.2 图块的编辑 ·· 129

7.3 带属性的图块 ·· 131

7.3.1 定义图块属性 ·· 131

7.3.2 带属性图块的创建 ····································· 132

7.3.3 带属性图块的编辑 ····································· 133

7.4 动态图块 ··· 134

7.5 习题 ··· 136

第 8 章 建筑绘图综合实例 ··· 138

8.1 相关规范的其他规定 ·· 138

8.1.1 图幅、图框、标题栏和会签栏 ···················· 138

8.1.2 绘图比例 ·· 140

8.1.3 常用符号 ·· 140

8.1.4 轴线 ··· 143

8.2 建筑平面图的绘制 ·· 144

8.2.1 建筑平面图的内容及绘制要求 ···················· 145

8.2.2 建筑平面图的绘制步骤 ······························ 146

8.3 建筑立面图的绘制 ·· 149

8.3.1 建筑立面图的内容及绘制要求 ···················· 149

8.3.2 建筑立面图的绘制步骤 ······························ 150

8.4 建筑剖面图的绘制 ·· 151

8.4.1 建筑剖面图的内容及绘制要求 ···················· 152

8.4.2 建筑剖面图的绘制步骤 ······························ 153

8.5 建筑详图的绘制 ·· 154

8.5.1 建筑详图的内容及绘制要求 ······················· 154

8.5.2 建筑详图的绘制步骤 ·································· 155

8.6 结构施工图的绘制 ·· 157

8.6.1 结构施工图的内容 ···································· 157

8.6.2 结构平面图的绘制 ···································· 157

8.6.3 钢筋混凝土梁结构图的绘制 ······················· 160

8.7 习题 ··· 163

第 9 章 图形的输出 ··· 165

9.1 模型空间与图纸空间 ·· 165

9.2 配置打印设备 ·· 165

9.2.1 绘图仪管理器 ·· 165

9.2.2 配置图纸尺寸 ·· 167

9.3 打印设置 ·· 167

9.3.1 设置打印参数 ·· 167

9.3.2 创建打印样式 ·· 170

9.4 布局与视口 ·· 176

9.4.1 创建布局 ·· 176

9.4.2 在布局中建立浮动视口 ······························ 180

9.4.3 视口的操作 ··· 182

9.5 图形输出 ·· 183

9.5.1 单比例布图与在模型空间打印 ···················· 183

9.5.2 多比例布图与在图纸空间打印 ·· 185

9.5.3 其他形式的输出 ·· 187

9.6 习题 ··· 187

第二篇 TArch 20 V7.0

第 10 章 TArch 20 V7.0 简介 ·· 191

10.1 TArch 20 V7.0 的界面操作 ·· 191

10.1.1 TArch 20 V7.0 的启动和退出 ······································ 191

10.1.2 TArch 20 V7.0 的用户界面 ·· 192

10.1.3 TArch 20 V7.0 的基本操作 ·· 193

10.2 TArch 20 V7.0 的环境设置 ·· 194

10.2.1 天正选项设置 ·· 194

10.2.2 其他环境设置 ·· 195

10.3 TArch 20 V7.0 的工程管理 ·· 199

10.3.1 工程管理 ·· 199

10.3.2 图纸管理 ·· 200

10.3.3 楼层管理 ·· 201

10.3.4 属性管理 ·· 202

10.4 TArch 20 V7.0 的文件操作 ·· 202

10.4.1 文档转换 ·· 202

10.4.2 分解对象 ·· 204

10.4.3 图纸保护 ·· 205

10.4.4 其他操作 ·· 205

10.5 习题 ··· 205

第 11 章 建筑平面图的绘制入门 ··· 206

11.1 轴网绘制 ··· 207

11.1.1 轴网的创建 ·· 207

11.1.2 轴网的编辑 ·· 208

11.1.3 轴网的标注 ·· 209

11.1.4 轴号的编辑 ·· 210

11.2 柱子布置 ··· 211

11.2.1 柱子的创建 ·· 211

11.2.2 柱子的编辑 ·· 212

11.2.3 柱子的加粗与填充 ·· 212

11.3 墙体绘制 ··· 214

11.3.1 墙体的创建 ·· 214

11.3.2 墙体的编辑 ·· 216

11.3.3 墙体的加粗 ……………………………………………… 218
11.4 门窗插入 ………………………………………………………… 218
11.4.1 门的创建与编辑 ………………………………………… 218
11.4.2 窗的创建与编辑 ………………………………………… 221
11.4.3 门窗的编号 ……………………………………………… 223
11.5 室内外设施绘制 …………………………………………………… 223
11.5.1 楼梯的绘制 ……………………………………………… 223
11.5.2 台阶的绘制 ……………………………………………… 224
11.5.3 散水的绘制 ……………………………………………… 226
11.6 文字/尺寸/符号标注 …………………………………………… 228
11.6.1 文字标注 ………………………………………………… 228
11.6.2 尺寸标注 ………………………………………………… 230
11.6.3 符号标注 ………………………………………………… 236
11.6.4 图框插入 ………………………………………………… 239
11.7 习题 ……………………………………………………………… 241

第 12 章 建筑平面图的绘制详述 ……………………………………… 242
12.1 绘图前准备 ……………………………………………………… 242
12.1.1 环境设置 ………………………………………………… 242
12.1.2 工程管理 ………………………………………………… 242
12.2 轴网绘制 ………………………………………………………… 243
12.2.1 轴网的创建 ……………………………………………… 243
12.2.2 轴网的编辑 ……………………………………………… 246
12.2.3 轴网的标注 ……………………………………………… 248
12.2.4 轴号的编辑 ……………………………………………… 250
12.3 柱子布置 ………………………………………………………… 254
12.3.1 柱子的创建 ……………………………………………… 255
12.3.2 柱子的编辑 ……………………………………………… 257
12.4 墙体绘制 ………………………………………………………… 258
12.4.1 墙体的创建 ……………………………………………… 258
12.4.2 墙体的编辑 ……………………………………………… 261
12.4.3 墙体工具 ………………………………………………… 264
12.4.4 墙体立面 ………………………………………………… 265
12.4.5 识别内外 ………………………………………………… 266
12.5 门窗插入 ………………………………………………………… 267
12.5.1 门窗的创建 ……………………………………………… 267
12.5.2 门窗的编号 ……………………………………………… 271
12.5.3 门窗的编辑 ……………………………………………… 273
12.5.4 门窗工具 ………………………………………………… 276

12.6 室内外设施绘制 …………………………………………………………… 281

12.6.1 房间的查询与布置 ……………………………………………… 281

12.6.2 屋顶的绘制 ……………………………………………………… 288

12.6.3 楼梯和电梯的绘制 ……………………………………………… 294

12.6.4 室外设施的绘制 ………………………………………………… 302

12.7 习题 ……………………………………………………………………… 304

第 13 章 建筑立面图的绘制 ………………………………………………………… 307

13.1 立面图的生成 …………………………………………………………… 308

13.1.1 平面图的准备 …………………………………………………… 308

13.1.2 建筑立面 ………………………………………………………… 310

13.1.3 构件立面 ………………………………………………………… 312

13.2 立面图的修改与细化 …………………………………………………… 312

13.2.1 立面门窗 ………………………………………………………… 312

13.2.2 立面阳台 ………………………………………………………… 314

13.2.3 立面屋顶 ………………………………………………………… 315

13.2.4 雨水管线 ………………………………………………………… 316

13.2.5 柱立面线 ………………………………………………………… 316

13.3 立面图的标注与其他 …………………………………………………… 317

13.3.1 图形裁剪 ………………………………………………………… 317

13.3.2 立面轮廓 ………………………………………………………… 318

13.3.3 立面标注 ………………………………………………………… 318

13.4 习题 ……………………………………………………………………… 322

第 14 章 建筑剖面图的绘制 ………………………………………………………… 324

14.1 剖面图的生成 …………………………………………………………… 325

14.1.1 平面图准备 ……………………………………………………… 325

14.1.2 建筑剖面 ………………………………………………………… 328

14.1.3 构件剖面 ………………………………………………………… 329

14.2 剖面图的修改与细化 …………………………………………………… 331

14.2.1 剖面墙 …………………………………………………………… 331

14.2.2 剖面楼板与剖断梁 ……………………………………………… 331

14.2.3 剖面门窗与门窗过梁 …………………………………………… 334

14.2.4 剖面檐口 ………………………………………………………… 335

14.2.5 剖面楼梯 ………………………………………………………… 336

14.3 剖面图的标注与其他 …………………………………………………… 340

14.3.1 立面修改 ………………………………………………………… 340

14.3.2 剖面填充与加粗 ………………………………………………… 340

14.3.3 剖面标注 ………………………………………………………… 344

14.4 习题 ……………………………………………………………………… 346

第 15 章　TArch 20 V7.0 的图块图案 ……………………………………… 347

15.1 图库管理 …………………………………………………………………… 347

15.1.1 通用图库 ……………………………………………………… 347

15.1.2 动态图库 ……………………………………………………… 348

15.1.3 幻灯管理 ……………………………………………………… 349

15.1.4 构件库 ………………………………………………………… 350

15.1.5 构件入库 ……………………………………………………… 350

15.2 图块操作 …………………………………………………………………… 351

15.2.1 图块转化 ……………………………………………………… 351

15.2.2 图块改层 ……………………………………………………… 352

15.2.3 图块改名 ……………………………………………………… 352

15.2.4 图块替换 ……………………………………………………… 353

15.2.5 多块视图 ……………………………………………………… 353

15.2.6 其他操作 ……………………………………………………… 353

15.3 图案管理与编辑 …………………………………………………………… 355

15.3.1 图案管理 ……………………………………………………… 355

15.3.2 木纹填充 ……………………………………………………… 356

15.3.3 图案加洞 ……………………………………………………… 357

15.3.4 图案减洞 ……………………………………………………… 357

15.3.5 线图案 ………………………………………………………… 358

15.3.6 填充面积 ……………………………………………………… 359

15.4 习题 ………………………………………………………………………… 360

参考文献 ……………………………………………………………………………… 361

附录A　常用快捷命令 …………………………………………………………… 362

A-1 常用功能键 ………………………………………………………………… 362

A-2 常用 Ctrl 快捷键 ………………………………………………………… 362

A-3 常用快捷命令 ……………………………………………………………… 363

二维码目录

0-1 教学大纲、知识体系、教学指南 ……………………………………… I

0-2 操作习题集 ……………………………………………………………… I

0-3 考试样卷 ………………………………………………………………… I

0-4 课件 ……………………………………………………………………… I

0-5 CAD 部分基本命令操作视频 …………………………………………… I

1-1 操作界面及相关设置 …………………………………………………… 7

1-2 系统参数的设置 ………………………………………………………… 9

1-3 图形文件的新建、打开和保存 ………………………………………… 14

2-1 利用坐标绘图 …………………………………………………………… 16

2-2 利用动态输入方式绘图 ………………………………………………… 23

2-3 图层设置 ………………………………………………………………… 30

2-4 正交功能绘图 …………………………………………………………… 35

2-5 绘制五角星 ……………………………………………………………… 35

3-1 直线命令绘制标高符号 ………………………………………………… 42

3-2 绘制组合图形 …………………………………………………………… 50

3-3 多段线命令绘图 ………………………………………………………… 52

3-4 点命令绘图 ……………………………………………………………… 54

3-5 图案填充 ………………………………………………………………… 58

3-6 绘制平面窗 ……………………………………………………………… 59

3-7 绘制平面单扇门 ………………………………………………………… 59

3-8 绘制钢筋图 ……………………………………………………………… 59

3-9 绘制基础图 ……………………………………………………………… 59

4-1 绘制组合图形 1 ………………………………………………………… 78

4-2 绘制组合图形 2 ………………………………………………………… 78

4-3 绘制组合图形 3 ………………………………………………………… 79

4-4 绘制组合图形 4 ………………………………………………………… 79

4-5 电梯井及门洞口 ………………………………………………………… 81

4-6 多段线编辑 ……………………………………………………………… 83

4-7 图框和标题栏 …………………………………………………………… 87

4-8 立面窗 …………………………………………………………………… 87

4-9 房间平面图 ……………………………………………………………… 87

4-10 梁配筋截面图 …………………………………………………………… 87

5-1 多行文字输入 …………………………………………………………… 95

5-2 带特殊符号的文字 ……………………………………………………… 103

5-3　图纸说明 ……………………………………………………………… 103

5-4　门窗表 ………………………………………………………………… 103

6-1　标注样式设置 ………………………………………………………… 112

6-2　尺寸标注综合操作 …………………………………………………… 125

7-1　图块创建与插入 ……………………………………………………… 129

7-2　指北针图块 …………………………………………………………… 137

7-3　插入平面窗 …………………………………………………………… 137

7-4　室外标高符号 ………………………………………………………… 137

8-1　绘图建筑平面图 ……………………………………………………… 146

8-2　绘图建筑立面图 ……………………………………………………… 150

8-3　绘制建筑剖面图 ……………………………………………………… 153

8-4　绘制楼梯顶层平面图 ………………………………………………… 156

8-5　绘制结构平面图 ……………………………………………………… 158

8-6　绘制梁配筋图 ………………………………………………………… 160

8-7　绘制某住宅平面图 …………………………………………………… 164

8-8　绘制楼梯配筋图 ……………………………………………………… 164

9-1　图形输出 ……………………………………………………………… 188

10-1　工程管理功能 ………………………………………………………… 202

10-2　用户界面与基本操作 ………………………………………………… 205

10-3　环境设置 ……………………………………………………………… 205

10-4　文件操作 ……………………………………………………………… 205

11-1　绘制某住宅一层平面图 ……………………………………………… 241

12-1　绘制某科研楼建筑平面图 …………………………………………… 305

13-1　绘制某科研楼建筑立面图 …………………………………………… 322

14-1　绘制某科研楼建筑剖面图 …………………………………………… 346

15-1　图案管理与编辑 ……………………………………………………… 356

15-2　图库管理功能 ………………………………………………………… 360

15-3　图块操作功能 ………………………………………………………… 360

15-4　绘制线图案 …………………………………………………………… 360

15-5　绘制卫生间布置图 …………………………………………………… 360

第一篇

AutoCAD 2022

第1章

AutoCAD 2022的操作基础

AutoCAD 2022 是 Autodesk 公司开发的一款计算机辅助设计绘图软件,可以用于二维制图和基本三维设计。使用该软件,无须懂得编程即可自动制图,因此该软件被广泛应用于土建等相关行业。本章主要介绍 AutoCAD 2022 的操作基础,为读者学习使用 AutoCAD 软件绘制建筑图样打下基础。

本章学习内容：

➤ AutoCAD 2022 的工作空间

➤ AutoCAD 2022 的操作界面及设置

➤ 基本命令操作

➤ 系统参数的设置

➤ 图形文件操作

1.1 AutoCAD 2022 的工作空间

工作空间是由菜单、工具栏、选项板和功能区控制面板组成的集合,用户可以在专门的、面向任务的绘图环境中工作。在使用工作空间时,界面只会显示与任务相关的菜单、工具栏和选项板。AutoCAD 2022 提供了三种工作空间,分别为"草图与注释""三维基础""三维建模"。

可采用如下方法实现工作空间的切换：

• 单击下拉菜单"工具"→选择"工作空间"命令→选择相应的工作空间,如图 1-1 所示；

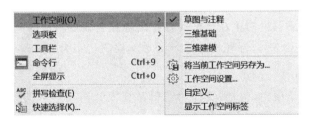

图 1-1　菜单栏切换工作空间

• 单击状态栏上切换工作空间命令按钮 ✿ ▾,从弹出的菜单中选择所需的工作空间。

本书所有章节均在"草图与注释"工作空间中进行介绍。

1.2　AutoCAD 2022 的操作界面及设置

　　AutoCAD 2022 的操作界面是用于显示、编辑图形的区域,用户可以根据需要进行相关的设置。

1.2.1　AutoCAD 2022 的操作界面

　　启动 AutoCAD 2022,在"草图与注释"工作空间下的操作界面如图 1-2 所示。整个操作界面主要由快速访问工具栏、标题栏、菜单栏、功能区、绘图区、命令窗口、布局标签、状态栏等几个主要部分组成。

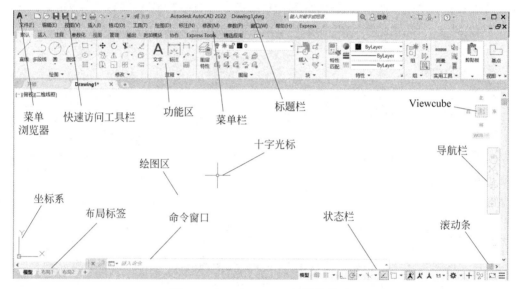

图 1-2　AutoCAD 2022 的操作界面

1. 快速访问工具栏

　　快速访问工具栏中的常用命令快捷按钮,包括新建 ▢、打开 ▷、保存 ▤、撤销 ↶、重做 ↷ 等。单击最右侧的下拉按钮 ▾,可以向工具栏内添加或删除工具按钮。

2. 标题栏

　　标题栏主要用于显示目前正在运行的程序名称和当前被激活的图形文件名称。用户第一次启动 AutoCAD 2022 时,标题栏将显示图形文件的名字为 Drawing1.dwg。

3. 菜单栏

　　标题栏的下方为菜单栏,包括"文件""编辑""视图""插入""格式""工具""绘图""标注""修改""参数""窗口""帮助"等主要菜单,囊括了 AutoCAD 2022 的常用命令。单击任意一个菜单栏,都会出现一个下拉菜单,如下拉菜单中出现"…"符号,表示单击后会弹出一个对话框。如下拉菜单中出现">",表示还存在下一级菜单。下拉式菜单如图 1-3 所示。

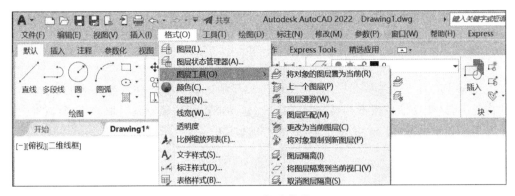

图 1-3　下拉式菜单

4．功能区

菜单栏的下方为功能区，如图 1-4 所示。功能区将命令和工具用选项卡与面板呈现。选项卡包括"默认""插入""注释""参数化""三维工具""可视化""视图""管理""输出""附加模块""协作""布局"等。其中"布局"选项卡仅在图纸空间中显示，单击任意一个选项卡，即在下方显示相应的面板，面板上提供了大量命令按钮及下拉列表。

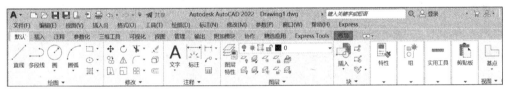

图 1-4　功能区

5．绘图区

屏幕中间是绘图区，用于绘制和修改图形。绘图区的右侧和下侧分别有垂直方向和水平方向的滚动条，拖动滚动条就可以垂直或水平移动视图。绘图区的右侧带有 Viewcube 和导航栏。用户通过 Viewcube 可以调整视图方向以及在标准视图与等距视图间进行切换，通过导航栏可以对图形进行平移、缩放和动态观察等视图操作。绘图区的左下方是坐标系，该坐标系主要用于协助用户确定绘图方向。随着鼠标的移动，绘图区会出现"十"字符号。该符号称为十字光标，用于定位点、选择和绘制对象。

6．命令窗口

绘图区的下方是命令窗口，用于输入命令和显示命令提示，如图 1-5 所示。用户要时刻关注命令行中出现的信息。

图 1-5　命令窗口

7．布局标签

命令窗口的左下方是布局标签，系统默认设置"模型""布局 1"和"局部 2"3 个选项卡。单击该选项卡，可以在模型空间和图纸空间之间进行切换。模型空间可以看作是一个无限的空间,用户在模型空间中绘图更方便。图纸空间用于图纸的布局,建议用户在模型空间绘图,再到图纸空间进行布局和调整。

8. 状态栏

命令窗口的右下方是状态栏,包含光标坐标显示区以及各种功能按钮,如图 1-6 所示。默认情况下,这些功能按钮不会全部显示出来,各功能按钮的显示情况取决于当前的工作空间以及当前显示的是"模型"选项卡还是"布局"选项卡。

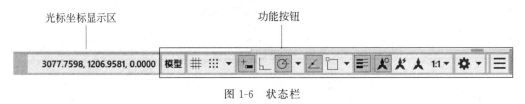

图 1-6　状态栏

1.2.2　AutoCAD 2022 操作界面设置

1. 菜单栏的显示

菜单栏的显示通过系统变量 MENUBAR 进行控制。当该变量值为 0 时,隐藏菜单栏;当该变量值为 1 时,显示菜单栏。用户也可以单击"快速访问工具栏"最右侧的箭头按钮 ,然后在下拉列表中选择"隐藏/显示"菜单栏。

2. 工具栏的显示

工具栏是一组命令按钮工具的集合,用户可以根据需要将工具栏显示于界面上,提高绘图效率,不需要时可以隐藏起来。部分工具栏如图 1-7 所示。

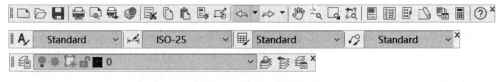

图 1-7　部分工具栏

单击下拉菜单"工具"→选择"工具栏"命令→选择"AutoCAD"即可打开工具栏菜单,在需要的工具栏上单击即可打开。对于已调用的工具栏,用户可以通过单击其非按钮部位的某一处,然后拖到绘图区任意位置,松开左键即可将其固定。

3. 功能区的显示

单击功能区选项卡后面的按钮 ,可以控制功能区的展开或折叠。

在选项卡任意处右击打开"显示相关工具选项板组"菜单,用户可以控制选项卡和面板的显示,带"√"表示当前已显示的选项卡或面板。若面板上出现箭头 ,表示还存在折叠子面板或是下拉列表。如单击"绘图"面板上的箭头 ,会显示折叠子面板,如图 1-8 所示。单击"注释"面板上的"文字"命令按钮上的箭头 ,会显示下拉列表,如图 1-9 所示。

图 1-8　"绘图"折叠子面板　　　　　图 1-9　"文字"下拉列表

4. 状态栏的显示

单击状态栏最右侧的按钮 ▤，可以选择要显示的功能按钮，带"√"表示当前已显示的功能按钮。

5. 命令窗口的显示

通过拖动命令行的边界，可以扩大或缩小命令行；拖动命令行可以将其放置在界面的其他位置。单击最右侧的上拉按钮 ▲，将出现历史命令窗口，用户可以通过在该区域滚动鼠标滚轮查看以前执行过的所有命令。

练一练（操作视频请查阅电子教学资源库）

熟悉"草图与注释"工作空间下的操作界面及相关设置。

1-1　操作界面及相关设置

1.3　基本命令操作

利用 AutoCAD 2022 绘图时，都是通过用户对系统下达命令完成的，所以用户必须熟悉命令的执行与结束方法及其他常用操作。

1.3.1　鼠标的操作

鼠标左键用于执行命令和选择对象。例如，将光标移动到菜单栏或功能区上单击可以选择和执行命令；光标移动到图形上单击可以选中对象；在空白处单击，移动光标到一定位置再次单击，可以框选对象，从左往右拖动为窗口方式，从右往左拖动为交叉窗口方式，窗口方式和交叉窗口方式选择对象将在后面章节进行介绍。

鼠标右键用于快捷菜单操作，或相当于回车键。例如，在功能区右击，界面通常会弹出快捷菜单；在绘图区，设计人员往往习惯把右键用作回车，并且可以确认命令参数和重复上次命令。

鼠标滚轮用于图形的显示。例如，滚轮向前或向后用于将图形实时缩放；按住并拖动滚轮用于对图形进行平移；双击滚轮用于全图缩放。

1.3.2　命令的执行与结束

AutoCAD 2022 的命令执行方式一般有四种，分别为选择菜单命令、选择功能区命令、命令行输入和使用功能键或快捷键。附录 A 将介绍关于 AutoCAD 2022 预设的一些常用命令的功能键或快捷键。

　　AutoCAD 2022 命令的结束可以通过按回车键、空格键、Esc 键或右击选择"确认"选项来实现。其中,Esc 键为强制结束命令。

1.3.3　命令的重复与撤销

　　在 AutoCAD 2022 中,可采用如下方法重复执行某个命令:

- 在命令行中按空格键或回车键可以用于重复执行上一次执行过的命令;
- 将光标移至命令行,右击,弹出如图 1-10 所示的对话框→选择"最近使用的命令"→选择想要重复执行的命令。

　　在 AutoCAD 2022 中,可采用如下方法放弃近期执行过的若干命令:

- 单击"快速访问工具栏"上放弃命令按钮 ↰ 右侧列表箭头 ▾,在列表中选择一定数目要放弃的操作;
- 在命令行输入"UNDO"。

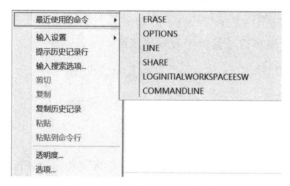

图 1-10　重复执行命令快捷菜单

 注意

（1）在命令行输入命令后,需要按空格键或回车键才能使系统执行命令。

（2）初学者应尽可能采用在命令行输入命令的方法,以提高绘图速度。

1.4　系统参数的设置

　　为了满足用户的个人习惯,提高绘图效率,用户可以在绘图前对系统参数进行设置。AutoCAD 2022 系统参数的设置可以通过"选项"对话框完成,如图 1-11 所示。

　　可采用如下方法调用"选项"对话框:

- 单击下拉菜单"工具"→选择"选项"命令;
- 在命令行窗口或绘图区右击→从快捷菜单中选择"选项"命令;
- 在命令行输入"OPTIONS"。

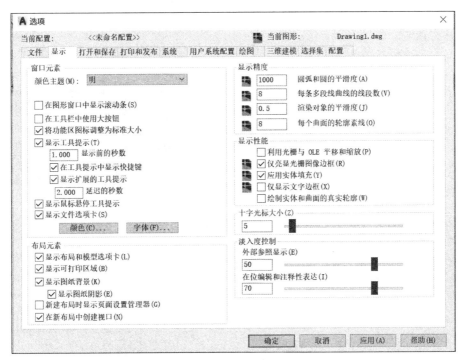

图 1-11　"选项"对话框

 练一练（操作视频请查阅电子教学资源库）

熟悉系统参数的设置。

1-2　系统
参数的设置

1.5　图形文件操作

AutoCAD 2022 的图形文件操作包括文件的新建、打开和保存。这是绘图最基本的操作。

1.5.1　新建文件

在 AutoCAD 2022 中，可采用如下方法新建文件：
- 单击下拉菜单"文件"→选择"新建"命令；
- 单击"快速访问工具栏"上新建命令按钮□；
- 在命令行输入"NEW"。

在默认情况下，执行命令之后，界面会弹出"选择样板"对话框，如图 1-12 所示。可以选择已有的样板文件。在二维绘图时，可以选择 acadiso.dwt 或 acad.dwt 样板文件。也可以在打开的"选择样板"对话框中，单击"打开"命令按钮右侧的下三角形按钮▼，在弹出的菜单中选择"无样板打开-公制（M）"选项，如图 1-13 所示。

当系统变量 STARTUP 设置为 1 时，执行命令之后，界面会弹出"创建新图形"对话框，如图 1-14 所示，其中包含"从草图开始""使用样板""使用向导"三个选项。

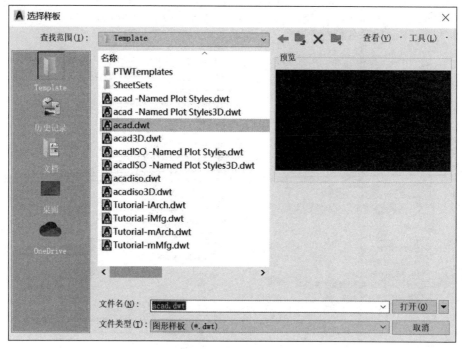

图 1-12 "选择样板"对话框

图 1-13 "打开"按钮菜单　　　　　　　　　图 1-14 "创建新图形"对话框

选择"从草图开始"命令按钮,可以选择"公制"或者"英制"创建新图形,如图 1-14 所示。选择"使用样板"命令按钮,可以选择已有的样板文件创建新图形,如图 1-15 所示。

选择"使用向导"命令按钮,可以通过"高级设置""快速设置"选项进行基本图形设置,如图 1-16 所示。选择"高级设置"选项,单击"确定"命令按钮,界面会弹出如图 1-17 所示的"高级设置"对话框,此时可以对新图形的单位、角度、角度测量、角度方向和栅格显示区域进行设置。

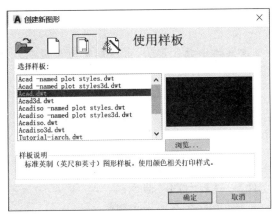

图 1-15　"使用样板"创建图形

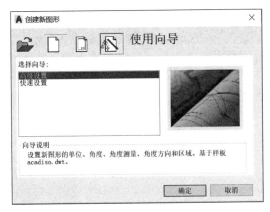

图 1-16　"使用向导"创建新图

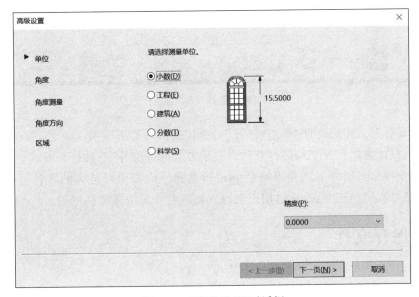

图 1-17　"高级设置"对话框

> **注意**
>
> 　　在默认情况下,单位设置为小数表示法,角度设置为十进制表示法,东边为 0°角,逆时针方向角度为正值。

1.5.2　打开文件

在 AutoCAD 2022 中,可采用如下方法打开文件:

- 单击下拉菜单"文件"→选择"打开"命令;
- 单击"快速访问工具栏"上打开命令按钮 ；
- 在命令行输入"OPEN"。

执行命令之后,界面会弹出"选择文件"对话框,如图 1-18 所示。

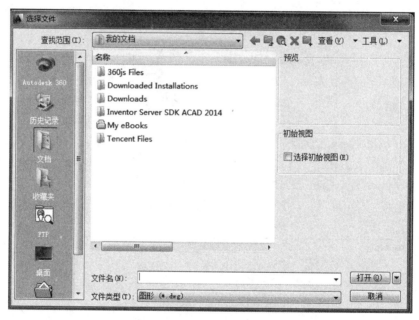

图 1-18　"选择文件"对话框

选择需要打开的图形文件,单击"打开"命令按钮即可打开文件。此外,AutoCAD 2022 还提供了"以只读方式打开""局部打开""以只读方式局部打开"三种打开方式。可以通过单击"打开"命令按钮右侧的下三角形按钮 进行选择。当需要对较大的文件进行局部修改时,可以选择"局部打开"方式,此时用户可以选择只打开部分需要的图层。

1.5.3　保存文件

在 AutoCAD 2022 中,可采用如下方法保存文件:

- 单击下拉菜单"文件"→选择"保存"或"另存为"命令;
- 单击"快速访问工具栏"上保存命令按钮 或另存为命令按钮 ;

- 在命令行输入"SAVE"或"SAVE AS"。

执行命令之后，界面会弹出"图形另存为"对话框，如图 1-19 所示。此时，应指定保存路径、文件名和文件类型。

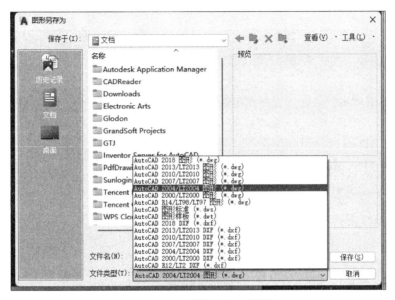

图 1-19　"图形另存为"对话框

AutoCAD 2022 提供以下四种文件保存格式：

DWG：AutoCAD 图形文件的默认格式。

DWS：二维矢量文件格式，用户可以使用这种格式在互联网或局域网上发布 AutoCAD 图形。

DWT：样板文件格式，样板图形存储图形的所有设置，还可能包含预定义的图层、标注样式和视图。

DXF：文本或二进制文件格式，其中包含可由其他 CAD 程序读取的图形信息。如果其他用户正使用能够识别 DXF 文件的 CAD 程序，那么以 DXF 文件保存图形后，就可以共享该图形。

🐓　**注意**

（1）初学用户必须养成及时保存文件的良好习惯，以避免因绘图中的意外而造成损失。

（2）选择 DWG 格式保存后，文件夹里还有一个后缀为".bak"的文件，该文件为保存图形的备份文件，可以将其复制到其他目录下，把后缀名".bak"更改为".dwg"进行还原。

（3）默认存储类型为"AutoCAD 2018 图形（.dwg）"。该类型只能在 AutoCAD 2018 及以后的版本打开。如果用户需要在早期版本中打开，则必须保存为低版本的格式。

1.6　习题

一、概念题

1. AutoCAD 2022 为用户提供了三种工作空间，分别为＿＿＿＿＿、＿＿＿＿＿和＿＿＿＿＿。

2. AutoCAD 2022 命令执行方式包括＿＿＿＿＿、＿＿＿＿＿、＿＿＿＿＿和使用功能键或快捷键。

3. AutoCAD 2022 中默认情况下，0°角在＿＿＿＿＿，＿＿＿＿＿方向角度为正值。

4. AutoCAD 2022 提供的文件保存格式共有四种，分别为＿＿＿＿＿、＿＿＿＿＿、＿＿＿＿＿和＿＿＿＿＿。

二、操作题（操作视频请查阅电子教学资源库）

熟悉图形文件的新建、打开和保存。

1-3　图形文件的新建、打开和保存

第2章

绘图前的准备工作

在利用 AutoCAD 2022 正式绘图前,用户必须做好绘图前的准备工作,同时掌握相关概念和规范规定,才能提高绘图效率,保证绘图规范化。

本章学习内容：

➤ AutoCAD 2022 的坐标系统

➤ 绘图环境的设置

➤ 绘图辅助功能及设置

➤ 线型、线宽和颜色的设置

➤ 图层的设置与管理

➤ 视图显示

➤ 相关规范对线型、线宽的规定

2.1 AutoCAD 2022 的坐标系统

利用 AutoCAD 2022 绘制图形时,可以通过鼠标单击确定点、距离和角度等参数,但是往往不够精确。如果要精确定义这些参数,则需要用到坐标。

2.1.1 AutoCAD 2022 坐标系简介

AutoCAD 2022 默认状态下的坐标系为世界坐标系(WCS),其坐标原点位于屏幕绘图区的左下角。WCS 的坐标称为笛卡儿坐标,即 X 轴的正方向水平向右,Y 轴的正方向垂直向上,Z 轴的正方向垂直屏幕向外。此外,AutoCAD 2022 还提供了用户坐标系(UCS),UCS 是可移动的坐标系,由用户根据需要定义,绘制三维图形时使用较多。WCS 和 UCS 在新图形中最初是重合的。本书的全部命令操作都是基于两个坐标系重合进行的。

2.1.2 坐标的输入

AutoCAD 2022 的坐标包括绝对直角坐标、相对直角坐标、绝对极坐标和相对极坐标。

1. 绝对直角坐标和相对直角坐标

绝对直角坐标的原点在绘图区左下角。从命令行输入时,绝对直角坐标的表示形式如下：X,Y。相对直角坐标是用相对于上一个点的坐标来确定当前点。从命令行输入时,相对直角坐标的表示形式为@X,Y。其中,X、Y分别为相对上一个点的位移增量。

【例 2-1】　绘制如图 2-1 所示的直线。

关闭动态输入,通过输入相对直角坐标绘制直线,命令行的操作如下:

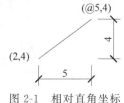

图 2-1　相对直角坐标
绘制直线

命令：LINE	（执行命令）
指定第一个点：2,4	（输入起点的绝对直角坐标）
指定下一个点或[放弃(U)]：@5,4	（输入终点的相对直角坐标）
指定下一个点或[放弃(U)]：	（回车退出）

　关键点解析：

(1) 在输入坐标值时,X、Y的数值和逗号必须在英文输入法下输入,否则无效。

(2) 输入每个点的数值后,须按回车键或空格键执行本次命令操作。

2. 绝对极坐标和相对极坐标

绝对极坐标的原点同样在绘图区左下角。在二维绘图时,绝对极坐标的表示形式为 $R<\theta$。其中,R 为输入点与坐标原点之间的距离,θ 为两点连线与 X 轴正向之间的夹角。相对极坐标同样是用相对于上一个点的坐标来确定当前点。在二维绘图时,相对极坐标的表示形式为@$R<\theta$。其中,R 为输入点与上一个点之间的距离,θ 为两点连线与 X 轴正向之间的夹角。

【例 2-2】　绘制如图 2-2 所示的直线。

关闭动态输入,通过输入相对极坐标绘制直线,命令行的操作如下:

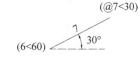

图 2-2　相对极坐标绘制直线

命令：LINE	（执行命令）
指定第一个点：6<60	（输入起点的绝对极坐标）
指定下一点或[放弃(U)]：@7<30	（输入终点的相对极坐标）
指定下一点或[放弃(U)]：	（回车退出）

　关键点解析：

采用极坐标进行输入时,需注意角度的正、负号。在系统默认情况下,X 轴水平向右为 0°,从 X 轴正向转向两点连线的角度,以逆时针方向为正,反之为负。

2-1　利用坐标绘图

　练一练（操作视频请查阅电子教学资源库）

利用直线命令,通过输入坐标绘制如图 2-3、图 2-4 所示的图形。

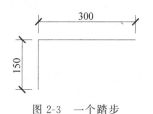

图 2-3　一个踏步

图 2-4　正六边形

2.2　绘图环境的设置

使用 AutoCAD 2022 绘图前,首先要进行绘图环境的设置以便于绘图。

2.2.1　图形单位设置

图形单位的设置包括对图形长度单位、角度单位、角度方向以及精度的设置。可以采用如下方法对图形单位进行设置:

- 单击下拉菜单"格式"→选择"单位"命令;
- 在命令行输入"UNITS"。

执行命令之后,界面会弹出"图形单位"对话框,如图 2-5 所示。

"长度"选项组用于指定测量的当前单位及当前单位的精度。其中,"类型"下拉列表用于设置测量单位的当前格式,"精度"下拉列表用于设置线性测量值显示的小数位数或分数大小。

"角度"选项组用于指定当前角度格式和角度显示的精度。其中,"类型"下拉列表用于设置当前角度格式,"精度"下拉列表用于设置当前角度显示的精度。

勾选"顺时针"复选框,表明以顺时针方向计算正的角度值;否则,正角度方向是逆时针方向。

"插入时的缩放单位"选项组用于控制插入当前图形中的块和图形的测量单位,如果创建块或图形时使用的单位与该选项指定的单位不同,则在插入这些块或图形时,将对其按比例缩放。如果插入块时不按指定单位缩放,可以选择"无单位"。

"输出样例"选项组用于显示用当前单位和角度设置的例子。

"光源"选项组用于设置光源强度的单位。

单击"方向"命令按钮,界面会弹出"方向控制"对话框,如图 2-6 所示,该对话框可以设置起始角度的方向。默认起始方向为"东"。

图 2-5　"图形单位"对话框

图 2-6　"方向控制"对话框

2.2.2 图形界限设置

图形界限是在绘图区指定一个矩形边界,可以设置并控制栅格显示的界限。设置图形界限主要是使不同范围的图形能恰当显示在绘图区窗口,方便视窗调整和用户观察。

可采用如下方法对图形界限进行设置:

- 单击下拉菜单"格式"→选择"图形界限"命令;
- 在命令行输入"LIMITS"。

执行命令之后,可以通过指定两个对角角点确定图形界限。

此外,"图形界限"命令还提供了其他选项,它们的作用如下:

"开(on)":使图形界限有效,图形界限以外拾取的点无效。

"关(off)":使图形界限无效,图形界限以外拾取的点或实体有效。

2.3 辅助绘图功能及设置

AutoCAD 2022 中提供了一系列辅助绘图的功能,常用的辅助绘图功能命令按钮均在状态栏中显示。当光标停留在某个命令按钮上时,即可显示该辅助绘图功能名称,如图 2-7 所示。用户可以单击这些命令按钮或使用快捷键开启或关闭这些功能,也可以右击这些命令按钮进行该辅助绘图功能相关参数的设置。

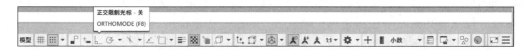

图 2-7　状态栏上辅助绘图功能命令按钮

状态栏上主要辅助绘图功能命令按钮的作用如下:

模型空间 模型:用于在模型空间和图纸空间之间进行切换。

栅格 :用于显示覆盖栅格填充图案,帮助用户直观地显示距离和对齐方式。

捕捉模式 :用于限制光标按栅格间距进行移动,或按指定的增量沿对齐路径追踪光标。

推断约束 :用于在创建和编辑几何对象时自动应用几何约束。

动态输入 :用于在绘图区域中的光标附近提供命令界面。

正交模式 :用于约束光标在水平方向或垂直方向移动。

极轴追踪 :用于沿着指定的极轴角度追踪光标。

对象捕捉追踪 :用于沿着基于对象捕捉点的对齐路径进行追踪。

二维对象捕捉 :用于光标捕捉对象的特定位置。

线宽 :用于控制是否显示指定对象的线宽。

注释可见性 :用于控制是否显示所有的注释性对象,或仅显示那些符合当前注释比例的注释性对象。

自动缩放 :用于控制当注释比例发生更改时,是否自动将注释比例添加到所有注释性对象。

注释比例 ：用于在"模型"选项卡中设置注释性对象的注释比例。

切换工作空间 ✿ ▾：用于工作空间的切换。

注释监视器 ✚：用于通过放置标记来标记所有非关联注释。

单位 ▮ 小数 ▾：用于设置当前图形中坐标和距离的显示格式。

快捷特性 ▤：用于控制选中对象时是否显示"快捷特性"选项板。

锁定用户界面 ▭ ▾：用于控制锁定或浮动工具栏、面板和窗口。

隔离对象 ⏣：用于控制指定的对象暂时不可见，或恢复之前隐藏的对象。

图形性能 ◉：用于控制是否启用硬件加速以提高图形性能。

全屏显示 ▱：用于控制是否隐藏功能区、工具栏和选项板，以使绘图区域最大化。

2.3.1　栅格与捕捉

栅格类似于在图形下放置一张坐标纸。启用栅格功能可以对齐对象，并直观显示对象之间的距离。捕捉可以使光标按用户定义的间距移动，或追踪光标并沿极轴对齐路径指定增量。

右击状态栏上"栅格"或"捕捉模式"命令按钮，选择"网格设置"或"捕捉设置"命令，界面会弹出"草图设置"对话框中的"捕捉和栅格"选项卡，如图 2-8 所示。勾选"启用栅格"复选框启动栅格功能后，用户可以对"栅格样式""栅格间距""栅格行为"选项组进行设置。勾选"启用捕捉"复选框启动捕捉功能后，用户可以对"捕捉间距""极轴间距""捕捉类型"选项组进行设置。

图 2-8　"栅格和捕捉"选项卡

🐓　**注意**

（1）栅格和捕捉是各自独立的功能，但经常同时启用，配合使用。

（2）栅格只是在屏幕上显示，不能打印输出。

2.3.2　正交与极轴追踪

正交可以将光标限制在水平或垂直方向上移动。极轴追踪用于绘制与坐标轴成一定角度的线段。使用极轴追踪，当移动光标接近极轴角时，系统将显示对齐路径和工具栏提示，如图 2-9 所示。

右击状态栏上"极轴追踪"命令按钮，选择"正在追踪设置"命令，界面会弹出"草图设置"对话框中的"极轴追踪"选项卡，如图 2-10 所示。勾选"启用极轴追踪"复选框，可以启动极轴追踪功能。在"极轴角设置"选项组中，可以设置"增量角"大小，并且对增量角倍数的极轴提供追踪，也可以添加相应的附加角。在"对象捕捉追踪设置"选项组中，可以选定按何种方式确定临时路径进行追踪。在"极轴角测量"选项组中，可以确定极轴角测量方式。

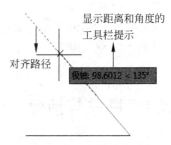

图 2-9　使用极轴追踪功能

图 2-10　"极轴追踪"选项卡

注意

（1）不能同时开启正交功能和极轴追踪功能。

（2）启用正交功能后，移动光标指定方向，同时通过键盘输入长度，可以创建指定距离的水平和垂直直线。

2.3.3　对象捕捉与对象捕捉追踪

使用对象捕捉功能可以精确定位图形上的特征点。使用对象捕捉追踪功能可以通过符合设定要求的辅助线确定下一个点。右击状态栏上"对象捕捉"或"对象捕捉追踪"命令按钮,选择"对象捕捉设置"或"对象捕捉追踪设置"命令,界面会弹出"草图设置"对话框中的"对象捕捉"选项卡,如图 2-11 所示。勾选"启用对象捕捉"复选框,可以启动对象捕捉功能。"对象捕捉模式"选项组中列出了对象捕捉的特征点,当复选框显示打钩☑,表示该特征点捕捉功能开启。常用特征点捕捉如图 2-12 所示。

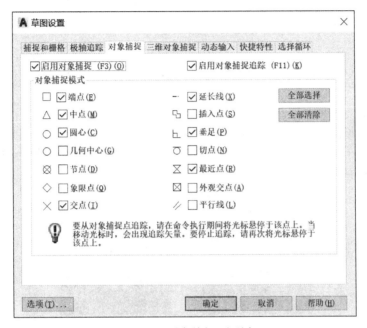

图 2-11　"对象捕捉"选项卡

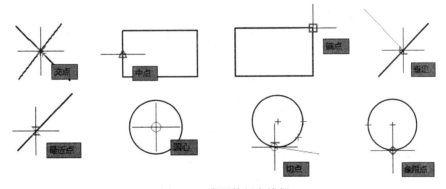

图 2-12　常用特征点捕捉

　　使用对象捕捉追踪,光标可以沿基于当前对象捕捉模式的对齐路径进行追踪。对象捕捉追踪必须和对象捕捉同时启用。如图 2-13 所示,启用"中点"对象捕捉和"对象追踪"功能,输入"LINE"命令,将光标移至直线的中点,不要单击,停顿片刻便可以临时捕捉到中点。此时,中点将显示小加号"+",移动光标,就会显示出相对于中点的水平临时路径,输入长度值得到第一个点,再通过光标拾取或坐标输入得到第二个点,从而绘制水平线。

图 2-13　对象捕捉追踪绘图

2.3.4　动态输入

使用动态输入功能可以在绘图区域中的光标附近提供命令界面。当启用动态输入功能时，光标附近会动态显示更新信息。当命令正在运行时，可以在提示文本框中指定选项和值。右击状态栏上"动态输入"命令按钮，选择"动态输入设置"命令，界面会弹出"草图设置"对话框中的"动态输入"选项卡，如图 2-14 所示。

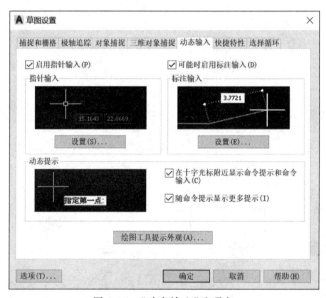

图 2-14　"动态输入"选项卡

勾选"启用指针输入"复选框，光标位置的坐标值将显示在光标旁边。当命令行提示用户输入点时，可以在工具提示中输入坐标值。勾选"可能时启用标注输入"复选框，当命令行提示用户输入第二个点或距离时，将显示距离值与角度值的提示。使用"动态提示"选项组可以使光标旁边显示工具提示中的提示内容，以完成命令。

 注意

若打开动态输入，指针输入默认状态下为相对坐标格式。此时，在输入数值前，输入符号"#"，便可以切换成绝对坐标格式。

练一练（操作视频请查阅电子教学资源库）

利用直线命令，通过动态输入方式绘制如图 2-15 所示的 T 形梁断面图。

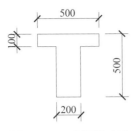

图 2-15　T 形梁断面图

2-2　利用动态输入方式绘图

2.4　线型、线宽和颜色的设置

任何工程样图都是采用不同的线型和线宽的图线绘制而成，并且为了区分图形对象，让图形更加直观，可以对图形对象指定不同的颜色。

2.4.1　线型

在工程制图中，常用的线型包括直线、虚线和点画线等。

1. 线型加载

绘图前，首先要加载各种线型，以便于使用。可采用如下方法进行线型加载：

- 单击下拉菜单"格式"→选择"线型"命令；
- 单击"默认"选项卡"特性"面板上的"线型"下拉列表 ▓▓▓——ByLayer▽，选择"其他"选项，如图 2-16 所示；
- 在命令行输入"LINETYPE"。

执行命令之后，界面会弹出"线型管理器"对话框，如图 2-17 所示。单击"加载"命令按钮，界面会弹出"加载或重载线型"对话框，如图 2-18 所示。在该对话框中，可以选择所需的线型，单击"确定"命令按钮完成

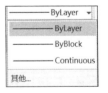

图 2-16　线型加载

加载。也可以单击"文件"命令按钮，打开"选择线型文件"对话框，重新选择线型文件，再选择所需的线型。此外，也可以通过"线型管理器"对话框中的"删除"命令按钮删除不需要的线型。

2. 线型设置与更改

绘图采用的线型为当前线型。当前线型可以在"默认"选项卡"特性"面板上的"线型"显示区进行查看，如图 2-19 所示。

若界面显示"ByLayer"，将使用指定给当前图层的线型来创建对象。若界面显示"ByBlock"，还是以当前线型绘图，将对象编组到块中。当把块插入图形时，块中的对象继承当前的线型设置。若显示"Continuous"，将用连续实线创建对象。

可采用如下方法设置当前线型：

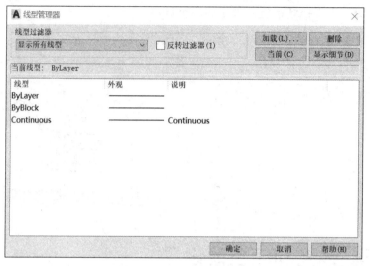

图 2-17　"线型管理器"对话框

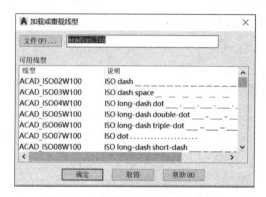

图 2-18　"加载或重载线型"对话框

图 2-19　"默认"选项卡"特性"面板上"线型"显示区

- 在"线型管理器"对话框中选择需要的线型→单击"当前"命令按钮;
- 单击"默认"选项卡"特性"面板上的"线型"下拉列表 ▤━━━━ByLayer ▾→选择所需线型。

当需要统一更改某个图层上的所有线型时,可通过"图层特性管理器"对话框操作,该对话框将在后面章节进行介绍。若更改单一图形的线型,可以选择图形,然后在"默认"选项卡"特性"面板上的"线型"下拉列表中选择相应线型即可。

3. 线型比例调整

用户在绘图过程中可以调整线型比例,即线型的疏密程度。例如绘制轴网时,比例因子设置为 1 时,显示不出点画线,如图 2-20 所示。比例因子设置为 100 时,显示正常,如图 2-21 所示。

在 AutoCAD 2022 中,用户可以全局调整所有图形的线型比例,也可以对个别图形进行线型比例调整。用户可以采用如下方法对已绘制的所有图形进行线型比例调整:

- 在"线型管理器"对话框中单击"显示细节"命令按钮→在"全局比例因子"文本框中输入数值,如图 2-22 所示;
- 在命令行输入"LTSCALE"。

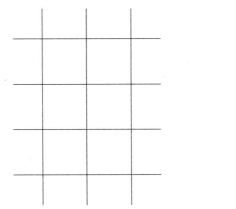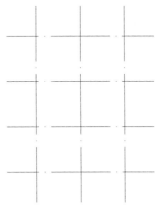

图 2-20　比例因子为 1 的线型　　　　　图 2-21　比例因子为 100 的线型

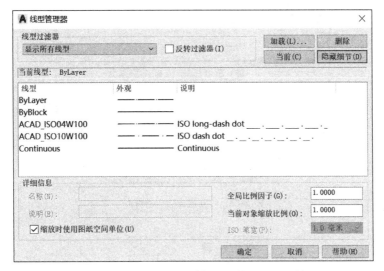

图 2-22　显示线型细节的"线型管理器"对话框

执行"设置全局比例因子"命令时,命令行的操作如下:

命令:LTSCALE　　　　　　　　　　　　　(执行命令)
输入新线型比例因子<1.0000>:100　　　　(重新设置比例因子,回车退出)
正在重新生成模型

此外,用户还可以通过"线型管理器"对话框中的"当前对象缩放比例"文本框来设置新建图形的线型比例,最终比例为全局比例因子与当前对象缩放比例的乘积。

　注意

（1）ByLyer、ByBlock、Continuous 和当前使用的线型都不能删除。

（2）线型比例因子默认值为 1.00,比例因子越小,每个绘图单位中重复图案数就越多,笔者建议在大多数情况下,将全局比例因子的设置保留为 1.00。

2.4.2 线宽

在工程制图中,不同的图形往往线宽不同。例如,建筑平面图中外墙线较粗,而门窗线较细。用户可以根据需要对所绘制图形的线宽进行设置。

可采用如下方法设置线宽:

- 单击下拉菜单"格式"→选择"线宽"命令;
- 在命令行输入"LWEIGHT"。

执行命令之后,界面会弹出"线宽设置"对话框,如图 2-23 所示。在"线宽"栏中选择所需线宽,在"列出单位"选项组中选择所需单位。勾选"显示线宽"复选框,可以在当前图形中显示线宽;"调整显示比例"调整按钮可以控制"模型"选项卡上线宽的显示比例。此外,还可以通过"默认"选项卡"特性"面板上的"线宽"下拉列表选择所需的线宽,如图 2-24 所示。

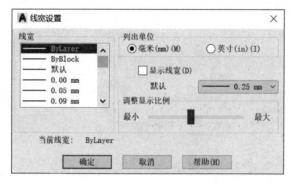

图 2-23 "线宽设置"对话框

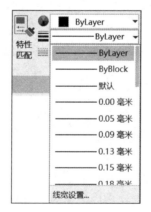

图 2-24 "默认"选项卡"特性"面板上的"线宽"下拉列表

 注意

设置线宽后,单击状态栏上的显示/隐藏线宽命令按钮 ≡ 控制线宽显示。

2.4.3 颜色

使用 AutoCAD 2022 绘图时,往往采用不同的颜色绘制各种图形。AutoCAD 2022 提供三种颜色,即索引颜色、真彩色和配色系统。

可采用如下方法设置颜色:

- 单击下拉菜单"格式"→选择"颜色"命令;
- 单击"默认"选项卡"特性"面板上的"颜色"下拉列表 ● ■ ByLayer ▼ ,选择"更多颜色"选项;
- 在命令行输入"COLOR"。

执行命令之后,界面会弹出"选择颜色"对话框,如图 2-25 所示,用户可以选择所需的颜色。

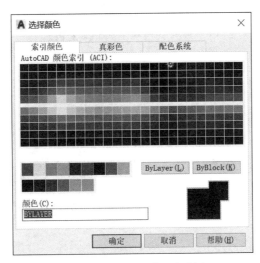

图 2-25 "选择颜色"对话框

2.5 图层的设置与管理

AutoCAD 2022 中使用图层来管理复杂的图形。图层好比一叠没有厚度的透明纸,用户可以将不同特性的图形绘制于不同图层中,然后将所有图层按同一基准点对齐,将其叠合形成复杂的图形。例如,绘制建筑平面图时,可以将轴线、墙体、门窗等绘制于不同图层上,最终将所有图层进行叠合。用户可以对图层的颜色、线型和线宽等进行定义,然后对图层上的图形进行绘制和编辑,使得图形的信息管理更加清晰。

在 AutoCAD 2022 中,通过"图层特性管理器"对话框来设置和管理图层,可采用如下方法调用该对话框:

- 单击下拉菜单"格式"→选择"图层"命令;
- 单击"默认"选项卡"图层"面板上的图层特性命令按钮 ;
- 在命令行输入"LAYER"。

执行命令之后,界面会弹出"图层特性管理器"对话框,如图 2-26 所示。

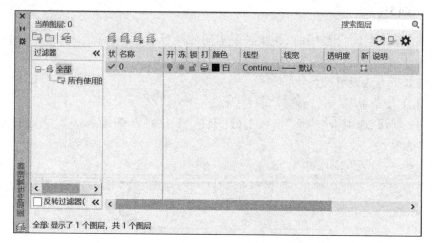

图 2-26　"图层特性管理器"对话框

2.5.1　新建与删除图层

"图层特性管理器"对话框的列表中显示"0"图层,该图层是 AutoCAD 2022 默认的图层。单击对话框上方的新建图层命令按钮 ,界面会出现一个新图层,用户可以输入新图层的名称。也可以右击图层名称栏,在出现的子菜单中选择"重命名图层"命令,重新输入图层名称。图层名称可以包含字母、数字、空格和特殊符号。

用户还可以选择要删除的图层,然后单击删除图层命令按钮 进行删除。

2.5.2　设置当前图层

AutoCAD 2022 中只有一个当前图层,绘图时只能在当前图层中进行,而图形编辑可以在其他图层中进行。

可采用如下方法设置当前图层:
- 在"图层特性管理器"对话框的列表中选择所需图层→单击对话框上方的置于当前命令按钮 ;
- 单击"默认"选项卡"图层"面板上的"图层"下拉列表 ,选择需要置为当前的图层。

2.5.3　设置图层特性

在 AutoCAD 2022 中,用户可以通过"图层特性管理器"对话框对图层特性进行设置。

1. 设置颜色

设置图层颜色后,该图层上所有图形的颜色都与图层颜色相同。用户可以单击"颜色"列表区中的 ■白 ,在弹出的"选择颜色"对话框中更改颜色。

2．设置线型

设置图层线型后,该图层上所有图形的线型都与图层线型相同。用户可以单击"线型"列表区中的 Continu...,在弹出的"选择线型"对话框中更改线型,如图 2-27 所示。或单击"加载"命令按钮,在弹出的"加载或重载线型"对话框中选择其他线型。

3．设置线宽

设置图层线宽后,该图层上所有图形的线宽都与图层线宽相同。用户可以单击"线宽"列表区中的 —— 默认 ,在弹出的"线宽"对话框中更改线宽,如图 2-28 所示。

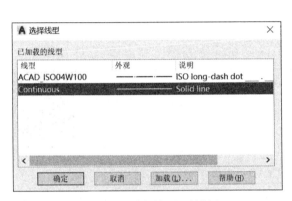

图 2-27 "选择线型"对话框

图 2-28 "线宽"对话框

2.5.4 管理图层

"图层特性管理器"对话框的列表区中有"开""冻结""锁定"三个栏目,可以用它们来控制图层在屏幕上是否显示、编辑、修改与打印。

1．打开和关闭图层

可以使用"开"栏目控制图层的打开或关闭。当图标为 时,图层打开,该图层上的图形能显示,且可以打印;当图标为 时,图层关闭,该图层上的图形既不能显示,也不能打印。打开或关闭图层可以通过单击图标进行切换。

2．冻结和解冻图层

可以使用"冻结"栏目控制图层的冻结或解冻。当图标为 时,图层冻结,该图层上的图形不可见,既不能重生成,也不能打印。当图标为 时,图层解冻,该图层上的图形可见,可以重生成,也可以打印。冻结和解冻图层可以通过单击图标进行切换。

3．锁定和解锁

可以使用"锁定"栏目控制图层的锁定或解锁。当图标为 时,图层锁定,该图层上的图形不能进行编辑和修改;当图标为 时,图层解锁,该图层上的图形可以进行编辑和修改。锁定和解锁图层可以通过单击图标进行切换。

注意

（1）不能重命名 0 图层。

（2）不能删除"当前层"、"0 图层"、"Defpoints 图层"、依赖外部参照的图层，以及有实体对象的图层。

（3）不能把已冻结的图层设为当前图层，可以冻结长时间不用的图层，但不能冻结当前图层。

练一练（操作视频请查阅电子教学资源库）

根据表 2-1 进行建筑平面图的图层设置。

表 2-1　建筑平面图图层设置

图层名	颜色	线型	线宽
轴线	红色	ACA_IS004W100	默认
墙体	灰色	CONTINUOUS	0.3mm
门窗	黄色	CONTINUOUS	默认
尺寸标注	绿色	CONTINUOUS	默认
文字标注	蓝色	CONTINUOUS	默认

2-3　图层设置

2.6　视图显示

AutoCAD 2022 提供了多种视图显示方式，用于查看图形的整体、不同部位和细节。

2.6.1　缩放视图

缩放视图是 AutoCAD 2022 中最常用的视图显示方式。通过缩小视图，用户可以查看大面积的图形或整张图，也可以通过放大视图查看图形的局部和细节。这种缩放并没有改变图形的大小，而是改变视图显示的区域。

可采用如下方法执行"缩放视图"命令：

• 单击下拉菜单"视图"→选择"缩放"命令，如图 2-29 所示；

• 单击"视图"选项卡"导航"面板上的"范围"下拉列表，如图 2-30 所示；

• 在命令行输入"ZOOM"。

执行"缩放视图"命令时，命令行的操作如下：

命令：ZOOM　　　　　　　　　　　　　　（执行命令）
指定窗口的角点，输入比例因子(nX 或 nXP)，或者
[全部(A)/中心(C)/动态(D)/范围(E)/上一个(P)/比例(S)/窗口(W)/对象(O)] <实时>：
　　　　　　　　　　　　　　　　　　　　　（系统提示操作信息）

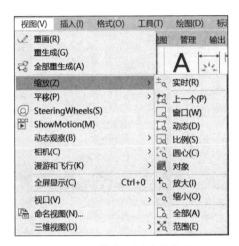

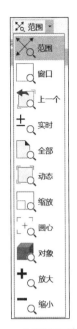

图 2-29　菜单调用缩放命令　　　　　图 2-30　"范围"下拉列表

1. 实时缩放

执行"ZOOM"命令后,默认为"实时缩放",该命令用于更改视图的比例。执行"实时缩放"命令时,屏幕会出现一个放大镜形状的光标 ,按住左键,拖动鼠标,便可以对图形进行实时缩放操作。若要退出缩放,按回车键或 Esc 键即可。

2. 全部缩放

执行"ZOOM"命令后,选择"A"选项,该命令用于显示所有可见对象。此时,若图形在图形界限范围内,则显示图形界限的范围,如图 2-31 所示。若图形在图形界限范围外,则显示图形范围和图形界限,如图 2-32 所示。

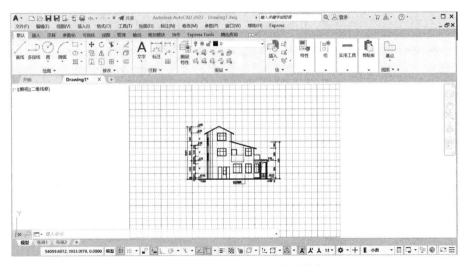

图 2-31　全部缩放后(图形在界限内)

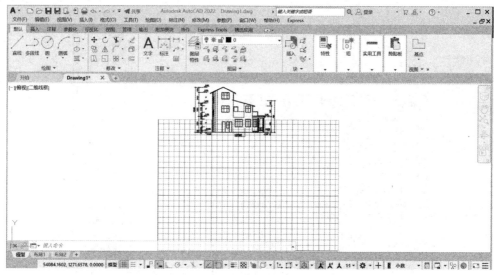

图 2-32　全部缩放后(图形在界限外)

3. 范围缩放

执行"ZOOM"命令后,选择"E"选项,该命令用于显示所有对象的最大范围。与"全部缩放"的不同在于它与图形的边界无关。范围缩放后的效果如图 2-33 所示。

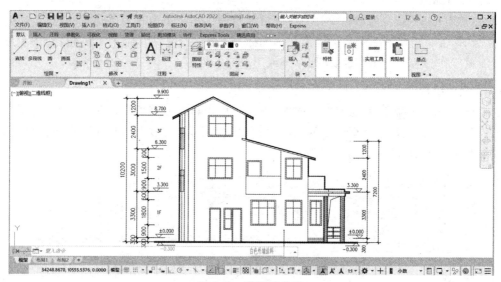

图 2-33　范围缩放后

4. 窗口缩放

执行"ZOOM"命令后,选择"W"选项,该命令用于缩放显示指定的区域。用户可以通过矩形窗口指定缩放区域,如图 2-34 所示。窗口缩放后的效果如图 2-35 所示。

5. 对象缩放

执行"ZOOM"命令后,选择"O"选项,该命令用于尽可能大地显示一个或多个选定的对象。该命令缩放后的对象将位于视图的中心。

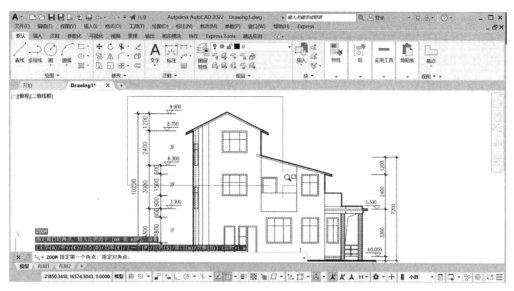

图 2-34 指定缩放区域

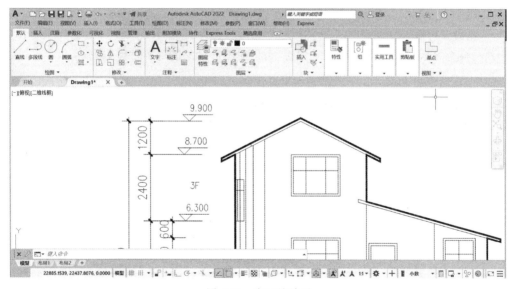

图 2-35 窗口缩放后

6. 比例缩放

执行"ZOOM"命令后,选择"S"选项,该命令用于使用比例因子缩放视图以更改其比例。AutoCAD 2022 提供了三种比例缩放方式,最常用的是相对于当前视图的比例,其输入方式为 nX。缩放后视图的中心点不变。

7. 动态缩放

执行"ZOOM"命令后,选择"D"选项,该命令用于动态缩放,该命令可以使用矩形视图框进行平移和缩放。输入命令后,绘图区将显示整体图像,然后显示平移视图框,将其拖动到所需位置并单击,便可以显示缩放视图框。调整大小后,按回车键或空格键进行确定。

8. 上一个缩放

执行"ZOOM"命令后,选择"P"选项,该命令用于缩放显示上一个视图。该命令最多可以恢复此前的 10 个视图。

9. 中心缩放

执行"ZOOM"命令后,选择"C"选项,该命令用于显示由中心点和比例值所定义的视图。该命令在透视投影中不可用。

2.6.2 平移视图

需要绘制、修改和查看显示区外的图形时,可以将视图进行平移。平移视图不会改变图形在图纸中的位置。常用的平移视图命令为"实时平移"。

可采用如下方法执行"实时平移"命令:

- 单击下拉菜单"视图"→选择"平移"命令→选择"实时"命令,如图 2-36 所示;
- 单击"视图"选项卡"导航"面板上的平移命令按钮 平移;
- 在命令行输入"PAN"。

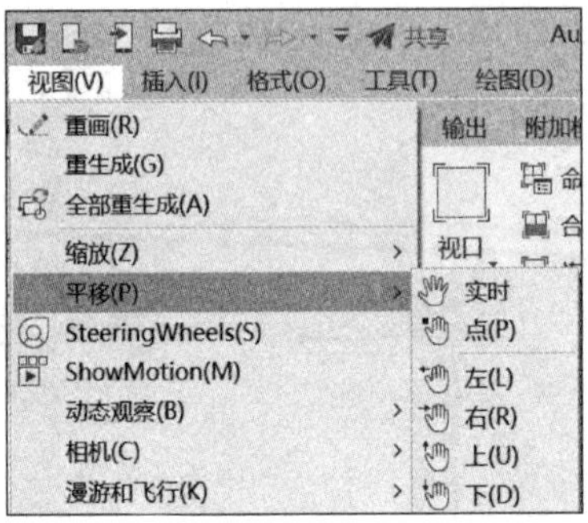

图 2-36　菜单栏调用"实时平移"命令

执行命令之后,光标变成 ,拖动鼠标,可以对图形对象进行实时移动。

2.7　相关规范对线型、线宽的规定

下面结合《房屋建筑制图统一标准》(GB/T 50001—2017)等相关规范介绍工程制图中线型和线宽的规定。

图线的基本线宽 b,宜按照图纸比例及图纸性质从 1.4mm、1.0mm、0.7mm、0.5mm 线宽系列中选取。每个图样应根据复杂程度与比例大小,先选定基本线宽 b,再选用表 2-2 中相应的线宽组。

表 2-2　线宽组　　　　　　　　　　　　　　　　　单位:mm

线　宽　比	线　宽　组			
b	1.40	1.00	0.70	0.50
$0.70b$	1.00	0.70	0.50	0.35
$0.50b$	0.70	0.50	0.35	0.25
$0.25b$	0.35	0.25	0.18	0.13

注:1. 对于需要缩微的图纸,不宜采用 0.18mm 及更细的线宽。

　　2. 在同一张图纸内,各不同线宽中的细线,可以统一采用较细的线宽组的细线。

建筑图中的线型可以参阅《房屋建筑制图统一标准》(GB/T 50001—2017)中表 4.0.2 关于图线的规定。

在同一张图纸内,相同比例的各图样应选用相同的线宽组。图纸的图框和标题栏线,可采用表 2-3 列出的线宽。相互平行的图例线,其净间隙或线中间隙不宜小于 0.20mm。

表 2-3 图框线、标题栏线的宽度 单位：mm

幅 面 代 号	图 框 线	标题栏外框线	标题栏分格线
A0、A1	b	$0.50b$	$0.25b$
A2、A3、A4	b	$0.70b$	$0.35b$

虚线、单点长画线或双点长画线的线段长度和间隔宜各自相等。对于单点长画线或双点长画线，当在较小图形中绘制有困难时，可用实线代替。单点长画线或双点长画线的两端不应是点。点画线与点画线或其他图线交接时，应是线段交接。虚线与虚线或其他图线交接时，应是线段交接。虚线为实线的延长线时，不得与实线相交。图线不得与文字、数字或符号重叠、混淆，不可避免时，应首先保证文字清晰。

2.8 习题

一、概念题

1. AutoCAD 2022 的坐标包括_____、_____、_____和_____。

2. 采用极坐标进行输入时，需注意角度的正、负号，在默认情况下，_____为正，反之为负。

3. 设置图形界限的命令为_____。

4. _____功能可以在绘图区域中的光标附近提供命令界面。

5. 可以通过_____对话框设置与管理图层，启动该对话框的命令为_____。

二、操作题（操作视频请查阅电子教学资源库）

1. 开启"正交"功能，通过输入数值绘制如图 2-37 所示的图形。

2. 利用相对极坐标绘制如图 2-38 所示的图形。

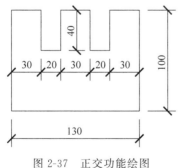

图 2-37 正交功能绘图

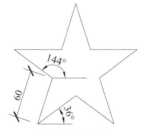

图 2-38 五角星

2-4 正交功能绘图

2-5 绘制五角星

第3章

二维基本绘图操作

绘制图形是 AutoCAD 绘图技术的重点之一,初学者应该熟练掌握简单图形的绘制方法和技巧,为绘制复杂的工程图形打下坚实的基础。本章主要介绍 AutoCAD 2022 二维基本绘图命令的操作,包括点、直线和曲线等各类图形的绘制。

本章学习内容:

➢ 直线类图形的绘制

➢ 曲线类图形的绘制

➢ 多段线的绘制

➢ 点的绘制

➢ 图案填充与编辑

3.1 直线类图形的绘制

直线类图形包括直线、射线、构造线、多线、矩形和多边形等。

3.1.1 直线

直线是构成图形的基本元素。绘制直线时,主要应确定直线的两个端点。

可采用如下方法执行"直线"命令:

• 单击下拉菜单"绘图"→选择"直线"命令;

• 单击"默认"选项卡"绘图"面板上的直线命令按钮 ⃥ ;

• 在命令行输入"LINE"。

执行"直线"命令时,命令行的操作如下:

```
命令:LINE                         (执行命令)
指定第一个点:                      (光标拾取,或输入坐标确定起点)
指定下一个点或[放弃(U)]:           (光标拾取,或输入坐标确定下一个点)
指定下一个点或[闭合(C)/放弃(U)]:    (指定下一个点,或回车退出,或输入其他选项)
```

此外,"直线"命令中还提供了其他选项,它们的作用如下:

"闭合(C)":用于以第一条线的起点作为最后一条线的端点,形成闭合的线段。

"放弃(U)":用于撤销上一步的操作。

3.1.2　射线

射线是沿着某个方向无限延伸的直线,如图 3-1 所示。

可采用如下方法执行"射线"命令:

- 单击下拉菜单"绘图"→选择"射线"命令;
- 单击"默认"选项卡"绘图"折叠子面板上的射线命令
  按钮 ⟋;
- 在命令行输入"RAY"。

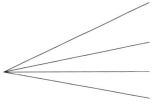

图 3-1　射线

执行"射线"命令时,命令行的操作如下:

命令: RAY　　　　　　　　　　　　　(执行命令)
指定起点:　　　　　　　　　　　　　(确定起点)
指定通过点:　　　　　　　　　　　　(确定通过点形成第一条射线)
指定通过点:　　　　　　　　　　　　(回车退出,或确定通过点形成第二条射线)

使用"RAY"命令绘制的一系列射线的起点都是第一个指定点。

3.1.3　构造线

构造线是两端无限延伸的线,如图 3-2 所示。

可采用如下方法执行"构造线"命令:

- 单击下拉菜单"绘图"→选择"构造线"命令;
- 单击"默认"选项卡"绘图"折叠子面板上的构造线命
  令按钮 ⟋;
- 在命令行输入"XLINE"。

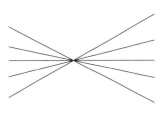

图 3-2　构造线

执行"构造线"命令时,命令行的操作如下:

命令: XLINE　　　　　　　　　　　　　　　　(执行命令)
指定点或[水平(H)/垂直(V)/角度(A)/二等分(B)/偏移(O)]:
　　　　　　　　　　　　　　　　　　　(确定指定点或选择其他绘制方式)
指定通过点:　　　　　　　　　　　　　　　(确定通过点形成第一条构造线)
指定通过点:　　　　　　　　　　　　　　　(回车退出,或确定通过点形成第二条构造线)

此外,"构造线"命令中还提供了其他选项,它们的作用如下:

"水平(H)":用于绘制通过指定点的水平构造线。

"垂直(V)":用于绘制通过指定点的垂直构造线。

"角度(A)":用于绘制指定角度的构造线。选择该选项,命令行将提示输入所绘制构造线与 X 轴正方向的角度,然后指示指定构造线通过的点。

"二等分(B)":用于绘制一条将指定角度平分的构造线。选择该选项,命令行将提示指定要平分的角度。

"偏移(O)":用于绘制一条平行于选定对象的构造线。选择该选项,命令行将提示指定要偏移的对象。

3.1.4　多线

多线由 1~16 条平行线组成,这些平行线称为元素。该命令可用于绘制建筑图中的墙体、窗户等图形。

1. 多线样式的设置

绘制多线前,需要设置多线中直线元素的数目、颜色、线型、线宽以及每个元素的偏移量等,还可以修改合并的显示、端点封口和背景填充等。在默认情况下,多线样式为"Standard",该样式只有两个元素,即两条直线。

可采用如下方法执行"多线样式设置"命令:

- 单击下拉菜单"格式"→选择"多线样式"命令;
- 在命令行输入"MLSTYLE"。

执行命令之后,界面会弹出"多线样式"对话框,如图 3-3 所示。在该对话框中,"样式"列表框中列出了现有的多线样式名称,"说明""预览"框中将显示"样式"列表框中所选多线样式的信息。另外,对话框中还有"置为当前""新建""修改""重命名""删除""加载""保存"等命令按钮。

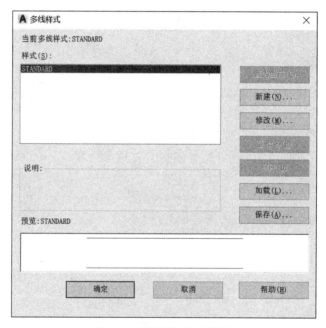

图 3-3 "多线样式"对话框

单击"新建"命令按钮,界面会弹出"创建新的多线样式"对话框,如图 3-4 所示。输入新样式名后,界面会弹出"新建多线样式"对话框,如图 3-5 所示。在该对话框中,"说明"文本框用于输入该多线样式的一些简要信息;"封口"选项组用于控制多线的封口形式;"填充"选项组用于控制多线中的填充颜色;"显示连接"复选框用于控制每条多线线段顶点处连接的显示;可通过"图元"选项组"添加"或"删除"元素,设置偏移的数值、元素的颜色,以及线型。

2. 多线的绘制

下面以默认多线样式"STANDARD"为例介绍多线的绘制。

可采用如下方法执行"多线绘制"命令:

- 单击下拉菜单"绘图"→选择"多线"命令;

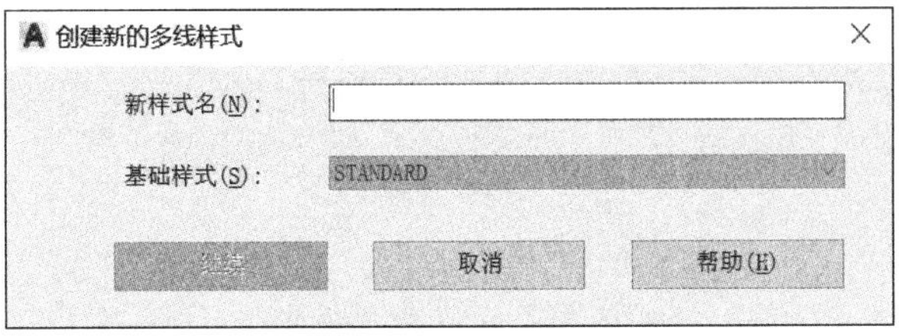

图 3-4　"创建新的多线样式"对话框

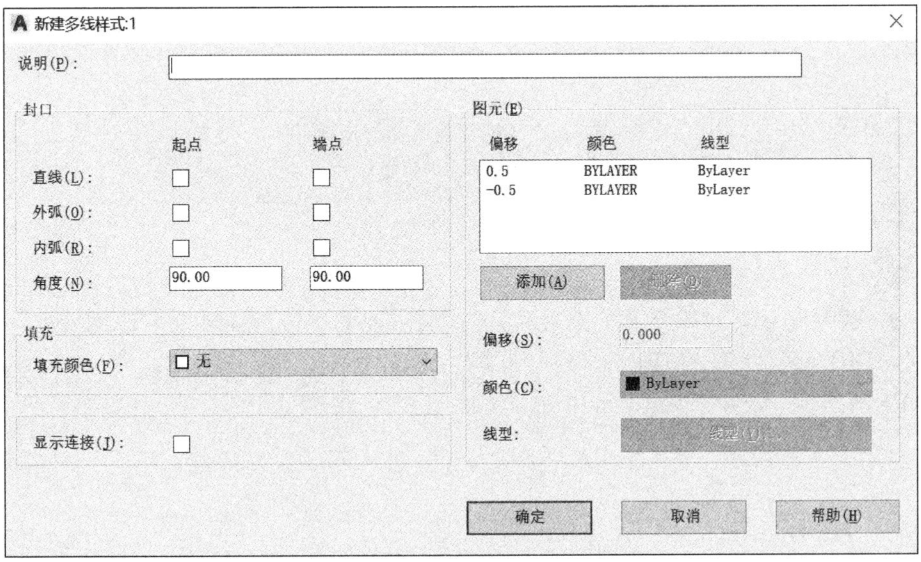

图 3-5　"新建多线样式"对话框

* 在命令行输入"MLINE"。

执行"多线绘制"命令时,命令行的操作如下:

命令:MLINE　　　　　　　　　　　　　　　(执行命令)
当前设置:对正＝上,比例＝20.00,样式＝STANDARD (提示当前多线设置)
指定起点或[对正(J)/比例(S)/样式(ST)]:　　(确定起点,或修改多线设置)
指定下一个点:　　　　　　　　　　　　　　(确定下一个点)
指定下一个点或[放弃(U)]:　　　　　　　　　(确定下一个点,或放弃)
指定下一个点或[闭合(C)/放弃(U)]:　　　　　(确定下一个点,或放弃,或闭合,或回车退出)

在指定起点时,命令中还提供了其他选项,它们的作用如下:

"对正(J)":用于控制多线相对于光标的位置,包括"上(T)""无(Z)""下(B)"三个选项,"上(T)"选项表示多线在光标下方;"无(Z)"选项表示光标位于多线中间;"下(B)"选项表示多线在光标上方。三种对正样式如图 3-6 所示。

"比例(S)":用于设置平行线的间距。当输入 0 时,平行线重合,输入负值时,多线排列倒置。不同比例绘制的多线如图 3-7 所示。

"样式(ST)":用于设置多线的样式。用户可以直接输入已定义的多线样式名称,也可以输入"?",则文本窗口显示当前图形文件加载的多线样式。

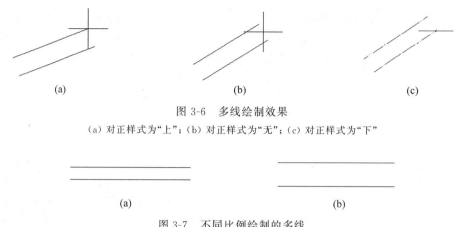

(a)　　　　　　　　　　(b)　　　　　　　　　　(c)

图 3-6　多线绘制效果

（a）对正样式为"上"；（b）对正样式为"无"；（c）对正样式为"下"

(a)　　　　　　　　　　　　　　　　(b)

图 3-7　不同比例绘制的多线

（a）比例为 5；（b）比例为 10

　注意

　　"多线"命令绘制的图形是一个对象，可以使用大多数通用编辑命令进行编辑。但若要进行"BREAK""CHAMFER""FILLET""LENGTHEN""OFFSET"等操作，则要先使用 EXPLODE 命令将多线进行分解。

3.1.5　矩形

　　矩形是建筑制图中最为常见的图形，如门、窗、柱等都是矩形。

　　可采用如下方法执行"矩形"命令：

- 单击下拉菜单"绘图"→选择"矩形"命令；
- 单击"默认"选项卡"绘图"面板上的矩形命令按钮 ▭ ；
- 在命令行输入"RECTANG"。

　　执行"矩形"命令时，命令行的操作如下：

命令：RECTANG　　　　　　　　　　　　　　　（执行命令）

指定第一个角点或[倒角(C)/标高(E)/圆角(F)/厚度(T)/宽度(W)]：

　　　　　　　　　　　　　　　　（确定第一个角点，或选择其他选项）

指定另一个角点或[面积(A)/尺寸(D)/旋转(R)]：　　（确定另一个角点，或选择其他选项）

　　在指定第一个角点时，命令中还提供了其他选项，它们的作用如下：

　　"倒角(C)"：用于绘制带倒角的矩形。后面章节将介绍倒角命令。

　　"标高(E)"：用于指定矩形所在平面的高度。该选项一般用于三维制图中。

　　"圆角(F)"：用于绘制带圆角的矩形。后面章节将介绍圆角命令。

　　"厚度(T)"：用于绘制带厚度的矩形。该选项一般用于三维制图中。

　　"宽度(W)"：用于指定矩形的线宽。

　　在指定第二个角点时，命令中还提供了其他选项，它们的作用如下：

　　"面积(A)"：用于通过指定矩形面积和某一边长绘制矩形。

"尺寸(D)"：用于通过指定长度和宽度绘制矩形。

"旋转(R)"：用于通过指定旋转角绘制矩形。

3.1.6 多边形

使用 AutoCAD 2022 可以绘制边数在 3～1024 的多边形，绘制时，可以采用三种方法，分别为"内接于圆"法、"外切于圆"法和"边长"法。

可采用如下方法执行"多边形"命令：

- 单击下拉菜单"绘图"→选择"多边形"命令；
- 单击"默认"选项卡"绘图"面板上的"矩形"下拉列表 □·，选择多边形命令按钮 ⬠；
- 在命令行输入"POLYGON"。

1. "内接于圆"法

该方法假设要绘制的多边形内接于一个圆中，即多边形的每个顶点都落在圆周上，需要通过确定边数、圆的半径、圆心三个参数来绘制。

采用该方法绘制多边形时，命令行的操作如下：

命令：POLYGON	(执行命令)
POLYGON 输入侧面数<4>：5	(输入边数)
指定多边形的中心点或[边(E)]：	(光标拾取，或输入坐标确定圆心)
输入选项[内接于圆(I)/外切于圆(C)]<I>：I	(输入"I"，选择"内接于圆"选项)
指定圆的半径：20	(光标拾取，或输入数值确定半径)

这样就可以得到一个内接在半径为 20 的圆的正五边形，如图 3-8(a)所示。

2. "外切于圆"法

该方法假设要绘制的多边形各边与一个圆相切，通过确定边数、圆的半径、圆心三个参数来绘制。

采用该方法绘制多边形时，命令行的操作如下：

命令：POLYGON	(执行命令)
POLYGON 输入侧面数<4>：5	(输入边数)
指定多边形的中心点或[边(E)]：	(光标拾取，或输入坐标确定圆心)
输入选项[内接于圆(I)/外切于圆(C)]<I>：C	(输入"C"，选择"外切于圆"选项)
指定圆的半径：20	(光标拾取，或输入数值确定半径)

这样就可以得到一个外切于半径为 20 的圆的五边形，如图 3-8(b)所示。

3. "边长"法

该方法通过确定多边形的边长和方向来绘制多边形。

采用该方法绘制多边形时，命令行的操作如下：

命令：POLYGON	(执行命令)
POLYGON 输入侧面数<5>：5	(输入边数)
指定多边形的中心点或[边(E)]：E	(输入"E"，选择"边长"选项)
指定边的第一个端点：	(光标拾取，或输入坐标确定边的第一个端点)
指定边的第二个端点：@20,0	(光标拾取，或输入坐标确定边的第二个端点)

这样就可以得到一个边长为 20 的五边形,如图 3-8(c)所示。

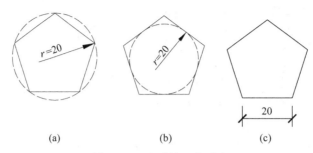

图 3-8　五边形的三种画法
(a)"内接于圆"法;(b)"外切于圆"法;(c)"边长"法

练一练(操作视频请查阅电子教学资源库)

利用直线命令绘制如图 3-9 所示的标高符号。

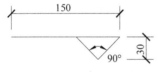

图 3-9　标高符号　　　　　　3-1　直线命令绘制标高符号

3.2　曲线类图形的绘制

曲线类图形包括圆、圆弧、圆环、椭圆、椭圆弧和样条曲线等。

3.2.1　圆

AutoCAD 2022 提供了 6 种绘制圆的方法,分别为"圆心、半径"法、"圆心、直径"法、"两点"法、"三点"法、"相切、相切、半径"法和"相切、相切、相切"法。

可采用如下方法执行"圆"命令:

- 单击下拉菜单"绘图"→选择"圆"命令→选择绘制方法;
- 单击"默认"选项卡"绘图"面板上的"圆"下拉列表,选择绘制方法,如图 3-10 所示。
- 在命令行输入"CIRCLE"。

1. "圆心、半径"法

该方法是通过确定圆心和半径绘制圆形,如图 3-11(a)所示。

采用该方法绘制圆形时,命令行的操作如下:

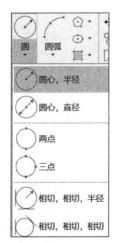

图 3-10　功能区"圆"下拉列表

命令：CIRCLE　　　　　　　　　　　　　　　　　　　　　　　　（执行命令）

指定圆的圆心或[三点(3P)/两点(2P)/切点、切点、半径(T)]：（光标拾取，或输入坐标确定圆心）

指定圆的半径或[直径(D)]：　　　　　　　　　　　　（光标拾取，或输入数值确定半径）

2. "圆心、直径"法

该方法是通过确定圆心和直径绘制圆形，如图 3-11(b)所示。

采用该方法绘制圆形时，命令行的操作如下：

命令：CIRCLE　　　　　　　　　　　　　　　　　　　　　　　　（执行命令）

指定圆的圆心或[三点(3P)/两点(2P)/切点、切点、半径(T)]：（光标拾取，或输入坐标确定圆心）

指定圆的半径或[直径(D)] < 12.3752 >：D　　　　　（输入"D"，选择"直径"选项）

指定圆的直径< 24.7504 >：　　　　　　　　　　　（光标拾取，或输入数值确定直径）

3. "两点"法

该方法是通过确定任意直径上的两个端点绘制圆形，如图 3-11(c)所示。

采用该方法绘制圆形时，命令行的操作如下：

命令：CIRCLE　　　　　　　　　　　　　　　　　　　　　　　　（执行命令）

指定圆的圆心或[三点(3P)/两点(2P)/切点、切点、半径(T)]：2P

　　　　　　　　　　　　　　　　　　　　　　（输入"2P"，选择"两点"选项）

指定圆直径的第一个端点：　　　　　　　　　　　（光标拾取，或输入坐标确定直径端点1）

指定圆直径的第二个端点：@50,0　　　　　　　　（光标拾取，或输入坐标确定直径端点2）

4. "三点"法

该方法是通过不在一条直线上的任意三个点绘制圆形，如图 3-11(d)所示。

采用该方法绘制圆形时，命令行的操作如下：

命令：CIRCLE　　　　　　　　　　　　　　　　　　　　　　　　（执行命令）

指定圆的圆心或[三点(3P)/两点(2P)/切点、切点、半径(T)]：3P

　　　　　　　　　　　　　　　　　　　　　　（输入"3P"，选择"三点"选项）

指定圆上的第一个点：　　　　　　　　　　　　　　（光标拾取，或输入坐标确定点1）

指定圆上的第二个点：　　　　　　　　　　　　　　（光标拾取，或输入坐标确定点2）

指定圆上的第三个点：　　　　　　　　　　　　　　（光标拾取，或输入坐标确定点3）

5. "相切、相切、半径"法

该方法是通过确定圆的半径及与圆相切的两个图形绘制圆形，如图 3-11(e)所示。

采用该方法绘制圆形时，命令行的操作如下：

命令：CIRCLE　　　　　　　　　　　　　　　　　　　　　　　　（执行命令）

指定圆的圆心或[三点(3P)/两点(2P)/切点、切点、半径(T)]：T

　　　　　　　　　　　　　　　　　　　（输入"T"，选择"切点、切点、半径"选项）

指定对象与圆的第一个切点：　　　　　　　　　　　（光标拾取切点1）

指定对象与圆的第二个切点：　　　　　　　　　　　（光标拾取切点2）

指定圆的半径< 21.0083 >：20　　　　　　　　　　（输入半径）

6. "相切、相切、相切"法

该方法是通过确定与圆相切的三个图形绘制圆形，如图 3-11(f)所示。该方法一般通过选择菜单命令来完成。

采用该方法绘制圆形时,命令行的操作如下:

命令: CIRCLE   (下拉菜单执行命令)
指定圆的圆心或[三点(3P)/两点(2P)/切点、切点、半径(T)]:_3P 指定圆上的第一个点:_TAN 到
                                                (光标拾取确定与圆相切的直线 1)
指定圆上的第二个点:_TAN 到   (光标拾取确定与圆相切的直线 2)
指定圆上的第三个点:_TAN 到   (光标拾取确定与圆相切的直线 3)

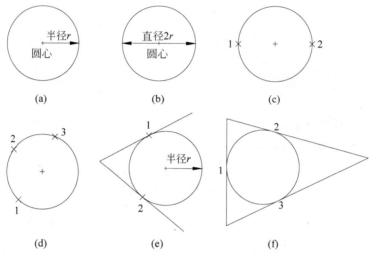

(a)   (b)   (c)

(d)   (e)   (f)

图 3-11   圆的 6 种画法

(a)"圆心、半径"法;(b)"圆心、直径"法;(c)"两点"法;(d)"三点"法;
(e)"相切、相切、半径"法;(f)"相切、相切、相切"法

【例 3-1】   利用"圆""多边形"命令绘制如图 3-12 所示的图形。

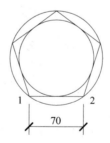

图 3-12   "圆""多边形"例图

解:

命令: POLYGON   (执行"多边形"命令)
POLYGON 输入侧面数<4>: 5   (输入"5"确定边数)
指定多边形的中心点或[边(E)]:E   (输入"E",选择"边"选项)
指定边的第一个端点:指定边的第二个端点:70 <正交开>
                                                (光标拾取确定点 1,打开正交,输入"70"确定点 2)
命令: CIRCLE   (菜单执行"圆"命令,选择"相切、相切、相切"选项)
指定圆的圆心或[三点(3P)/两点(2P)/切点、切点、半径(T)]:_3P 指定圆上的第一个点:_TAN 到
                                                (光标捕捉五边形第一条边)

指定圆上的第二个点：_TAN 到　　　　　　　　（光标捕捉五边形第二条边）

指定圆上的第三个点：_TAN 到　　　　　　　　（光标捕捉五边形第三条边,画出小圆）

命令：CIRCLE　　　　　　　　　　　　　　　（执行"圆形"命令）

指定圆的圆心或[三点(3P)/两点(2P)/切点、切点、半径(T)]：

　　　　　　　　　　　　　　　　　　　　　（光标捕捉小圆圆心）

指定圆的半径或[直径(D)]＜68.8191＞：　　（光标捕捉点 1 确定半径,画出大圆）

3.2.2　圆弧

AutoCAD 2022 提供了 11 种绘制圆弧的方法,以下详细介绍其中 4 种绘制方法。

可采用如下方法执行"圆弧"命令：

- 单击下拉菜单"绘图"→选择"圆弧"命令→选择绘制方法；

- 单击"默认"选项卡"绘图"面板上的"圆弧"下拉列表 ，选择绘制方法,如图 3-13 所示；

- 在命令行输入"ARC"。

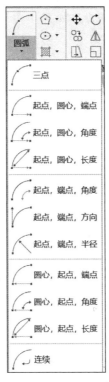

图 3-13　功能区"圆弧"下拉列表

1. "三点"法

该方法是通过确定任意三个点来绘制圆弧,如图 3-14(a)所示。

采用该方法绘制圆弧时,命令行的操作如下：

命令：ARC　　　　　　　　　　　　　　　　（执行命令）

圆弧创建方向:逆时针　　　　　　　　　　　（按住 Ctrl 键可以切换圆弧创建方向）

指定圆弧的起点或[圆心(C)]：　　　　　　　（光标拾取,或输入坐标确定起点 1）

指定圆弧的第二个点或[圆心(C)/端点(E)]：　（光标拾取,或输入坐标确定点 2）

| 指定圆弧的端点： | （光标拾取，或输入坐标确定端点 3） |

2. "起点、圆心、端点"法

该方法是通过确定圆弧的起点、圆心和端点绘制圆弧，如图 3-14（b）所示。

采用该方法绘制圆弧时，命令行的操作如下：

命令：ARC	（执行命令）
圆弧创建方向：逆时针	（按住 Ctrl 键可以切换圆弧创建方向）
指定圆弧的起点或[圆心(C)]：	（光标拾取，或输入坐标确定起点 1）
指定圆弧的第二个点或[圆心(C)/端点(E)]：C	（输入"C"，选择"圆心"选项）
指定圆弧的圆心：	（光标拾取，或输入坐标确定圆心 2）
指定圆弧的端点或[角度(A)/弦长(L)]：	（光标拾取，或输入坐标确定端点 3）

3. "起点、圆心、角度"法

该方法是通过确定圆弧的起点、圆心和圆心角绘制圆弧。当输入的角度为正值时，由起点按逆时针方向绘制圆弧，如图 3-14（c）所示。反之，按顺时针方向绘制圆弧。

采用该方法绘制圆弧时，命令行的操作如下：

命令：ARC	（执行命令）
圆弧创建方向：逆时针	（按住 Ctrl 键可以切换圆弧创建方向）
指定圆弧的起点或[圆心(C)]：	（光标拾取，或输入坐标确定起点 1）
指定圆弧的第二个点或[圆心(C)/端点(E)]：C	（输入"C"，选择"圆心"选项）
指定圆弧的圆心：	（光标拾取，或输入坐标确定圆心 2）
指定圆弧的端点或[角度(A)/弦长(L)]：A	（输入"A"，选择"角度"选项）
指定包含角：60	（输入圆心角）

4. "起点、圆心、长度"法

该方法是通过确定圆弧的起点、圆心和弦长绘制圆弧。当输入的弦长为正值时，得到与弦长相应的较小的弧，如图 3-14（d）所示。反之，可以得到与弦长相应的较大的弧。

采用该方法绘制圆弧时，命令行的操作如下：

命令：ARC	（执行命令）
圆弧创建方向：逆时针	（按住 Ctrl 键可以切换圆弧创建方向）
指定圆弧的起点或[圆心(C)]：	（光标拾取，或输入坐标确定起点 1）
指定圆弧的第二个点或[圆心(C)/端点(E)]：C	（输入"C"，选择"圆心"选项）
指定圆弧的圆心：	（光标拾取，或输入坐标确定圆心 2）
指定圆弧的端点或[角度(A)/弦长(L)]：L	（输入"L"，选择"弦长"选项）
指定弦长：30	（输入弦长值）

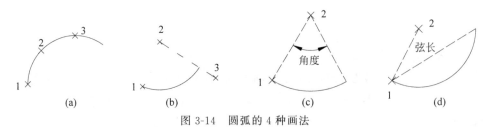

图 3-14　圆弧的 4 种画法

（a）"三点"法；（b）"起点、圆心、端点"法；（c）"起点、圆心、角度"法；（d）"起点、圆心、长度"法

【例 3-2】　利用"圆弧""直线"命令绘制如图 3-15 所示的扇形洞口。

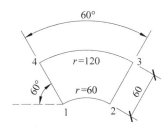

图 3-15　扇形洞口

解：

命令：ARC	（执行"圆弧"命令）
圆弧创建方向：逆时针	（按住 Ctrl 键可以切换圆弧创建方向）
指定圆弧的起点或[圆心(C)]：	（光标拾取确定起点 1）
指定圆弧的第二个点或[圆心(C)/端点(E)]：C	（输入"C"，选择"圆心"选项）
指定圆弧的圆心：@60＜－60	（输入相对极坐标确定圆心位置）
指定圆弧的端点或[角度(A)/弦长(L)]：A	（输入"A"，选择"角度"选项）
指定包含角：－60	（输入圆心角，画出圆弧 12）
命令：LINE	（执行"直线"命令）
指定第一个点：	（光标捕捉点 2）
指定下一点或[放弃(U)]：@60＜60	（输入相对极坐标确定点 3 位置）
指定下一点或[放弃(U)]：	（回车退出，画出直线 23）
命令：LINE	（再次执行"直线"命令）
指定第一个点：	（光标捕捉点 1）
指定下一点或 [放弃(U)]：@60＜120	（输入相对极坐标确定点 4）
指定下一点或 [放弃(U)]：	（回车退出，画出直线 14）
命令：ARC	（执行"圆弧"命令）
圆弧创建方向：逆时针	（按住 Ctrl 键可以切换圆弧创建方向）
指定圆弧的起点或[圆心(C)]：	（光标捕捉点 4）
指定圆弧的第二个点或[圆心(C)/端点(E)]：E	（输入"E"，选择"端点"选项）
指定圆弧的端点：	（光标捕捉点 3）
指定圆弧的端点或[角度(A)/弦长(L)]：A	（输入"A"，选择"角度"选项）
指定包含角：－60	（输入圆心角，画出圆弧 43）

☞　**关键点解析：**

由起点 1 通过"起点、圆心、角度"法绘制圆弧 12，由起点 4 通过"起点、端点、角度"法绘制圆弧 43，输入的角度均为负值，即为沿顺时针方向的角度。

3.2.3　圆环

圆环是填充环或实体填充圆，即带有宽度的实际闭合多段线。绘制圆环时，需要确定内外直径和圆心位置。

可采用如下方法执行"圆环"命令：

- 单击下拉菜单"绘图"→选择"圆环"命令；
- 单击"默认"选项卡"绘图"折叠子面板上的圆环命令按钮 ◎；
- 在命令行输入"DONUT"。

执行"圆环"命令时，命令行的操作如下：

命令：DONUT	（执行命令）
指定圆环的内径<0.5000>：1	（指定圆环内径）
指定圆环的外径<1.0000>：2	（指定圆环外径）
指定圆环的中心点或<退出>：	（指定圆环中心点）
指定圆环的中心点或<退出>：	（回车退出，或继续指定圆环中心点）

此时，就可以得到如图 3-16 所示的圆环。

3.2.4　椭圆与椭圆弧

AutoCAD 2022 中使用同一个命令绘制椭圆和椭圆弧。

可采用如下方法执行"椭圆"或"椭圆弧"命令：

- 单击下拉菜单"绘图"→选择"椭圆"命令→选择绘制方法，其中"圆心（C）"选项和"轴、端点（E）"选项用于绘制椭圆，"圆弧（A）"选项用于绘制椭圆弧；
- 单击"默认"选项卡"绘图"面板上的"椭圆"下拉列表 ⊙ ▾ ，选择绘制方法，如图 3-17 所示；
- 在命令行输入"ELLIPSE"。

图 3-16　圆环

图 3-17　功能区"椭圆"下拉列表

1. 椭圆

AutoCAD 2022 中提供了多种绘制椭圆的方法，下面介绍几种最常用的绘制方法。

1）一条轴端点和另一条轴半径

在默认情况下，用户可以通过指定椭圆长轴的两个端点和另一条轴半径绘制椭圆。

采用该方法绘制椭圆时，命令行的操作如下：

命令：ELLIPSE	（执行命令）
指定椭圆的轴端点或[圆弧（A）/中心点（C）]：	（光标拾取，或输入坐标确定一条轴的一个端点）
指定轴的另一个端点：@100,0	（光标拾取，或输入坐标确定另一个端点）
指定另一条半轴长度或[旋转（R）]：30	（光标拾取，或输入长度确定另一条轴半径）

2）中心点、一条轴端点和另一条轴半径

使用这种方法，用户可以通过指定椭圆的圆心、一条轴的端点以及另一条轴半径绘制椭圆。

采用该方法绘制椭圆时，命令行的操作如下：

命令：ELLIPSE	（执行命令）
指定椭圆的轴端点或[圆弧（A）/中心点（C）]：C	（输入"C"，选择"中心点"选项）
指定椭圆的中心点：	（光标拾取，或输入坐标确定中心点）
指定轴的端点：@50,0	（光标拾取，或输入坐标确定一条轴的端点）
指定另一条半轴长度或[旋转（R）]：30	（光标拾取，或输入长度确定另一条轴半径）

此外,命令中还提供了"旋转(R)"选项,该选项用于通过绕第一条轴旋转来创建椭圆,即把一个圆在空间上绕一长轴转动了一个角度以后投影到二维平面上形成椭圆。

2. 椭圆弧

椭圆弧是椭圆的一部分,绘制椭圆弧时,必须先绘制椭圆,再通过输入椭圆弧的起始角度和终止角度绘制椭圆弧。在输入起始角度和终止角度时,可以直接输入角度,也可以通过参数化矢量方程式确定角度值。

3.2.5　样条曲线

样条曲线是经过或接近一系列点的光滑曲线。样条曲线通常用于绘制建筑总平面图中的地形等高线、平面布置图等。在 AutoCAD 2022 中,一般通过指定一系列点,以及起点和端点的切线方向来绘制样条曲线。这些点不一定在绘制的样条曲线上,而是根据设定的拟合公差分布在样条曲线附近。此外,在指定点和切线方向时,用户可以在绘图区观察到样条曲线的动态效果。

可采用如下方法执行"样条曲线"命令:

- 单击下拉菜单"绘图"→选择"样条曲线"命令→选择"拟合点"命令或"控制点"命令;
- 单击"默认"选项卡"绘图"折叠子面板上的样条曲线拟合命令按钮 ∿ 或样条曲线控制点命令按钮 ∿;
- 在命令行输入"SPLINE"。

执行"样条曲线"命令时,命令行的操作如下:

```
命令:SPLINE                                   (执行命令)
当前设置:方式=拟合    节点=弦                    (提示当前设置信息)
指定第一个点或[方式(M)/节点(K)/对象(O)]:        (光标拾取,或输入坐标确定第一个点,或选择
                                               其他选项)
输入下一个点或[起点切向(T)/公差(L)]:            (指定下一个点,或选择其他选项)
输入下一个点或[端点相切(T)/公差(L)/放弃(U)]:    (指定下一个点,或回车退出,或选择其他选项)
输入下一个点或[端点相切(T)/公差(L)/放弃(U)/闭合(C)]:
                                               (指定下一个点,或回车退出,或选择其他选项)
```

在指定第一个点时,命令中还提供了其他选项,它们的作用如下:

"方式(M)":用于指定是使用拟合点还是使用控制点来创建样条曲线。默认情况下,拟合点与样条曲线重合,而控制点定义控制框。控制框提供了一种便捷的方法,用来设置样条曲线的形状。两种方式如图 3-18 所示。

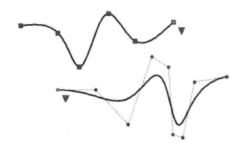

图 3-18　样条曲线两种方式

"节点（K）"：用于指定样条曲线中连续拟合点之间的曲线如何过渡，包括"弦（C）""平方根（S）""统一（U）"三个选项，分别为弦长方法、向心方法和等间距分布方法。

"对象（O）"：用于多段线转换成等效的样条曲线。

在指定下一个点时，命令中还提供了其他选项，它们的作用如下：

"起点切线（T）"：用于指定样条曲线起点的切线方向；

"端点相切（T）"：用于指定样条曲线端点的切线方向；

"公差（L）"：用于指定样条曲线可以偏离指定点的距离。公差值为 3-2 绘制组合图形 0 时，则生成的样条曲线直接通过指定点。

练一练（操作视频请查阅电子教学资源库）

绘制如图 3-19 所示的组合图形。

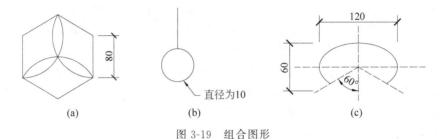

(a)　　　　　　　　(b)　　　　　　　　(c)

图 3-19　组合图形

3.3　多段线的绘制

多段线是由多个直线段和圆弧相连而成的单一对象，整条多段线是一个整体，可以统一对其进行编辑。用户还可以对各段线的始、末端点宽度进行设置。

可采用如下方法执行"多段线"命令：

- 单击下拉菜单"绘图"→选择"多段线"命令；
- 单击"默认"选项卡"绘图"面板上的多段线命令按钮 ；
- 在命令行输入"PLINE"。

执行"多段线"命令时，命令行的操作如下：

```
命令：PLINE                              （执行命令）
指定起点：                               （光标拾取，或输入坐标确定起点）
当前线宽为 0.0000                        （提示当前线宽值）
指定下一个点或[圆弧(A)/半宽(H)/长度(L)/放弃(U)/宽度(W)]：
                                        （确定下一个点，或选择其他选项）
指定下一个点或[圆弧(A)/闭合(C)/半宽(H)/长度(L)/放弃(U)/宽度(W)]：
                                （确定下一个点，或回车退出，或选择其他选项）
```

在指定下一个点时，命令中还提供了其他选项，它们的作用如下：

"圆弧（A）"：用于将弧线添加到多段线中，选择该选项后，将绘制一段圆弧。

"半宽（H）"：用于指定从多段线线段的中心到其一边的宽度。选择该选项后，将提示输入起点的半宽宽度和终点的半宽宽度。

"长度(L)"：用于在与上一线段相同的角度方向上绘制指定长度的直线段。如果上一线段是圆弧,将绘制与该弧线段相切的新直线段。

"放弃(U)"：用于删除最近一次绘制的直线段或弧线段。

"宽度(W)"：用于指定下一段多段线的宽度。选择该选项后,将提示输入线段起点和终点的宽度。

"闭合(C)"：用于闭合图形。

 注意

（1）若绘制闭合的多段线不用"闭合"选项,闭合处往往会出现锯齿状。

（2）绘制多段线中的圆弧时,其操作与"圆弧"命令相同。

【**例 3-3**】　利用"多段线"命令绘制如图 3-20 所示的图形。

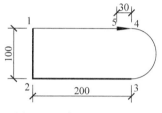

图 3-20　多段线绘制图形

解:

命令: PLINE	(执行命令)
指定起点:	(光标拾取,或输入坐标确定起点 1)
当前线宽为 0.0000	(提示当前线宽值)
指定下一个点或[圆弧(A)/半宽(H)/长度(L)/放弃(U)/宽度(W)]: W	
	(输入"W",选择"宽度"选项)
指定起点宽度<0.0000>: 3	(输入起点宽度)
指定终点宽度<3.0000>: 3	(输入终点宽度)
指定下一个点或[圆弧(A)/半宽(H)/长度(L)/放弃(U)/宽度(W)]: @0,−100	
	(输入坐标确定点 2)
指定下一个点或[圆弧(A)/闭合(C)/半宽(H)/长度(L)/放弃(U)/宽度(W)]: @200,0	
	(输入坐标确定点 3)
指定下一个点或[圆弧(A)/闭合(C)/半宽(H)/长度(L)/放弃(U)/宽度(W)]: W	
	(输入"W",选择"宽度"选项)
指定起点宽度<3.0000>: 0	(输入起点宽度)
指定终点宽度<0.0000>: 0	(输入终点宽度)
指定下一个点或[圆弧(A)/闭合(C)/半宽(H)/长度(L)/放弃(U)/宽度(W)]: A	
	(输入"A",选择"圆弧"选项)
指定圆弧的端点或[角度(A)/圆心(CE)/闭合(CL)/方向(D)/半宽(H)/直线(L)/半径(R)/第二个点(S)/放弃(U)/宽度(W)]: @0,100	(输入坐标确定圆弧端点 4)
指定圆弧的端点或[角度(A)/圆心(CE)/闭合(CL)/方向(D)/半宽(H)/直线(L)/半径(R)/第二个点(S)/放弃(U)/宽度(W)]: L	(输入"L",选择"直线"选项)
指定下一个点或[圆弧(A)/闭合(C)/半宽(H)/长度(L)/放弃(U)/宽度(W)]: W	
	(输入"W",选择"宽度"选项)

指定起点宽度<0.0000>:0　　　　　　　　　（输入起点宽度）

指定终点宽度<0.0000>:8　　　　　　　　　（输入终点宽度）

指定下一个点或[圆弧(A)/闭合(C)/半宽(H)/长度(L)/放弃(U)/宽度(W)]:@-30,0

　　　　　　　　　　　　　　　　　（输入坐标确定点5）

指定下一个点或[圆弧(A)/闭合(C)/半宽(H)/长度(L)/放弃(U)/宽度(W)]: W

　　　　　　　　　　　　　　　（输入"W",选择"宽度"选项）

指定起点宽度<8.0000>:0　　　　　　　　　（输入起点宽度）

指定终点宽度<0.0000>:0　　　　　　　　　（输入终点宽度）

指定下一个点或[圆弧(A)/闭合(C)/半宽(H)/长度(L)/放弃(U)/宽度(W)]: C

　　　　　　　　　　　（输入"C",选择"闭合"选项）

3-3　多段线命令绘图

 练一练（操作视频请查阅电子教学资源库）

利用多段线命令绘制如图 3-21 所示的图形。

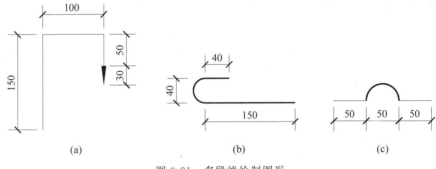

图 3-21　多段线绘制图形

3.4　点的绘制

与点相关的命令主要包括点样式设置、点绘制、定数等分和定距等分。

3.4.1　点样式的设置

在 AutoCAD 2022 中,用户可以设置点的样式,以便使绘出的点具有较好的可见性。

可采用如下方法执行"点样式设置"命令:

- 单击下拉菜单"格式"→选择"点样式"命令;
- 在命令行输入"DDPTYPE"。

执行命令之后,界面会弹出"点样式"对话框,如图 3-22 所示。在该对话框中有 20 种点样式供用户选用。"点大小"文本框用于设置点的大小,可以输入百分比数值 0～100。可以通过"相对于屏幕设置大小""按绝对单位设置大小"两个命令按钮改变点的大小,前者表示图形缩放时点的大小会同时发生变化,后者表示图形缩放时点的大小不发生变化。

3.4.2　点的绘制

可采用如下方法执行"点的绘制"命令:

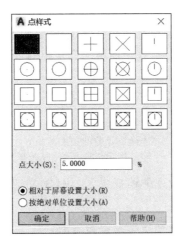

图 3-22　"点样式"对话框

- 单击下拉菜单"绘图"→选择"点"命令→选择"单点"或"多点"命令；
- 单击"默认"选项卡"绘图"折叠子面板上的多点命令按钮 ∴；
- 在命令行输入"POINT"。

执行"点的绘制"命令时，命令行的操作如下：

命令：POINT　　　　　　　　　　　　　　（执行命令）
当前点模式：　PDMODE=3　PDSIZE=0.0000　（提示当前点样式和点大小）
指定点：　　　　　　　　　　　　　　　　（光标拾取，或输入坐标确定点）

3.4.3　定数等分

在 AutoCAD 2022 中，用户可以通过点将某个图形按指定数目分成若干等份。可以用于等分的图形包括直线、圆弧、圆、椭圆和多段线等。

可采用如下方法执行"定数等分"命令：

- 单击下拉菜单"绘图"→选择"点"命令→选择"定数等分"命令；
- 单击"默认"选项卡"绘图"折叠子面板上的定数等分命令按钮 ⁄ ；
- 在命令行输入"DIVIDE"。

执行"定数等分"命令时，命令行的操作如下：

命令：DIVIDE　　　　　　　　　　　　　（执行命令）
选择要定数等分的对象：　　　　　　　　　（选择要等分的图形）
输入线段数目或［块(B)］：3　　　　　　　（输入等分数目，或选择其他选项）

此外，指定线段数目时，命令中还提供了"块(B)"选项，其作用是沿选定对象等间距放置块。

3.4.4　定距等分

在 AutoCAD 2022 中，用户可以按照某个特定长度对图形进行划分标记。如果一条直线按照距离 10 来划分若干段，当直线长度不是 10 的整数倍时，最后一段长度不等于 10。

可采用如下方法执行"定距等分"命令：

- 单击下拉菜单"绘图"→选择"点"命令→选择"定距等分"命令；
- 单击"默认"选项卡"绘图"折叠子面板上的定距等分命令按钮 ✏ ；
- 在命令行输入"MEASURE"。

执行"定距等分"命令时，命令行的操作如下：

命令：MEASURE　　　　　　　　（执行命令）
选择要定距等分的对象：　　　　（选择要等分的图形对象）
指定线段长度或［块（B）］：4　（输入指定线段长度，或选择其他选项）

此外，在指定线段长度时，命令中还提供了"块（B）"选项，其作用是沿选定对象按指定长度放置图块。

练一练（操作视频请查阅电子教学资源库）

利用点的相关命令绘制如图 3-23 所示的图形。

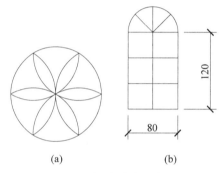

(a)　　　　　　　(b)

图 3-23　利用点命令绘制图形

3-4　点命令绘图

3.5　图案填充与编辑

在建筑图纸中，常常通过图案填充来显示剖面结构关系，表达建筑中各种建筑材料的类型、地基轮廓线和立面效果等。

3.5.1　图案填充

图案填充是使用指定线条图案、颜色来填充某个封闭区域。

可采用如下方法执行"图案填充"命令：

- 单击下拉菜单"绘图"→选择"图案填充"命令；
- 单击"默认"选项卡"绘图"面板上的图案填充命令按钮 ▨ ；
- 命令行输入"BHATCH"或"HATCH"。

执行命令之后，界面会弹出"图案填充创建"功能区选项卡，如图 3-24 所示。

1. "边界"面板

该面板用于指定图案填充的边界。

图 3-24　"图案填充创建"功能区选项卡

"拾取点"命令按钮 ▨ 用于确定填充边界,用户可以通过单击填充区域内任意位置让系统自动搜索并确定填充边界。

"选择"命令按钮 ▨ 用于确定填充边界,用户可以通过拾取框选择对象并将其作为图案填充的边界。使用该选项时,不会自动检测内部对象。必须选择选定边界内的对象,以按照当前孤岛检测样式填充这些对象。孤岛检测样式将在后面进行介绍。

"删除"命令按钮 ▨ 用于从边界定义中删除之前添加的任何对象。

"重新创建"命令按钮 ▨ 用于围绕选定的图案填充或填充对象创建多段线或面域,并且可以控制其与图案填充对象是否相关联。

在"边界"折叠子面板中还包含如下命令:

"显示边界对象"命令按钮 ▨ 用于选择构成选定关联图案填充对象的边界的对象,使用显示的夹点可修改图案填充边界。该命令按钮仅在编辑图案填充时才可用。

"保留边界对象"下拉列表用于指定如何处理图案填充边界对象。包含"不保留边界""保留边界—多段线"和"保留边界—面域"三个选项。

"选择新边界集"命令按钮 ▨ 用于指定对象的边界集,以便通过图案填充时的拾取点进行计算。

2. "图案"面板

该面板用于显示所有预定义和自定义图案的预览图像。用户可以在图案库的底部查找自定义图案。

3. "特性"面板

该面板用于设置填充图案的相关特性,如颜色、透明度、倾斜角度和疏密程度等。

"图案填充类型"下拉列表 ▨图案 用于指定是使用纯色、渐变色、图案还是用户定义的填充。

"图案填充颜色"下拉列表 ▨ □ 使用当前项 用于指定图案填充的颜色。

"背景色"下拉列表 ▨ ☑ 无 用于指定图案背景的颜色。

"图案填充透明度"下拉列表 ▨· 图案填充透明度 0 用于设定新图案填充或填充的透明度,替代当前对象的透明度。选择"使用当前项"可使用当前对象的透明度设置,用户可以在文本框中输入透明度数值。

"角度"文本框用于设置填充图案的角度,有效值为 0～359。

"图案填充比例"文本框用于设置填充图案的疏密程度。不同的填充角度和比例的控制效果如图 3-25 所示。

"图案填充间距"文本框用于指定用户定义图案中的直线间距,仅当"图案填充类型"设定为"用户定义"时可用。

在"特性"折叠子面板中还包含如下命令:

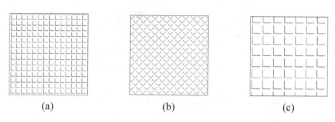

(a)   (b)   (c)

图 3-25 角度和比例的控制效果

(a) 0°角，比例 2；(b) 45°角，比例 2；(c) 0°角，比例 3

"相对图纸空间"命令按钮 用于相对于图纸空间单位缩放填充图案，仅在图纸空间可用。使用此选项可很容易地做到以适合于布局的比例显示填充图案。

"双向"命令按钮 用于绘制与原始直线成 90°角的第二组直线，从而构成交叉线。仅当"图案填充类型"设定为"用户定义"时可用。

"ISO 笔宽"下拉列表用于按照选定的笔宽缩放 ISO 图案。仅对于预定义的 ISO 图案可用。

4．"原点"面板

该面板用于控制填充图案生成的起始位置。默认情况下，所有图案填充原点都对应于当前的 UCS 原点。

"设定原点"命令按钮 用于指定新的图案填充原点。

在"原点"折叠子面板中还包含如下命令：

"左下"命令按钮 用于将图案填充原点设定在图案填充边界矩形范围的左下角。

"右下"命令按钮 用于将图案填充原点设定在图案填充边界矩形范围的右下角。

"左上"命令按钮 用于将图案填充原点设定在图案填充边界矩形范围的左上角。

"右上"命令按钮 用于将图案填充原点设定在图案填充边界矩形范围的右上角。

"中心"命令按钮 用于将图案填充原点设定在图案填充边界矩形范围的中心。

"使用当前原点"命令按钮 用于将图案填充原点设定在 HPORIGIN 系统变量中存储的默认位置。

"存储为原点"命令按钮 用于将新图案填充原点的值存储在 HPORIGIN 系统变量中。

5．"选项"面板

该面板用于设置其他的相关选项。

"关联"命令按钮 用于指定填充的图案具有关联性，即边界修改后填充的图案将自动更新。

"注释性"命令按钮 用于指定填充的图案为注释性对象。

"特性匹配"下拉列表包含"使用当前原点"选项和"用源图案填充原点"选项。其中"使用当前原点"选项用于使用选定图案填充对象(除图案填充原点外)，设定图案填充的特性。"用源图案填充原点"选项用于使用选定图案填充对象(包括图案填充原点)，设定图案填充的特性。

在"选项"折叠子面板中还包含如下命令：

"允许的间隙"文本框用于设定将对象用作图案填充边界时可以忽略的最大间隙。默认值为 0，此值指定对象必须是封闭区域而没有间隙。

"创建独立的图案填充"命令按钮 用于控制当指定了几个单独的闭合边界时，是创建单个图案填充对象,还是创建多个图案填充对象。

"孤岛检测"下拉列表用于设置孤岛的填充。所谓孤岛是指在进行图案填充时,位于总填充区域内的封闭区域,如图 3-26 所示。

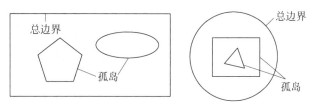

图 3-26　孤岛

其中,"普通孤岛检测"选项是从最外层边界向内填充,如果遇到内部孤岛,将关闭图案填充,遇到孤岛内的另一个孤岛再继续填充,如此反复交替进行;"外部孤岛检测"选项是最外层边界向内填充,如果遇到内部孤岛,将关闭图案填充,即只对最外层进行填充;"忽略孤岛检测"选项是忽略所有内部孤岛,图案填充时将通过这些孤岛。"孤岛检测"三种选项的效果如图 3-27 所示。

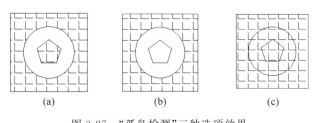

(a)　　　　　　　　　(b)　　　　　　　　　(c)

图 3-27　"孤岛检测"三种选项效果

(a) 普通孤岛检测;(b) 外部孤岛检测;(c) 忽略孤岛检测

"绘图次序"下拉列表用于为图案填充指定绘图次序,包括"不更改""后置""前置""置于边界之后"和"置于边界之前"几个选项。

6. "关闭"面板

通过单击该面板上的"关闭图案填充创建"命令按钮 ✔ 可以关闭"图案填充创建"功能区选项卡,也可以通过按回车键或 Esc 键退出。

3.5.2　编辑图案填充

图案填充的编辑包括重新定义图案或颜色、编辑填充边界以及设置其他图案的填充属性。

可采用如下方法,执行"编辑图案填充"命令:

- 单击下拉菜单"修改"→选择"对象"命令→选择"图案填充"命令;
- 单击"默认"选项卡"修改"折叠子面板上的编辑图案填充命令按钮 ;
- 命令行输入"HATCHEDIT"。

执行命令之后,选择要编辑的对象(必须选择填充的图案),此时界面会弹出"图案填充编辑"对话框,如图 3-28 所示。该对话框中各项的含义与"图案填充创建"功能区选项卡中各项的含义大致相同,用户可以根据需要对设置内容重新进行修改。

图 3-28　"图案填充编辑"对话框

练一练（操作视频请查阅电子教学资源库）

对如图 3-29 所示的图形进行图案填充。

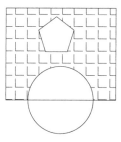

图 3-29　"图案填充"练习　　　　　3-5　图案填充

3.6　习题

一、概念题

1. 多线的对正样式包括上对正、_____和_____。

2. 多边形的绘制方法包括三种，分别为_____、_____和_____。

3. 多段线绘制的命令是_____。

4. 图案填充的命令是_____。

二、操作题（操作视频请查阅电子教学资源库）

利用绘图命令绘制如图 3-30～图 3-33 所示的图形。

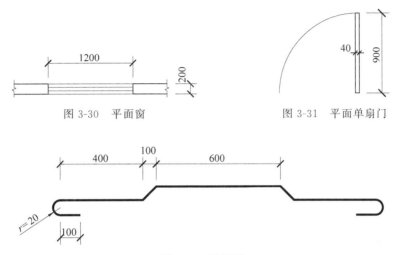

图 3-30　平面窗　　　　　　　　　图 3-31　平面单扇门

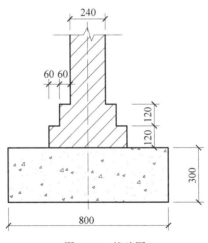

图 3-32　钢筋图

图 3-33　基础图

3-6　绘制平面窗　　　3-7　绘制平面单扇门　　　3-8　绘制钢筋图　　　3-9　绘制基础图

第4章

二维基本编辑操作

编辑命令是 AutoCAD 基本命令的重要组成部分,用户掌握了这些编辑命令,就可以灵活快捷地修改和编辑图形,从而绘制出较为复杂且满足专业要求的图。本章主要介绍 AutoCAD 2022 的二维编辑命令,如删除、复制、移动、镜像、旋转、比例缩放和修剪等。

本章学习内容:

➤ 对象的选择

➤ 基本编辑命令

➤ 多线的编辑

➤ 多段线的编辑

➤ 对象特性

➤ 夹点编辑

4.1　对象的选择

正确快速地选择对象是进行图形编辑的基础。在 AutoCAD 2022 中,用户选择了对象之后,对象外轮廓线由原来的实线变成虚线,以示与其他对象的区别。

4.1.1　对象选择方式设置

用户选择对象前,可以通过"选项"对话框中的"选择集"选项卡设置对象选择方式。前面章节已经介绍过"选项"对话框的调用,对于初学用户,一般按默认设置即可。

4.1.2　点选方式

在 AutoCAD 2022 中,可以通过单击来选择对象,每次只能选取一个对象。在无命令状态下,被选择的对象显示夹点。在命令执行过程中,当命令行提示"选择对象"时,光标显示为拾取框模式□,将拾取框移到图形上单击,即可选中对象。点选方式选择对象如图 4-1 所示。

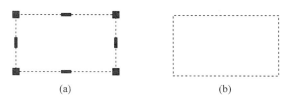

图 4-1　点选方式选择对象

（a）无命令下点选图形对象；（b）执行命令中点选图形对象

4.1.3　窗口方式

窗口方式是通过确定一个矩形区域来选择对象。采用该方式选择时，应在空白处单击，从左往右移动光标到一定位置后，再次单击，此时矩形窗口以实线显示。只有完全包含在矩形窗口范围内的对象才能被选中。窗口方式选择对象如图 4-2 所示。

图 4-2　窗口方式选择对象

（a）窗口方式选择时；（b）窗口方式选择后

4.1.4　交叉窗口方式

交叉窗口方式也是通过确定一个矩形区域来选择对象。采用该方式选择时，应在空白处单击，从右往左移动光标到一定位置后，再次单击，此时矩形窗口以虚线显示。完全包含在矩形窗口范围内以及部分在窗口内的对象均能被选中。交叉窗口方式选择对象如图 4-3 所示。

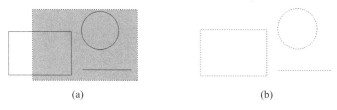

图 4-3　交叉窗口方式选择对象

（a）交叉窗口方式选择时；（b）交叉窗口方式选择后

4.1.5　过滤方式

过滤方式是将对象特性和类型作为过滤条件构造选择集。采用该方式选择时，可以通过"对象选择过滤器"进行定义。

可采用如下方法执行"过滤选择"命令：

• 在命令行输入"FILTER"。

执行命令之后，界面会弹出"对象选择过滤器"对话框，如图 4-4 所示。

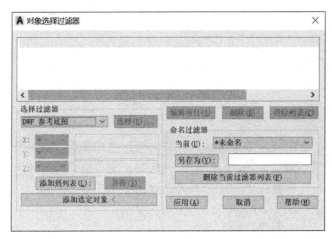

图 4-4 "对象选择过滤器"对话框

该对话框上部的列表框列出了当前定义的过滤条件。用户可以通过下方的"编辑项目""删除""清除列表"三个命令按钮对列表框中的过滤条件分别进行编辑、删除和清除操作。

"选择过滤器"选项组用于定义过滤器。"选择过滤器"下拉列表用于选择过滤器所定义的对象类型及关系运算语句，选择其中的对象类型后，可以在其下方的 X、Y、Z 三个下拉列表框中定义对象类型、过滤参数以及关系运算。有的对象类型的参数可以在文本框中直接输入，有的需单击"选择"命令按钮进行选择，然后单击"添加到列表"命令按钮，可以将定义的过滤器添加到上方的列表中。"添加选定对象"命令按钮用于将指定对象的特性添加到过滤器列表中。一般先添加对象类型，再添加对象参数和关系运算语句。

"命名过滤器"选项组用于保存和删除过滤器。

4.1.6 快速方式

快速方式是根据指定的过滤条件，如对象的图层、线型、颜色等快速定义选择集。

可采用如下方法执行"快速选择"命令：

• 单击下拉菜单"工具"→选择"快速选择"命令；

• 在绘图区右击→在弹出的快捷菜单中选择"快速选择"命令；

• 在命令行输入"QSELECT"。

执行命令之后，界面会弹出"快速选择"对话框，如图 4-5 所示。

在该对话框中，"应用到"下拉列表用于选择过滤条件的应用范围。默认应用范围为"整个图形"。如果选择一定量的对象，则默认应用范围为"当前选择"，即在选择的对象中应用过滤条件。或是单击选择对象命令按钮 来选择要对其应用过滤条件的对象。

"对象类型"下拉列表用于指定包含在过滤对象中的对象类型，如直线、圆等。

"特性"列表框中列出被选中对象类型的特征，可以通过对象的特性和类型创建选择集。

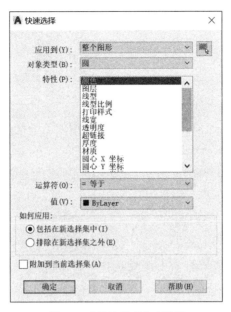

图 4-5 "快速选择"对话框

"运算符"下拉列表用于指定逻辑运算符。

"值"下拉列表用于指定过滤器的特性值,如指定图层、颜色和线型等。

"如何应用"选项组用于指定应用范围,即将符合给定过滤条件的对象包含在新选择集内,或排除在新选择集外。

"附加到当前选择集"复选框用于指定将创建的新选择集替换或附加到当前选择集。

 注意

误选图形时,可以按住 Shift 键,同时单击该图形,即可剔除。

4.2 基本编辑命令

AutoCAD 2022 提供了多种编辑命令,常用的编辑命令在"修改"工具栏中显示。

4.2.1 删除和放弃

1. 删除

使用"删除"命令可以清除图形对象。可采用如下方法执行"删除"命令:

- 单击下拉菜单"修改"→选择"删除"命令;
- 单击"默认"选项卡"修改"面板上的删除命令按钮 ✎;
- 在命令行输入"ERASE"。

执行"删除"命令时,命令行的操作如下:

命令: ERASE　　　　　　　　　　　　　(执行命令)
选择对象:找到 1 个　　　　　　　　　　(选择对象)
选择对象:　　　　　　　　　　　　　　(继续选择对象,或回车退出)

2. 放弃

使用"放弃"命令可以返回前几步的操作。可采用如下方法执行"放弃"命令:

- 单击下拉菜单"编辑"→选择"放弃"命令;
- 单击"快速访问"工具栏上的放弃命令按钮 ;
- 在命令行输入"UNDO"。

> **注意**
>
> (1) 还可以在选择对象后按 Delete 键执行删除操作。
> (2) 运行 OOPS 命令可以恢复上一次删除的对象。

4.2.2　移动和复制

1. 移动

使用"移动"命令可以移动图形的位置,而方向和大小不改变。可采用如下方法执行"移动"命令:

- 单击下拉菜单"修改"→选择"移动"命令;
- 单击"默认"选项卡"修改"面板上的移动命令按钮 ✛;
- 在命令行输入"MOVE"。

执行"移动"命令时,命令行的操作如下:

命令: MOVE　　　　　　　　　　　(执行命令)
选择对象:找到 1 个　　　　　　　　(选择圆形)
选择对象:　　　　　　　　　　　　(回车确认)
指定基点或[位移(D)] <位移>:　　　(指定基点,捕捉圆心)
指定第二个点或<使用第一个点作为位移>:　(指定要移动到的位置点,光标捕捉矩形右下角点)

这样就可以实现圆形的移动,如图 4-6 所示。这里的基点即移动中的参照基准点。该点可以在图形上,也可以不在图形上,一般可以通过捕捉功能拾取基点。

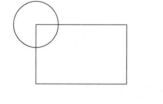
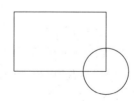

图 4-6　移动对象

此外,"移动"命令中还提供了其他选项,它们的作用如下:

"位移(D)":用于指定采用位移方式移动对象,可以用坐标值指定移动的位移。

2. 复制

使用"复制"命令可以将图形进行单次或多次复制。可采用如下方法执行"复制"命令:

- 单击下拉菜单"修改"→选择"复制"命令;
- 单击"默认"选项卡"修改"面板上的复制命令按钮 $\overset{\circ}{\circ}\overset{\circ}{\circ}$;
- 在命令行输入"COPY"。

执行"复制"命令时,命令行的操作如下:

```
命令: COPY                                        (执行命令)
选择对象:找到 1 个                                 (选择圆形)
选择对象:                                         (回车确认)
当前设置:　复制模式＝多个                          (提示当前复制模式)
指定基点或[位移(D)/模式(O)] <位移>:                (指定基点,光标捕捉圆心)
指定第二个点或[阵列(A)] <使用第一个点作为位移>:     (光标拾取矩形第二个角点)
指定第二个点或[阵列(A)/退出(E)/放弃(U)] <退出>:    (光标拾取矩形第三个角点)
指定第二个点或[阵列(A)/退出(E)/放弃(U)] <退出>:    (光标拾取矩形第四个角点)
指定第二个点或[阵列(A)/退出(E)/放弃(U)] <退出>:    (回车退出)
```

这样就可以将圆形复制到矩形各个角点,如图 4-7 所示。这里的基点指移动中的参照基准点。

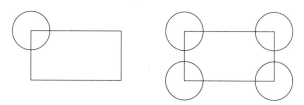

图 4-7　复制对象

此外,"复制"命令中还提供了其他选项,它们的作用如下:

"位移(D)":用于指定采用位移方式复制对象,可以用坐标值指定移动的位移。

"模式(O)":用于控制进行单次复制或多次复制。

"阵列(A)":用于指定采用阵列方式复制对象,即按用户给定的数目及间距(基点和第二个点之间的距离)进行多项复制。

4.2.3　旋转和缩放

1. 旋转

使用"旋转"命令可以改变图形对象的方向。可采用如下方法执行"旋转"命令:

- 单击下拉菜单"修改"→选择"旋转"命令;
- 单击"默认"选项卡"修改"面板上的旋转命令按钮 $\circlearrowleft$;
- 在命令行输入"ROTATE"。

执行"旋转"命令时,命令行的操作如下:

命令:ROTATE　　　　　　　　　　　　　　　　　　　(执行命令)
UCS 当前的正角方向:ANGDIR＝逆时针 ANGBASE＝0　　(提示当前角度方向,默认逆时针为正)
选择对象:找到 1 个　　　　　　　　　　　　　　　　(选择第一个对象)
选择对象:　　　　　　　　　　　　　　　　　　　　(回车确认,或继续选择下一个对象)
指定基点:　　　　　　　　　　　　　　　　　　　　(指定基点)
指定旋转角度或[复制(C)/参照(R)]<0>:30　　　　　　(输入旋转角度)

这里的基点即旋转时的参照基准点,默认逆时针方向角度为正,反之为负。

此外,"旋转"命令中还提供了其他选项,它们的作用如下:

"复制(C)":用于旋转图形,同时进行复制,即还保留源对象在原来的位置。

"参照(R)":用于将对象从指定的角度旋转到新的绝对角度。

【例 4-1】　利用"旋转"命令将直线 12 旋转至与矩形边 13 对齐,如图 4-8 所示。

解:

命令:ROTATE　　　　　　　　　(执行命令)
UCS 当前的正角方向:ANGDIR＝逆时针 ANGBASE＝0
　　　　　　　　　　　　　　(提示当前角度方向,默认逆时针为正)
选择对象:找到 1 个　　　　　　(选择直线 12)
选择对象:　　　　　　　　　　(回车确认)
指定基点:　　　　　　　　　　(指定基点,光标捕捉点 1)
指定旋转角度或[复制(C)/参照(R)]<0>:R　　(输入"R",选择"参照"选项)
指定参照角<0>:　指定第二点:　(光标拾取点 1、点 2)
指定新角度或[点(P)]<0>:　　　(光标拾取点 3)

图 4-8　旋转对象

　关键点解析:

(1) 参照角即原来的角度,通过两个点确定,本题通过光标捕捉点 1 和点 2 确定。

(2) 新角度即旋转后的角度,通过基点和另一个点确定,本题通过捕捉点 1 和点 3 确定。

2. 缩放

使用"缩放"命令可以按比例放大或缩小图形对象。可采用如下方法执行"缩放"命令:

- 单击下拉菜单"修改"→选择"缩放"命令;
- 单击"默认"选项卡"修改"面板上的缩放命令按钮 ⬚;
- 在命令行输入"SCALE"。

执行"缩放"命令时,命令行的操作如下:

命令:SCALE　　　　　　　　　　　　　　　　(执行命令)
选择对象:找到 1 个　　　　　　　　　　　　　(选择第一个对象)
选择对象:　　　　　　　　　　　　　　　　　(回车确认,或继续选择下一个对象)
指定基点:　　　　　　　　　　　　　　　　　(指定基点)
指定比例因子或[复制(C)/参照(R)]:0.5　　　　(输入比例因子)

此外,"缩放"命令中还提供了其他选项,它们的作用如下:

"复制(C)":用于创建要缩放的选定对象的副本。

"参照(R)":用于将对象从指定的长度放大或缩小至新长度。选择该选项,命令行将提示输入参照长度和新长度,系统会根据参照长度和新长度自动计算缩放比例。

【例 4-2】　利用"缩放"命令完成如图 4-9 所示的操作。

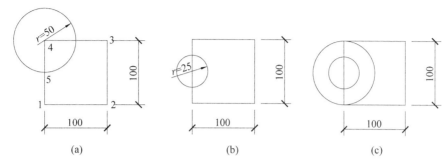

图 4-9　"缩放"命令例题

(a) 原图; (b) 第一次缩放; (c) 第二次缩放

解:

步骤一:图(a)到图(b)

命令: SCALE	(执行命令)
选择对象:找到 1 个	(选择圆形)
选择对象:	(回车确认)
指定基点:	(光标捕捉点 1)
指定比例因子或[复制(C)/参照(R)]: R	(输入"R",选择"参照"选项)
指定参照长度<1.0000>:指定第二个点:	(光标拾取正方形任意一边两个端点)
指定新的长度或[点(P)]<1.0000>:	(光标捕捉点 5,指定新长度)

步骤二:图(b)到图(c)

命令: SCALE	(执行命令)
选择对象:找到 1 个	(选择圆形)
选择对象:	(回车确认)
指定基点:	(光标捕捉点 5)
指定比例因子或[复制(C)/参照(R)]: C	(输入"C",选择"复制"选项)
缩放一组选定对象	(提示缩放,同时进行复制)
指定比例因子或[复制(C)/参照(R)]: 2	(输入比例因子"2")

👉 **关键点解析:**

(1) 步骤一采用"参照"模式,其中参照长度为边长,新长度为边长的一半,则缩放比例为 0.5。

(2) 步骤二通过输入比例因子进行缩放,且在缩放的同时,仍保留源对象。

4.2.4　倒角和圆角

1. 倒角

使用"倒角"命令可以通过平角或倒角连接两个对象。"倒角"命令适用于直线、多段线、构造线、射线和矩形等。

可采用如下方法执行"倒角"命令:

- 单击下拉菜单"修改"→选择"倒角"命令；
- 单击"默认"选项卡"修改"面板上的"圆角"下拉列表 ，选择倒角命令按钮 ；
- 在命令行输入"CHAMFER"。

执行"倒角"命令时，命令行的操作如下：

命令：CHAMFER   （执行命令）
（"修剪"模式）当前倒角距离 1 = 0.0000，距离 2 = 0.0000
                                      （提示当前倒角模式和倒角距离）
选择第一条直线或[放弃(U)/多段线(P)/距离(D)/角度(A)/修剪(T)/方式(E)/多个(M)]：
                                    （选择第一条直线，或选择其他选项）
选择第二条直线或按住 Shift 键选择直线以应用角点或[距离(D)/角度(A)/方法(M)]：
                                    （选择第二条直线，或选择其他选项）

此外，"倒角"命令中还提供了其他选项，它们的作用如下：

"多段线(P)"：用于对二维多段线进行倒角，可以一次对多段线每个顶点进行倒角。

"距离(D)"：用于设置倒角到选定边端点的距离。用户须指定"第一个倒角距离"和"第二个倒角距离"，系统会把第一个倒角距离对应于第一条直线，把第二个倒角距离对应于第二条直线，如图 4-10 所示。

"角度(A)"：用于设置第一条线的倒角距离和第一条线的倒角角度，如图 4-11 所示。

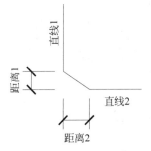
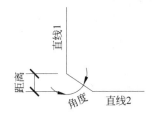

图 4-10　倒角"距离"选项示意图　　　图 4-11　倒角"角度"选项示意图

"修剪(T)"：用于设置倒角后是否保留原来的边线。修剪如图 4-12 所示，不修剪如图 4-13 所示。

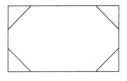

图 4-12　倒角修剪　　　　　　　图 4-13　倒角不修剪

"方式(E)"：用于设置倒角方式，即"距离(D)"方式或"角度(A)"方式。

"多个(M)"：用于设置对多组对象进行倒角。选择该选项，倒角命令将重复执行，直到用户按回车键结束。

2. 圆角

使用"圆角"命令可以将两个图形对象通过指定半径的圆弧光滑地连接起来。"圆角"命令适用于直线、多段线、构造线、射线和矩形等。

可采用如下方法执行"圆角"命令：

- 单击下拉菜单"修改"→选择"圆角"命令；
- 单击"默认"选项卡"修改"面板上的圆角命令按钮 ；
- 在命令行输入"FILLET"。

执行"圆角"命令时，命令行的操作如下：

命令：FILLET　　　　　　　　　　　　　　（执行命令）
当前设置：模式＝修剪，半径＝ 0.0000　　　（提示当前修剪模式和半径值）
选择第一个对象或［放弃(U)/多段线(P)/半径(R)/修剪(T)/多个(M)］:
　　　　　　　　　　　　　　　　　　　　　（选择第一个对象，或选择其他选项）
选择第二个对象或按住 Shift 键选择对象以应用角点或［半径(R)］:
　　　　　　　　　　　　　　　　　　　　　（选择第二个对象，或选择其他选项）

此外，"圆角"命令中还提供了其他选项，它们的作用如下：

"半径(R)"：用于设置圆角半径。

其余选项的作用与"倒角"命令相同。

【例 4-3】　利用"倒角""圆角"命令完成如下操作，如图 4-14 所示。

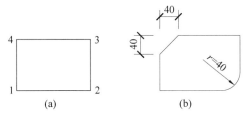

图 4-14　"倒角""圆角"命令例题

(a) 原图；(b) 倒角、圆角后

解：

命令：CHAMFER　　　　　　　　　　　　（执行命令）
("修剪"模式) 当前倒角距离 1 ＝ 0.0000,距离 2 ＝ 0.0000
　　　　　　　　　　　　　　　　　　　　　（提示当前修剪模式和倒角距离）
选择第一条直线或［放弃(U)/多段线(P)/距离(D)/角度(A)/修剪(T)/方式(E)/多个(M)］: D
　　　　　　　　　　　　　　　　　　　　　（输入"D"，选择"距离"选项）
指定第一个倒角距离＜0.0000＞: 40　　　　（输入第一个倒角距离"40"）
指定第二个倒角距离＜0.0000＞: 40　　　　（输入第二个倒角距离"40"）
选择第一条直线或［放弃(U)/多段线(P)/距离(D)/角度(A)/修剪(T)/方式(E)/多个(M)］:
　　　　　　　　　　　　　　　　　　　　　（选择矩形边 14）
选择第二条直线或按住 Shift 键选择直线以应用角点或［距离(D)/角度(A)/方法(M)］:
　　　　　　　　　　　　　　　　　　　　　（选择矩形边 34,回车退出）
命令：FILLET　　　　　　　　　　　　　　（执行命令）
当前设置：模式＝修剪，半径＝ 0.0000　　　（提示当前圆角模式和半径值）
选择第一个对象或［放弃(U)/多段线(P)/半径(R)/修剪(T)/多个(M)］: R
　　　　　　　　　　　　　　　　　　　　　（输入"R"，选择"半径"选项）
指定圆角半径＜0.0000＞: 40　　　　　　　（输入半径"40"）
选择第一个对象或［放弃(U)/多段线(P)/半径(R)/修剪(T)/多个(M)］:
　　　　　　　　　　　　　　　　　　　　　（选择矩形边 23）

选择第二个对象或按住 Shift 键选择对象以应用角点或[半径(R)]：

（选择矩形边 21,回车退出）

🐓 **注意**

（1）倒角的两个对象可以相交也可以不相交,但不能对相互平行的对象进行倒角。

（2）圆角的两个对象可以相交也可以不相交,并且可以对相互平行的对象进行圆角。

4.2.5　修剪和延伸

1. 修剪

使用"修剪"命令可以将某个图形对象按照指定的一个或多个边界进行修剪。

可采用如下方法执行"修剪"命令：

- 单击下拉菜单"修改"→选择"修剪"命令；
- 单击"默认"选项卡"修改"面板上的修剪命令按钮 ；
- 在命令行输入"TRIM"。

执行"修剪"命令时,命令行的操作如下：

命令：TRIM　　　　　　　　　　　　　　（执行命令）
当前设置：投影＝UCS,边＝无,模式＝快速　　（提示当前修剪设置）
选择要修剪的对象,或按住 Shift 键选择要延伸的对象,或
[剪切边(T)/窗交(C)/模式(O)/投影(P)/删除(R)]:(选择要修剪的对象,选择直线 34 下方)
选择要修剪的对象,或按住 Shift 键选择要延伸的对象,或
[剪切边(T)/窗交(C)/模式(O)/投影(P)/删除(R)/放弃(U)]:(回车退出)

这样就可以实现对直线 34 的修剪,如图 4-15 所示。

此外,"修剪"命令中还提供了其他选项,它们的作用如下：

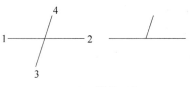

图 4-15　修剪对象

"剪切边(T)"：用于使用其他选定对象来定义对象修剪到的边界 。

"窗交(C)"：用于选择矩形区域(由两点确定)内部或与之相交的对象。

"模式(O)"：用于设置"快速"模式或"标准"模式,"快速"模式使用所有对象作为潜在剪切边,而"标准"模式将提示用户选择剪切边。

"投影(P)"：用于指定修剪对象时使用的投影方式。

"删除(R)"：用于删除选定的对象。一般用来删除不需要的图形对象。

"放弃(U)"：用于恢复由最近一次修剪命令所做的修改。

"栏选(F)"：用于通过选择栏选择对象。选择栏是一系列临时线段,它们是用两个或多个栏选点指定。"快速"模式中未列入"栏选"选项。

"边(E)"：用于设置修剪边是否延伸。若选择延伸,则当剪切边和被修剪对象不相交时同样能够修剪,反之则不修剪。"快速"模式中未列入此选项。

2. 延伸

使用"延伸"命令可以将某个图形对象延长到指定的边界。

可采用如下方法执行"延伸"命令：

- 单击下拉菜单"修改"→选择"延伸"命令;
- 单击"默认"选项卡"修改"面板上的"修剪"下拉列表 ,选择延伸命令按钮 ;
- 在命令行输入"EXTEND"。

执行"延伸"命令时,命令行的操作如下：

命令：EXTEND　　　　　　　　　　　　　　　　(执行命令)
当前设置：投影＝UCS,边＝无,模式＝快速　　　(提示当前设置模式)
选择要延伸的对象,或按住 Shift 键选择要修剪的对象,或
[边界边(B)/窗交(C)/模式(O)/投影(P)]：　　　(选择延伸对象,选择直线 12)
选择要延伸的对象,或按住 Shift 键选择要修剪的对象,或
[边界边(B)/窗交(C)/模式(O)/投影(P)/放弃(U)]：　(继续选择延伸对象,选择直线 34)
选择要延伸的对象,或按住 Shift 键选择要修剪的对象,或
[边界边(B)/窗交(C)/模式(O)/投影(P)/放弃(U)]：　(回车退出)

这样就可以实现将直线 12 和直线 34 延伸到与水平线相交,如图 4-16 所示。

此外,"延伸"命令中还提供了其他选项,其中"边界边(B)"用于使用选定对象来定义对象延伸到的边界,其余选项与"修剪"命令相同。

图 4-16　延伸对象

> **注意**
>
> 在选择被剪切或被延伸对象时,按住 Shift 键即可在修剪和延伸之间进行切换。

4.2.6　偏移和镜像

1. 偏移

使用"偏移"命令可以将直线、圆或矩形等图形进行偏移。在工程制图中,可以采用偏移命令绘制建筑轴网、墙体等。

可采用如下方法执行"偏移"命令：

- 单击下拉菜单"修改"→选择"偏移"命令;
- 单击"默认"选项卡"修改"面板上的偏移命令按钮 ;
- 在命令行输入"OFFSET"。

执行"偏移"命令时,命令行的操作如下：

命令：OFFSET　　　　　　　　　　　　　　　　(执行命令)
当前设置：删除源＝否　图层＝源　OFFSETGAPTYPE＝0　(提示当前偏移设置)

指定偏移距离或[通过(T)/删除(E)/图层(L)] <通过>: 10　　　　　　　　　　　　　　　　(输入偏移距离)

选择要偏移的对象,或[退出(E)/放弃(U)] <退出>:　　　　(选择要偏移的对象,选择圆形)
指定要偏移的那一侧上的点,或[退出(E)/多个(M)/放弃(U)] <退出>:

　　　　　　　　　　　　　　　　　　　　　　　　　　(在圆的内侧光标任意拾取一点)
选择要偏移的对象,或[退出(E)/放弃(U)] <退出>:　　　　(继续选择要偏移的对象,选择圆形)
指定要偏移的那一侧上的点,或[退出(E)/多个(M)/放弃(U)] <退出>:

　　　　　　　　　　　　　　　　　　　　　　　　　　(在圆的内侧用光标任意拾取一点)
选择要偏移的对象,或[退出(E)/放弃(U)] <退出>:　　　　(回车退出)

这样就可以实现将圆进行偏移,如图 4-17 所示。

此外,"偏移"命令中还提供了其他选项,它们的作用如下:

"通过(T)":用于通过指定点偏移对象。选择该选项后,需选择偏移对象通过的点。

图 4-17　偏移对象

"删除(E)":用于控制执行偏移命令后源对象的保留或删除。

"图层(L)":用于控制偏移后的对象是在当前图层或是在源对象所在的图层上。

"多个(M)":用于按当前偏移距离多次执行偏移命令。

2. 镜像

使用"镜像"命令可以将图形绕着镜像轴翻转,并创建对称图形。在工程制图中,如建筑户型图是对称的,此时可以利用"镜像"命令进行绘制。

可采用如下方法执行"镜像"命令:

- 单击下拉菜单"修改"→选择"镜像"命令;
- 单击"默认"选项卡"修改"面板上的镜像命令按钮 ⚠ ;
- 在命令行输入"MIRROR"。

执行"镜像"命令时,命令行的操作如下:

命令: MIRROR　　　　　　　　　　　　　　　(执行命令)
选择对象:指定对角点:找到 52 个　　　　　　(选择左边图形)
选择对象:　　　　　　　　　　　　　　　　　(回车确认)
指定镜像线的第一点:　　　　　　　　　　　　(指定镜像线,选择直线 12 第一点)
指定镜像线的第二点:　　　　　　　　　　　　(指定镜像线,选择直线 12 第二点)
要删除源对象吗?[是(Y)/否(N)] <N>:　　　　(输入"N",回车退出)

这样就可以实现对称绘制建筑户型图,如图 4-18 所示。

4.2.7　拉伸和拉长

1. 拉伸

使用"拉伸"命令可以拉伸图形对象或改变其位置。可采用如下方法执行"拉伸"命令:

- 单击下拉菜单"修改"→选择"拉伸"命令;
- 单击"默认"选项卡"修改"面板上的拉伸命令按钮 ⚐ ;
- 在命令行输入"STRETCH"。

图 4-18　镜像对象

执行"拉伸"命令时,命令行的操作如下:

命令:STRETCH　　　　　　　　　　　　　　　　(执行命令)

以交叉窗口或交叉多边形选择要拉伸的对象　　　　(提示选择方式)

选择对象:指定对角点:找到 19 个　　　　　　　　(交叉窗口方式选择对象,选择窗户上部分)

选择对象:　　　　　　　　　　　　　　　　　　(回车确认)

指定基点或[位移(D)]<位移>:　　　　　　　　　(指定基点,光标捕捉图形任意一点)

指定第二个点或<使用第一个点作为位移>:　<正交开>@0,300

　　　　　　　　　　　　　　　　　　　　　　(指定第二点,输入相对坐标确定拉伸长度)

这样就可以实现将窗户向上拉长 300,如图 4-19 所示。

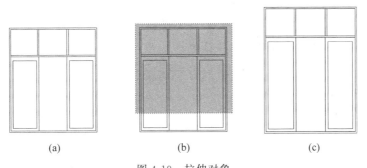

(a)　　　　　　　　(b)　　　　　　　　(c)

图 4-19　拉伸对象

(a) 原图;(b) 交叉窗口方式选择图形;(c) 拉伸后

此外,"拉伸"命令中还提供了其他选项,它们的作用如下:

"位移(D)":用于通过指定各个方向的位移来拉伸图形。

2. 拉长

使用"拉长"命令可以更改图形的长度和圆弧的包含角。可采用如下方法执行"拉长"
命令:

- 单击下拉菜单"修改"→选择"拉长"命令;
- 单击"默认"选项卡"修改"折叠子面板上的拉长命令按钮 ✎;
- 在命令行输入"LENGTHEN"。

执行"拉长"命令时,命令行的操作如下:

命令：LENGTHEN　　　　　　　　　　　　　（执行命令）
选择对象或［增量（DE）/百分数（P）/总计（T）/动态（DY）］：　　（选择对象，选择直线12）
当前长度：150.0000　　　　　　　　　　　　（提示当前长度）
选择对象或［增量（DE）/百分数（P）/总计（T）/动态（DY）］：DE　（输入"DE"，选择"增量"选项）
输入长度增量或［角度（A）］＜0.0000＞：30　　（输入长度增量，输入"30"）
选择要修改的对象或［放弃（U）］：　　　　　　（选择对象，靠近点2选择直线）
选择要修改的对象或［放弃（U）］：　　　　　　（回车退出）

　　这样就可以实现将直线12拉长30，如图4-20
所示。

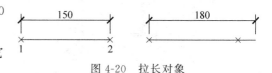

图 4-20　拉长对象

　　此外，"拉长"命令中还提供了其他选项，它们的作用如下：

　　"百分数（P）"：用于通过指定对象总长度的百分数设定对象长度。选择该选项，命令行将提示输入长度百分数。

　　"总计（T）"：用于通过指定从固定端点测量的总长度的绝对值来设定选定对象的长度。选择该选项，命令行将提示输入总长度值。

　　"动态（DY）"：用于打开动态拖动模式，此时通过拖动选定对象的端点之一来更改其长度，其他端点保持不变。

　　"角度（A）"：用于修改指定圆弧的包含角。

 注意

　　（1）进行拉伸操作时，必须用交叉窗口方式选择图形，且只对选定的部分进行拉伸。当选中整个图形时，"拉伸"命令与"移动"命令等同。

　　（2）圆、文本和图块等图形不能被拉伸。

4.2.8　打断和合并

1. 打断

　　使用"打断"命令可以在两点之间打断选定对象。如果点不在图形上，则会自动投影到该图形上。

　　可采用如下方法执行"打断"命令：
- 单击下拉菜单"修改"→选择"打断"命令；
- 单击"默认"选项卡"修改"折叠子面板上的打断命令按钮 ；
- 在命令行输入"BREAK"。

　　执行"打断"命令时，命令行的操作如下：

命令：BREAK　　　　　　　　　　　　　　　（执行命令）
选择对象：　　　　　　　　　　　　　　　　（选择圆弧）
指定第二个打断点或［第一个点（F）］：F　　（输入"F"，选择"第一个点"选项）
指定第一个打断点：　　　　　　　　　　　　（指定第一个打断点，光标拾取点1）
指定第二个打断点：　　　　　　　　　　　　（指定第二个打断点，光标拾取点2）

这样就可以将圆弧打断,如图 4-21 所示。

2. 合并

使用"合并"命令可以合并线性和弯曲对象的端点,以便创建单个对象。可采用如下方法执行"合并"命令:

- 单击下拉菜单"修改"→选择"合并"命令;
- 单击"默认"选项卡"修改"折叠子面板上的合并命令按钮 ;
- 在命令行输入"JOIN"。

执行"合并"命令时,命令行的操作如下:

命令:JOIN   (执行命令)
选择源对象或要一次合并的多个对象:找到 1 个   (选择要合并的源对象,选择左半边圆弧)
选择要合并的对象:找到 1 个,总计 2 个   (选择要合并的对象,选择右半边圆弧)
选择要合并的对象: (回车退出)
2 条圆弧已合并为 1 条圆弧   (提示合并结果)

这样就可以将 2 条圆弧合并成 1 条圆弧,如图 4-22 所示。

图 4-21　打断对象　　　　　　　　　　　　　图 4-22　合并对象

源对象不同,要求也不同,以下规则适用于不同类型的源对象。

(1) 直线:仅直线对象可以合并到源线。直线对象必须都是共线,但它们之间可以有间隙。

(2) 多段线:直线、多段线和圆弧可以合并到源多段线。所有对象必须连续且共面。

(3) 圆弧:只有圆弧可以合并到源圆弧。所有的圆弧对象必须具有相同半径和中心点,但是它们之间可以有间隙。可以从源圆弧按逆时针方向合并圆弧。

(4) 椭圆弧:仅椭圆弧可以合并到源椭圆弧。椭圆弧必须共面,且具有相同的主轴和次轴,但是它们之间可以有间隙。可以从源椭圆弧按逆时针方向合并椭圆弧。

4.2.9　分解

使用"分解"命令可以将一个合成对象分解为组成它的部件对象,例如,多线分解后就变成两条独立的直线。可采用如下方法执行"分解"命令:

- 单击下拉菜单"修改"→选择"分解"命令;
- 单击"默认"选项卡"修改"面板上的分解命令按钮 ;
- 在命令行输入"EXPLODE"。

执行"分解"命令时,命令行的操作如下:

命令:EXPLODE   (执行命令)
选择对象:找到 1 个   (选择对象)
选择对象: (继续选择对象,或回车退出)

4.2.10 阵列

使用"阵列"命令可以创建按指定方式排列的对象副本。"阵列"命令一般可以用于建筑立面图中窗的布置、建筑平面图中柱网的布置等。

1. 矩形阵列

可采用如下方法执行"矩形阵列"命令：

- 单击下拉菜单"修改"→选择"阵列"命令→选择"矩形阵列"命令；
- 单击"默认"选项卡"修改"面板上的矩形阵列命令按钮 田；
- 在命令行输入"ARRAYRECT"。

执行"矩形阵列"命令时，命令行的操作如下：

命令：ARRAYRECT
选择对象:找到 1 个   (执行命令)
选择对象: (选择对象,选择矩形)
类型＝矩形　关联＝是   (提示阵列相关信息)
选择夹点以编辑阵列或[关联(AS)/基点(B)/计数(COU)/间距(S)/列数(COL)/行数(R)/层数
(L)/退出(X)]<退出>:   (回车退出)

这样就将单个矩形对象按默认设置值形成矩形阵列，如图 4-23 所示。

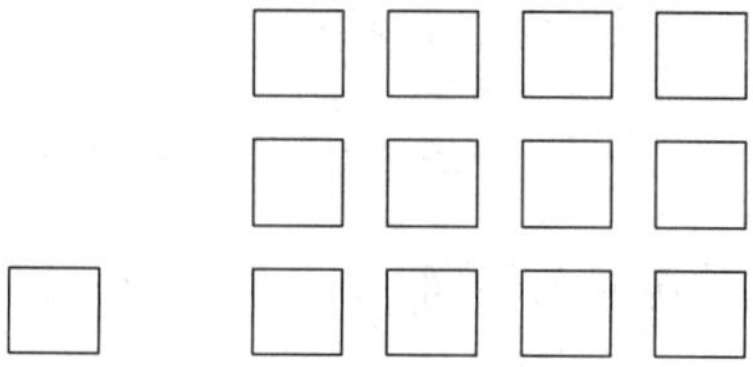

此外，"矩形阵列"命令中还提供了其他选项，它们的作用如下：

"关联(AS)"：用于指定阵列中创建的项目是关联阵列对象或是独立对象。若选择关联阵列对象，则创建的项目类似于块，此时可以通过编辑阵列的特性和源对象快速进行修改；若选择独立对象，则更改其中一个项目，其他项目不受影响。

图 4-23　矩形阵列

"基点(B)"：用于指定在阵列中放置项目的基点。

"间距(S)"：用于指定行间距和列间距，并使用户在移动光标时可以动态观察结果。此外，还提供了"单位单元"选项，用户可以设置矩形区域的角点来指定行间距和列间距。

"列数(COL)"：用于指定列数和列间距。此外，还提供了"表达式(E)""总计(T)"选项，其中"表达式(E)"选项通过数学公式或方程式指定列数和列间距，"总计(T)"选项用于设置第一列和最后一列之间的总距离。

"行数(R)"：用于指定行数、行间距和增量标高。此外，"表达式(E)""总计(T)"等选项与"列数(COL)"选项相同。

"计数(COU)"：用于指定行数和列数，并使用户在移动光标时可以动态观察结果，是更加快捷地形成阵列的方法。

"层数(L)"：用于指定三维阵列的层数和层间距。

2. 路径阵列

可采用如下方法执行"路径阵列"命令：

- 单击下拉菜单"修改"→选择"阵列"命令→选择"路径阵列"命令；

- 单击"默认"选项卡"修改"面板上的"矩形阵列"下拉列表 ⊞▾，选择路径阵列命令按钮 ⌷⌷；
- 在命令行输入"ARRAYPATH"。

执行"路径阵列"命令时，命令行的操作如下：

命令：ARRAYPATH　　　　　　　　　　（执行命令）
选择对象：找到 1 个　　　　　　　　　　（选择对象，选择矩形）
选择对象：　　　　　　　　　　　　　　（回车确认）
类型＝路径　关联＝是　　　　　　　　（提示路径阵列信息）
选择路径曲线：　　　　　　　　　　　（选择路径曲线，选择圆弧）
选择夹点以编辑阵列或［关联（AS）/方法（M）/基点（B）/切向（T）/项目（I）/行（R）/层（L）/对齐项目（A）/方向（Z）/退出（X）］＜退出＞：　　（回车退出）

这样就将单个矩形对象沿着圆弧按默认设置值形成路径阵列，如图 4-24 所示。

此外，"路径阵列"命令中还提供了其他选项，它们的作用如下：

"方法（M）"：用于选择路径阵列的方法，用户须指定路径方法，系统默认"定距等分"方式，用户也可以选择"定数等分"方式。

"切向（T）"：用于指定沿路径阵列的方向。

"项目（I）"：用于编辑阵列中的项目数。

"对齐项目（A）"：用于指定是否沿路径的切线方向对齐每个项目。

"方向（Z）"：用于控制是否保持项目的原始 Z 方向，或沿三维路径自然倾斜项目。

其余选项的作用与"矩形阵列"相同。

3．环形阵列

可采用如下方法执行"环形阵列"命令：

- 单击下拉菜单"修改"→选择"阵列"命令→选择"环形阵列"命令；
- 单击"默认"选项卡"修改"面板上的"矩形阵列"下拉列表 ⊞▾，选择环形阵列命令按钮 ⊹⊹；
- 在命令行输入"ARRAYPOLAR"。

执行"环形阵列"命令时，命令行的操作如下：

命令：ARRAYPOLAR　　　　　　　　　（执行命令）
选择对象：指定对角点：找到 3 个　　　（选择对象，选择三角形）
选择对象：　　　　　　　　　　　　　（回车确认）
类型＝极轴　关联＝是　　　　　　　　（提示环形阵列信息）
指定阵列的中心点或［基点（B）/旋转轴（A）］：　（指定阵列中心）
选择夹点以编辑阵列或［关联（AS）/基点（B）/项目（I）/项目间角度（A）/填充角度（F）/行（ROW）/层（L）/旋转项目（ROT）/退出（X）］＜退出＞：　　（回车退出）

这样就将单个三角形对象按默认设置值形成环形阵列，如图 4-25 所示。

此外，"环形阵列"命令中还提供了其他选项，它们的作用如下：

"旋转轴（A）"：用于自定义旋转轴，该旋转轴由用户指定两个点确定。

"填充角度（F）"：用于定义第一个和最后一个项目之间的角度。设置填充角度时，输入正数表示逆时针填充，输入负数表示顺时针填充。系统一般默认为 360° 填充。

图 4-24　路径阵列　　　　　　　　　　图 4-25　环形阵列

"项目间角度（A）"：用于定义项目之间的角度。

"旋转项目（ROT）"：用于控制在排列项目时是否旋转项目。

其余选项的作用与"矩形阵列""路径阵列"相同。

"项目间角度""填充角度""旋转项目"选项的作用如图 4-26 所示。

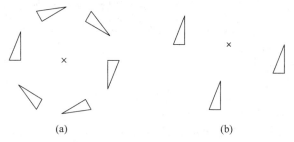

(a)　　　　　　　　　　　　　(b)

图 4-26　环形阵列的项目间角度、填充角度和是否旋转项目
(a) 项目间角度为 60°，旋转项目；(b) 填充角度为 180°，不旋转项目

练一练（操作视频请查阅电子教学资源库）

绘制并编辑，如图 4-27～图 4-30 所示图形。

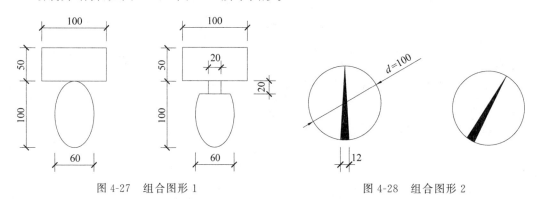

图 4-27　组合图形 1　　　　　　　　　　图 4-28　组合图形 2

4-1　绘制组合图形 1

4-2　绘制组合图形 2

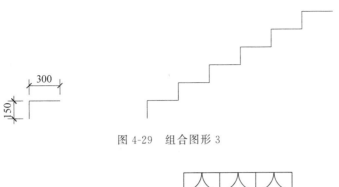

图 4-29　组合图形 3

图 4-30　组合图形 4

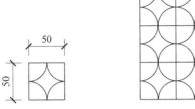

4-3　绘制组合图形 3

4-4　绘制组合图形 4

4.3　多线的编辑

第 3 章介绍了多线样式设置和绘制多线等命令,AutoCAD 2022 还提供了多线编辑命令。

可采用如下方法执行"多线编辑"命令:

- 单击下拉菜单"修改"→选择"对象"命令→选择"多线"命令;
- 在命令行输入"MLEDIT"。

执行命令之后,界面会弹出"多线编辑工具"对话框,如图 4-31 所示。该对话框中显示多线编辑命令按钮,并显示样例图像。第一列控制交叉的多线,第二列控制 T 形相交的多线,第三列控制角点结合和顶点,第四列控制多线中的打断。

各个命令按钮的功能和操作如下:

图 4-31　"多线编辑工具"对话框

◆ "十字闭合" ：用于在两条多线之间创建闭合的十字交点，如图 4-32 所示。

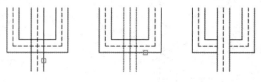

图 4-32 "十字闭合"

◆ "十字打开" ：用于在两条多线之间创建打开的十字交点，如图 4-33 所示。

图 4-33 "十字打开"

◆ "十字合并" ：用于在两条多线之间创建合并的十字交点，如图 4-34 所示。

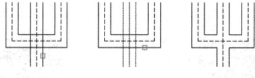

图 4-34 "十字合并"

◆ "T 形闭合" ：用于在两条多线之间创建闭合的 T 形交点，如图 4-35 所示。

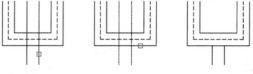

图 4-35 "T 形闭合"

◆ "T 形打开" ：用于在两条多线之间创建打开的 T 形交点，如图 4-36 所示。

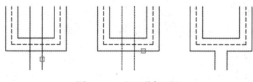

图 4-36 "T 形打开"

◆ "T 形合并" ：用于在两条多线之间创建合并的 T 形交点，如图 4-37 所示。

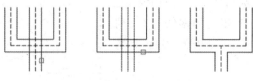

图 4-37 "T 形合并"

- ◆ "角点结合" ⌐ ：用于在多线之间创建角点结合，即将多线修剪或延伸到它们的交点处，如图 4-38 所示。
- ◆ "添加顶点" ⫴ ：用于向多线上添加一个顶点。此时，必须在要添加顶点的点上选择多线，如图 4-39 所示。

图 4-38　"角点结合"　　　　　　　　　　　　　　图 4-39　"添加顶点"

- ◆ "删除顶点" ⫴ ：用于从多线上删除一个顶点。此时，可以删除离选定点最近的顶点，如图 4-40 所示。
- ◆ "单个剪切" ⫴ ：用于在选定多线元素中创建可见打断，如图 4-41 所示。

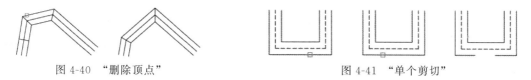

图 4-40　"删除顶点"　　　　　　　　　　　　　　图 4-41　"单个剪切"

- ◆ "全部剪切" ⫴ ：用于创建穿过整条多线的可见打断，如图 4-42 所示。
- ◆ "全部接合" ⫴ ：用于将已被剪切的多线线段重新接合起来。

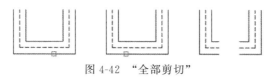

图 4-42　"全部剪切"

练一练（操作视频请查阅电子教学资源库）

利用绘图和多线编辑等命令完成如图 4-43 所示的电梯井及其门洞口的绘制，其中墙厚为 200mm。

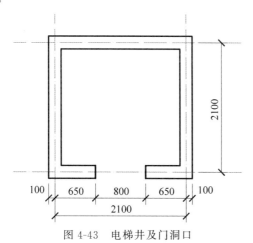

图 4-43　电梯井及门洞口

4-5　电梯井及门洞口

4.4　多段线的编辑

第 3 章介绍了多段线的绘制,AutoCAD 2022 还提供了编辑多段线命令。

可采用如下方法执行"编辑多段线"命令:

- 单击下拉菜单"修改"→选择"对象"命令→选择"多段线"命令;
- 单击"默认"选项卡"修改"折叠子面板上的编辑多段线命令按钮 ∅;
- 在命令行输入"PEDIT"。

执行"编辑多段线"命令时,命令行的操作如下:

命令: PEDIT　　　　　　　　　　　　　(执行命令)
选择多段线或[多条(M)]:　　　　　　　 (选择多段线)
输入选项[打开(O)/合并(J)/宽度(W)/编辑顶点(E)/拟合(F)/样条曲线(S)/非曲线化(D)/线型生成(L)/反转(R)/放弃(U)]:　　　　　　(选择编辑项)

执行命令之后,用户须选择需要编辑的多段线。若用户选择直线、圆弧或样条曲线,系统将提示是否将其转换为多段线。此外,若用户需要对多个多段线进行编辑,则可以选择"多条(M)"选项。

选定多段线之后,系统提供了其他选项,它们的作用如下:

"打开(O)": 如果选择的是闭合的多段线,此时选项显示为"打开(O)",该选项用于将闭合多段线的线段或圆弧去掉,如图 4-44 所示。

图 4-44　多段线"打开"

"闭合(C)": 若选择的是打开的多段线,此时选项显示为"闭合(C)"。该选项用于将未闭合的多段线的第一段和最后一段连接起来,构成闭合的多段线,如图 4-45 所示。

图 4-45　多段线"闭合"

"合并(J)": 用于将与非闭合多段线任意一端相连的线段、弧线以及其他多段线添加到该多段线上,从而构成新的多段线,如图 4-46 所示。

图 4-46　多段线"合并"

"宽度(W)": 用于将多段线指定为统一宽度,如图 4-47 所示。

"编辑顶点(E)"：用于对多段线的顶点逐个进行编辑。

"拟合(F)"：用于创建圆弧拟合多段线，如图 4-48 所示，拟合后的曲线形状与各顶点切线方向有关。用户可以通过"编辑顶点"选项设置各顶点的切线方向，系统默认切线方向为 0°。

图 4-47　编辑多段线宽度　　　　　　图 4-48　多段线"拟合"

"样条曲线(S)"：用于创建样条曲线拟合多段线，如图 4-49 所示。

图 4-49　多段线"样条曲线"

"非曲线化(D)"：用于删除由拟合或样条曲线插入的其他顶点，并拉直所有多段线线段。

"线型生成(L)"：用于生成经过多段线顶点的连续图案的线型。

"反转(R)"：用于反转多段线顶点的顺序。

"放弃(U)"：用于撤销刚刚进行的多段线编辑操作。

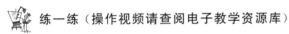　练一练（操作视频请查阅电子教学资源库）

将例 3-3 的多段线编辑成图 4-50 所示的图形。

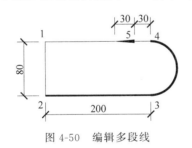

图 4-50　编辑多段线

4-6　多段线编辑

4.5　对象特性

在 AutoCAD 2022 中绘制的每个图形对象都具有特性。例如，某个图形对象所在的图层、颜色、线型和线宽等是图形的基本特性；某个图形的几何参数，如圆的半径、直径、圆心等，是图形的几何特性。

4.5.1　对象特性选项板

在 AutoCAD 2022 中，可以通过"特性"选项板对图形特性进行编辑。可采用如下方法调用"特性"选项板：

- 单击下拉菜单"工具"→选择"选项板"命令→选择"特性"命令；
- 单击"默认"选项卡"特性"面板上的对话框启动器 ，或单击"视图"选项卡"选项板"面板上的特性命令按钮 ；
- 在命令行输入"PROPERTIES"。

执行命令之后，界面会弹出"特性"选项板，如图 4-51 所示。顶部的文本框显示"无选择"，表明还未选择对象。此时只显示当前图层的基本特性等信息。

用户通过单击选项板上的选择对象命令按钮 ，选择要查看或编辑的图形后，"特性"选项板便提示图形的特性。如选择某个圆后，"特性"选项板如图 4-52 所示。用户可以通过更改"特性"选项板中的数据，从而实现对图形的编辑。

图 4-51　未选择图形时的"特性"选项板

图 4-52　选择圆后的"特性"选项板

4.5.2　特性匹配

在 AutoCAD 2022 中，通过"特性匹配"命令可以将选定对象的特性应用于其他对象。

可采用如下方法执行"特性匹配"命令：

- 单击下拉菜单"修改"→选择"特性匹配"命令；
- 单击"默认"选项卡"特性"面板上的特性匹配命令按钮 ；
- 在命令行输入"MATCHPROP"。

执行"特性匹配"命令时，命令行的操作如下：

命令：MATCHPROP　　　　　　　　　　　　　　　　（执行命令）
选择源对象：　　　　　　　　　　　　　　　　　　　（选择源对象，选择圆形）
当前活动设置：　颜色 图层 线型 线型比例 线宽 透明度 厚度 打印样式 标注 文字 图案填充 多段线
视口 表格 材质 阴影显示 多重引线　　　　　　　　（提示当前匹配特性项目）
选择目标对象或[设置(S)]：　　　　　　　　　　　　（选择要更改的对象，选择矩形）
选择目标对象或[设置(S)]：　　　　　　　　　　　　（回车退出）

这样矩形的颜色和线型就与圆相同,如图 4-53 所示。

图 4-53　对象间特性匹配

此外,用户可以选择"设置(S)"选项,在弹出的"特性设置"对话框中勾选要复制到目标对象的特性,如图 4-54 所示。

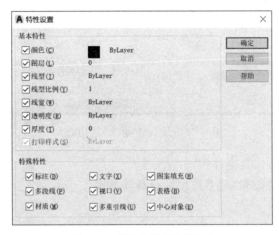

图 4-54　"特性设置"对话框

4.6　夹点编辑

对象的夹点往往是图形的特征点,如中点、端点、圆心等。夹点编辑是通过图形上的夹点对图形进行移动、拉伸、旋转、复制、比例缩放和镜像等操作。

使用夹点编辑前,必须启动夹点功能。启动夹点功能可以通过"选项"对话框中的"选择集"选项卡进行设置,在"夹点"选项组中勾选相关选项启动夹点功能,如图 4-55 所示。前面章节已经介绍过"选项"对话框的调用,这里不再赘述。

在不输入任何命令时,单击图形,图形上将显示夹点标记,夹点颜色为蓝色,称为"冷夹点"。若光标在某个夹点悬停,该夹点变为浅红色,同时弹出快捷菜单,显示可以对当前夹点进行的操作。若再次单击图形的某个夹点,该夹点变为深红色,称为"暖夹点",按住 Shift 键,可以同时选择多个夹点成为"暖夹点"。此时,命令行的提示如下:

命令:
∗∗拉伸∗∗
指定拉伸点或[基点(B)/复制(C)/放弃(U)/退出(X)]:

此时,通过按回车键可以在拉伸、移动、缩放、镜像等编辑方式中进行切换。

此外,命令中还提供了其他选项,它们的作用如下:

"基点(B)":用于确定新基点。

图 4-55 设置启动"夹点"功能

"复制(C)"：用于多次复制操作。

【例 4-4】 通过夹点编辑，对直线段进行移动操作。

解：

命令：   （选择直线，单击中间夹点）
 ** 拉伸 **   （提示当前为拉伸命令）
指定拉伸点或[基点(B)/复制(C)/放弃(U)/退出(X)]： （回车，对编辑方式进行切换）
 ** MOVE **   （提示当前为移动命令）
指定移动点或[基点(B)/复制(C)/放弃(U)/退出(X)]： （指定移动点，完成操作）

这样就可以实现直线的移动，如图 4-56 所示。

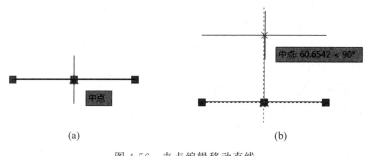

(a)   (b)

图 4-56 夹点编辑移动直线

(a) 单击直线中间夹点；(b) 指定移动点

4.7 习题

一、概念题

1. 窗口方式选择图形从_____往_____移动光标；交叉窗口方式则相反。

2．AutoCAD 2022 提供了三种阵列方式，即_____阵列、_____阵列和_____阵列。

3．选择图形存在多选时，可以通过按住_____键同时单击选择该图形实现"反选"。

4．写出如下命令：

移动_____；旋转_____；偏移_____；倒角_____；修剪_____；删除_____；复制_____；延伸_____；分解_____；圆角_____；打断_____；合并_____；镜像_____；拉伸_____。

二、操作题（操作视频请查阅电子教学资源库）

绘制并编辑如图 4-57～图 4-60 所示的图形。

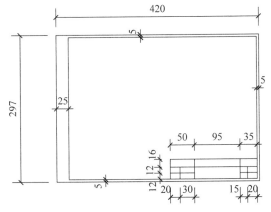

图 4-57　图框和标题栏

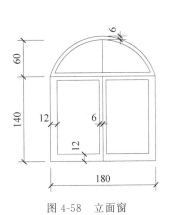

图 4-58　立面窗

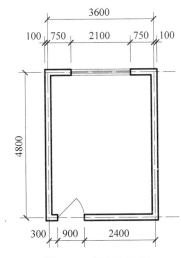

图 4-59　房间平面图

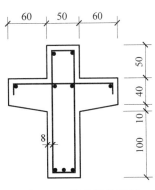

图 4-60　梁配筋截面图

4-7　图框和标题栏

4-8　立面窗

4-9　房间平面图

4-10　梁配筋截面图

第5章

文本与表格

　　绘制工程图纸时，除了绘制几何图形，往往还需要一定的文字说明和表格信息，如房间名称的注写、设计说明的注写、绘制门窗表格或材料表格等。本章主要介绍 AutoCAD 2022文字与表格样式的设置、文本的注写与编辑、表格的创建与编辑等内容。

本章学习内容：

- ➤ 文字样式的设置
- ➤ 文字的输入
- ➤ 文字的编辑
- ➤ 表格的创建
- ➤ 表格单元的编辑
- ➤ 相关规范对文字的规定

5.1　文字样式的设置

　　文字样式包括字体名称、字体大小和字体效果等。文本输入之前必须设置文字样式。

　　可采用如下方法执行"文字样式设置"命令：

- 单击下拉菜单"格式"→选择"文字样式"命令；
- 单击"注释"选项卡"文字"面板上的对话框启动器按钮 ⌐ ；
- 在命令行输入"STYLE"。

　　执行命令之后，界面会弹出"文字样式"对话框，如图 5-1 所示。

　　"字体"选项组用于设置文字的字体。其中，"字体名"下拉列表用于设置字体。AutoCAD 2022 提供的字体文件包括两类，一类是 Windows 系统提供的 TrueType 字体，扩展名为". ttf"，另一类是软件提供的编译的形字体，扩展名为". shx"。"字体样式"下拉列表用于选择字体样式。勾选"使用大字体"复选框用于创建大字体，只有 SHX 文件可以创建大字体。

　　"大小"选项组用于设置文字的大小。其中，勾选"注释性"复选框用于创建注释性文字，此时"使文字方向与布局匹配"复选框可选，该复选框用于指定图纸空间视口中的文字方向与布局方向匹配。若取消"注释性"复选框的选择，则显示"高度"文本框，用户可以在该文本框中输入文字高度。

　　"效果"选项组用于设置文字显示效果。其中，"宽度因子"文本框用于指定文字的宽高比。"倾斜角度"文本框用于指定文字的倾斜角度。勾选"颠倒"复选框用于颠倒显示字符。

图 5-1 "文字样式"对话框

勾选"反向"复选框用于反向显示字符。勾选"垂直"复选框用于显示垂直对齐的字符。各类文字显示效果如图 5-2 所示。

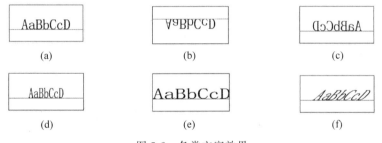

图 5-2 各类文字效果

(a) Standard 样式;(b) 颠倒;(c) 反向;(d) 宽度因子 0.7;(e) 宽度因子 1.5;(f) 倾斜角度 45°

"新建"命令按钮用于创建文字样式,创建的文字样式将显示在"样式"列表框中。

"置为当前"命令按钮用于将所选的文字样式置为当前。

"删除"命令按钮用于删除文字样式,但是不能删除默认文字样式(Standard)、当前文字样式和已经使用的文字样式。

5.2 文字的输入

AutoCAD 2022 中提供了"单行文字""多行文字"两种输入方式供用户选择。

5.2.1 单行文字输入

绘制工程图纸时,需要输入一些较短的文字,如房间名称、图名等,可以通过"单行文字"命令来完成。单行文字指每行文字都是独立的对象,可以进行编辑。

图 5-3　"单行文字"命令

可采用如下方法执行"单行文字"命令：

- 单击下拉菜单"绘图"→选择"文字"命令→选择"单行文字"命令；
- 单击"注释"选项卡"文字"面板上的"文字"下拉列表,选择"单行文字"命令,如图 5-3 所示。
- 命令行输入"DTEXT"。

执行"单行文字"命令时,命令行操作如下：

```
命令：DTEXT                                    （执行命令）
当前文字样式："Standard" 文字高度：2.5000 注释性：否 对正：左
                                               （提示当前文字样式信息）
指定文字的起点或〔对正(J)/样式(S)〕：          （选择文字的起点）
指定高度＜2.5000＞：7                          （指定文字高度）
指定文字的旋转角度＜0＞：0                      （指定文字旋转的角度）
```

输入角度后,按回车键,便可以输入文字。当需要换行时,则按一次回车键;当输入完毕需要退出命令时,则连按两次回车键。

在工程制图中,输入文字时往往涉及一些特殊符号,如直径符号、正负公差符号等,在 AutoCAD 2022 中有专门的代码。常见的特殊符号代码如表 5-1 所示。

表 5-1　特殊符号代码

字　　符	对 应 代 码	说　　明
±	%%P	正负符号
°	%%D	角度符号
%	%%%	百分号
φ	%%C	直径符号
—	%%O	上画线
—	%%U	下画线

5.2.2　多行文字输入

当输入的内容较多或较复杂时,可以通过"多行文字"输入命令来完成。多行文字是根据用户设置的文字总宽度自动换行,所有文字作为一个整体对象,用户可以对其进行编辑。

可采用如下方法执行"多行文字"命令：

- 单击下拉菜单"绘图"→选择"文字命令"→选择"多行文字"命令；
- 单击"注释"选项卡"文字"面板上的"文字"下拉列表,选择"多行文字"命令,如图 5-4 所示。
- 在命令行输入"MTEXT"。

图 5-4　"多行文字"命令

执行"多行文字"命令时,命令行的操作如下：

```
命令：MTEXT                                    （执行命令）
```

当前文字样式："Standard" 文字高度： 2.5 注释性： 否

（提示当前文字样式信息）

指定第一个角点： （指定输入区第一个角点）

指定对角点或［高度(H)/对正(J)/行距(L)/旋转(R)/样式(S)/宽度(W)/栏(C)］：

（指定输入区另一个角点或选择其他选项）

当第一个角点及对角点确定之后，出现文字输入区，如图 5-5 所示。功能区选项卡会切换至文字编辑器，如图 5-6 所示。用户可在文字输入区进行文字的输入，在文字编辑器进行文字格式的编辑。

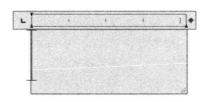

图 5-5 文字输入区

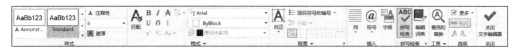

图 5-6 文字编辑器

此外，"多行文字"命令中还提供其他选项，它们的作用是：

"高度(H)"：用于指定多行文字字符的高度。如果没有重新进行设置，则按文字样式中设定的文字高度。

"对正(J)"：用于确定文字的排列方式，与单行文字类似。

"行距(L)"：用于指定多行文字对象的行距。

"旋转(R)"：用于指定文字边界的旋转角度。

"样式(S)"：用于指定多行文字的文字样式。

"宽度(W)"：用于指定文字边界的宽度。

"栏(C)"：用于指定多行文字对象的列选项。

1. "文字编辑器"选项卡

"文字编辑器"选项卡用于设置多行文字的格式。用户可以在输入文字之前设置文字的格式，也可以选择已有的文字修改其格式。"文字编辑器"选项卡各项的作用如下：

"文字样式"选择图标，如图 5-7 所示：用于选择已有文字样式。

"注释性"命令按钮 ：用于设置多行文字是否为注释性文字。

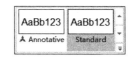

图 5-7 "文字样式"选择图标

"字高"下拉列表 ：用于设置字符高度。

"遮罩"命令按钮 ：用于设置文字背景颜色。

"匹配"文字格式命令按钮 ：用于复制所选内容格式。

"粗体"命令按钮 B ：用于打开和关闭新文字或选定文字的粗体格式，此选项仅适用于使用 TrueType 字体的字符。

"斜体"命令按钮 I：用于打开和关闭新文字或选定文字的斜体格式，此选项仅适用于使用 TrueType 字体的字符。

"删除线"命令按钮 A：用于打开和关闭新文字或选定文字的删除线格式。

"下画线"命令按钮 U：用于打开和关闭新文字或选定文字的下画线。

"上画线"命令按钮 O：用于为新建文字或选定文字打开或关闭上画线。

"堆叠"命令按钮 ：用于创建分数等堆叠文字。

"上标"命令按钮 x²：用于在文本上方创建小字符。

"下标"命令按钮 X₂：用于在文本下方创建小字符。

"改变大小写"命令按钮 Aa：用于更改选定文字的大小写。

"清除"命令按钮 ：用于清除选定文字的格式。

"字体"下拉列表 Arial：用于设置字体类型。

"颜色"下拉列表 ByLayer：用于设置当前文字颜色。

"文字图层"下拉列表 0：用于设置当前文字图层。

单击"文字编辑器"选项卡"格式"面板上的折叠子面板按钮，出现"倾斜角度""追踪"及"宽度因子"设置栏，如图 5-8 所示。

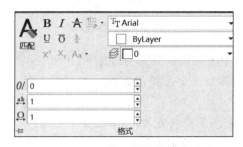

图 5-8 "格式"折叠子面板

"倾斜角度"设置栏 0/0.0000：用于设置文字倾斜角度。该角度是相对于 90°方向的偏移角度。当输入角度值为正时文字向右倾斜，反之文字向左倾斜。

"追踪"设置栏 a-b 1.0000：用于增大或减小选定字符之间的空间。1.0 设置是常规间距。设定为大于 1.0 可增大间距，设定为小于 1.0 可减小间距。

"宽度因子"设置栏 o 1.0000：用于扩展或收缩选定字符。1.0 设置代表此字体中字母的常规宽度。

"对正"下拉列表 ：用于设置文字的对正样式，系统提供九种对正样式。

"项目编号和符号"下拉列表 项目符号和编号：用于对段落文字设置编号，列表中包含"以数字标记""以字母标记"和"以项目符号标记"三个选项。

"行距"下拉列表 ：用于设置当前段落或选定段落的行距。

"对齐"命令按钮 ：用于设置文字对齐样式，自左向右 6 个按钮分别为"默认""左对齐""居中""右对齐""两端对齐"和"分散对齐"

"段落"命令按钮 ：用于设置段落格式，单击该按钮将弹出"段落"对话框。

"列"下拉列表 ：用于拆分文字为不分栏、动态栏或静态栏。

"符号"下拉列表 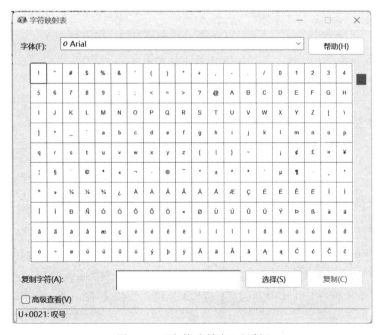 ：用于插入符号或不间断空格。单击该命令按钮，系统将弹出"符号"菜单，如图 5-9 所示。当选择"其他"命令时，系统将弹出"字符映射表"对话框，如图 5-10 所示，该对话框提供了更多的字符符号供用户选择。

度数(D)	%%d
正/负(P)	%%p
直径(I)	%%c
几乎相等	\U+2248
角度	\U+2220
边界线	\U+E100
中心线	\U+2104
差值	\U+0394
电相角	\U+0278
流线	\U+E101
恒等于	\U+2261
初始长度	\U+E200
界碑线	\U+E102
不相等	\U+2260
欧姆	\U+2126
欧米加	\U+03A9
地界线	\U+214A
下标 2	\U+2082
平方	\U+00B2
立方	\U+00B3
不间断空格(S)	Ctrl+Shift+Space
其他(O)...	

图 5-9　"符号"菜单

图 5-10　"字符映射表"对话框

"字段"命令按钮 ：用于显示"字段"对话框，用户可以选择要插入的字段。

"拼写检查"命令按钮 ：用于开启文字拼写检查。

"编辑词典"命令按钮 ：用于显示"词典"对话框，用户可以选择拼写检查词典。

"查找和替换"命令按钮 ：用于显示"查找和替换"对话框，用户可以进行文字的查找及替换。

"更多"选项下拉列表 更多▾：用于打开"字符集"菜单和编辑器设置。

"标尺"命令按钮 标尺：用于打开和关闭文字输入区标尺显示。

"放弃和重做"命令按钮 ：用于对文字输入命令放弃或重做。

"关闭文字编辑器"命令按钮 ：用于完成多行文字操作后，结束命令。

2. 文字输入区

文字输入区用于文字输入。文字输入区上方标尺，用于辅助文字输入。文字输入区操作如图 5-11 所示。

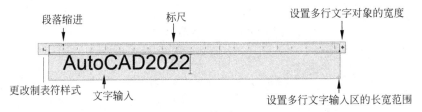

图 5-11　文字输入区

【例 5-1】　利用多行文字命令创建如图 5-12 所示的多行文字。要求字体为仿宋，字高为 2.5，宽度因子为 0.7。

$$注：1.本层建筑面积33.5m^2。$$
$$2.屋面最小坡度为3\%。$$

图 5-12　多行文字例题

解：（1）命令行输入命令，命令行操作如下：

命令：MTEXT　　　　　　　　　　　　　　　（执行命令）
当前文字样式："Standard"　文字高度：　2.5　注释性：　否
　　　　　　　　　　　　　　　　　　　　　　（提示当前文字样式信息）
指定第一个角点：　　　　　　　　　　　　　（拾取第一个角点）
指定对角点或［高度(H)/对正(J)/行距(L)/旋转(R)/样式(S)/宽度(W)/栏(C)］：
　　　　　　　　　　　　　　　　　　　　　　（拾取对角点，如图 5-10 所示）

（2）指定对角点后，弹出"多行文字"编辑器，在"字体"下拉列表中选择"仿宋"，在"字高"栏中输入 2.5，在"格式"面板折叠子面板上"宽度因子"中输入 0.7，在文字输入区中输入如图 5-13 所示的文字，其中通过"上标"命令输入"²"，如图 5-13 所示，然后按回车键换行。

（3）拖动"段落缩进"符号，继续输入第二段文字，如图 5-14 所示。

（4）拖动标尺右端的小菱形符号，调整编辑框的宽度，如图 5-15 所示。

（5）单击"关闭文字编辑器"按钮，完成多行文字输入。

图 5-13 输入第一段文字

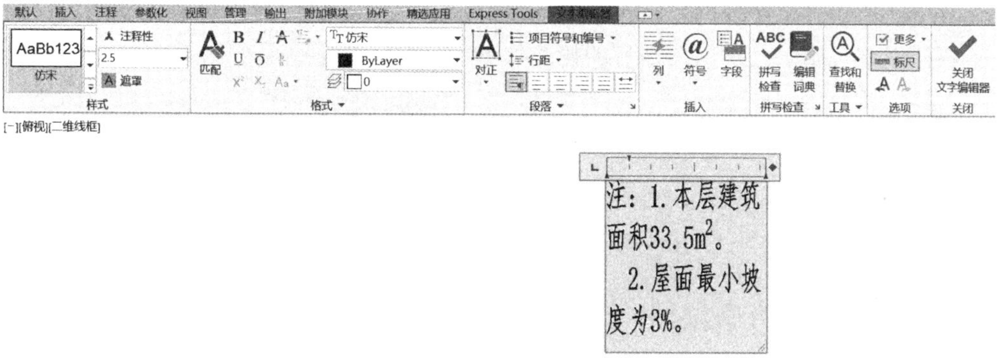

图 5-14 输入第二段文字

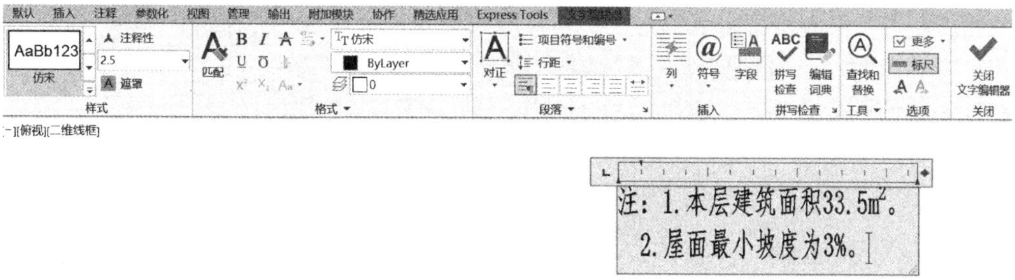

图 5-15 调整编辑框宽度

练一练（操作视频请查阅电子教学资源库）

利用多行文字命令创建如图 5-16 所示的多行文字。要求字体为仿宋，宽度因子为 0.8，第一行文字高度为 7，其余行文字高度为 5。

说明：

1. 房屋四周做卵石散水；
2. 房屋入口坡道的坡度不大于2%。

图 5-16 多行文字

5-1 多行文字输入

5.3　文字的编辑

AutoCAD 2022 提供了相关命令对单行文字和多行文字的内容与格式进行编辑。

5.3.1　文字内容的编辑

文字输入完成后,可采用如下方法对文字内容等进行修改和编辑:

- 双击已输入的文字内容;
- 单击下拉菜单"修改"→选择"对象"命令→选择"文字"命令→选择"编辑"命令;
- 在命令行输入"DDEDIT"(可以对单行文字和多行文字进行编辑),或输入"MTEDIT"(只能对多行文字进行编辑);

执行"文字编辑"命令时,命令行的操作如下:

命令: DDEDIT　　　　　　　　　　　　　　(执行命令)
选择注释对象或[放弃(U)]:　　　　　　　　(选择要修改的文字对象)

当选择的是单行文字时,用户只能对文字内容进行修改。当选择的是多行文字时,功能区显示"文字编辑器"选项卡,用户可以对文字内容、格式等同时进行修改。

5.3.2　文字高度和对正样式的编辑

在 AutoCAD 2022 中,用户还可以通过"比例""对正"两个命令对文字高度和样式进行编辑。

1. 比例

"比例"命令用于调整文字的高度。可采用如下方法执行"比例"命令:

- 单击下拉菜单"修改"→选择"对象"命令→选择"文字"命令→选择"比例"命令;
- 单击"注释"选项卡"文字"折叠子面板上的"缩放"命令按钮 Aₗ;
- 在命令行输入"SCALETEXT"。

执行"比例"命令时,命令行的操作如下:

命令: SCALETEXT　　　　　　　　　　　　(执行命令)
选择对象:找到 1 个　　　　　　　　　　　(选择文字对象)
选择对象:　　　　　　　　　　　　　　　　(回车确认)
输入缩放的基点选项[现有(E)/左对齐(L)/居中(C)/中间(M)/右对齐(R)/左上(TL)/中上(TC)/右上(TR)/左中(ML)/正中(MC)/右中(MR)/左下(BL)/中下(BC)/右下(BR)] <现有>:
　　　　　　　　　　　　　　　　　　　　(选择缩放的参考点)
指定新模型高度或[图纸高度(P)/匹配对象(M)/比例因子(S)] < 5 >: 3.5
　　　　　　　　　　　　　　　　　　　　(输入文字新高度)

其中,"输入缩放的基点选项"是指定一个位置作为调整文字比例大小或缩放的基点。
此外,"比例"命令中还提供了其他选项,它们的作用如下:
"图纸高度(P)":用于根据注释性特性缩放文字高度,可以仅指定注释性对象的图纸高度。
"匹配对象(M)":用于缩放最初选定的文字对象以与选定文字对象的大小匹配。
"比例因子(S)":用于指定放大或缩小的比例。

2. 对正

"对正"命令用于调整文字的对齐方式。可采用如下方法执行"对正"命令：

- 单击下拉菜单"修改"→选择"对象"命令→选择"文字"命令→选择"对正"命令；
- 单击"注释"选项卡"文字"面板上的对正命令按钮 Ⓐ；
- 在命令行输入"JUSTIFYTEXT"。

执行"对正"命令时，命令行的操作如下：

命令：JUSTIFYTEXT　　　　　　　　　　　　（执行命令）
选择对象：找到 1 个　　　　　　　　　　　　（选择文字对象）
选择对象：　　　　　　　　　　　　　　　　（回车确认）
输入对正选项[左对齐(L)/对齐(A)/布满(F)/居中(C)/中间(M)/右对齐(R)/左上(TL)/中上(TC)/右上(TR)/左中(ML)/正中(MC)/右中(MR)/左下(BL)/中下(BC)/右下(BR)] <左对齐>：C
　　　　　　　　　　　　　　　　　　　　　（选择对正选项）

5.4　表格的创建

在土建图样中，往往需要创建各种表格，如建筑图中的门窗表等。AutoCAD 2022 提供了创建表格的功能，也支持将表格链接到 Microsoft Excel 电子表格中的数据。

5.4.1　表格样式的创建

在创建表格之前，必须先创建表格样式。表格样式指表格的标题、数据行等格式。可采用如下方法执行"表格样式设置"命令：

- 单击下拉菜单"格式"→选择"表格样式"命令；
- 单击"注释"选项卡"表格"面板上的对话框启动器按钮 ↘；
- 在命令行输入"TABLESTYLE"。

执行命令之后，界面会弹出"表格样式"对话框，如图 5-17 所示。"新建"命令按钮用于创建新的表格样式；"修改"命令按钮用于对已有的表格样式进行修改；"置为当前"命令按钮用于将新建的表格样式设置为当前样式。

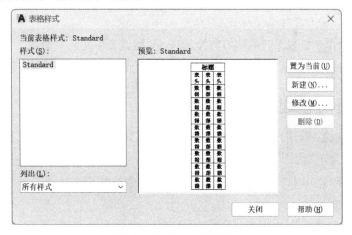

图 5-17　"表格样式"对话框

单击"新建"命令按钮,界面会弹出"创建新的表格样式"对话框,如图 5-18 所示。在"新样式名"一栏输入新的样式名之后,在"基础样式"下拉列表中选择已有表格样式,为新的表格样式提供默认设置后,单击"继续"命令按钮,界面会弹出"新建表格样式"对话框,如图 5-19 所示。

图 5-18   "创建新的表格样式"对话框

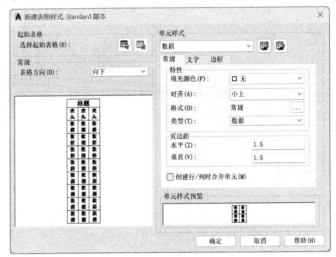

图 5-19   "新建表格样式"对话框

"起始表格"选项组用于指定一个表格作为样例来设置新表格样式的格式。用户可以通过单击起始表格命令按钮 进行选择。

"常规"选项组用于设置表格方向。用户可以通过"表格方向"下拉列表选择"向上"或"向下"两种形式。其中,"向上"表示创建的表格由下而上排列"标题""表头""数据"。"向下"则相反。

"单元样式"选项组用于定义新的单元样式或修改现有的单元样式。其中,"单元样式"下拉列表 数据 用于显示表格中的单元样式,包含"数据""表头""标题"等选项。"创建单元样式"命令按钮 用于启动"创建新单元样式"对话框。"管理单元样式"命令按钮 用于启动"管理单元样式"对话框。

"常规"选项卡用于设置单元的基本特性,如颜色、格式及单元的页边距。"文字"选项卡用于设置单元内文字的特性,如样式、颜色和高度等。"边框"选项卡用于设置表格边框的格式。

5.4.2   表格的创建

表格样式设置之后,用户可以创建表格。可采用如下方法执行"创建表格"命令:
- 单击下拉菜单"绘图"→选择"表格"命令;
- 单击"注释"选项卡"表格"面板上的"表格"命令按钮 ;
- 在命令行输入"TABLE"。

执行命令之后,界面会弹出"插入表格"对话框,如图 5-20 所示。

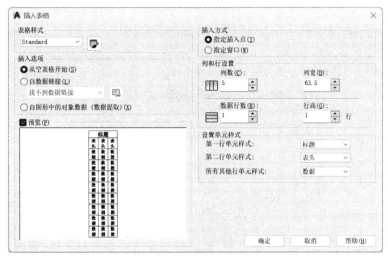

图 5-20　"插入表格"对话框

AutoCAD 2022 提供了"从空表格开始""自数据链接""自图形中的对象数据"三种创建表格的方式,系统默认为"从空表格开始"方式。下面以例 5-2 为例,介绍如何应用该方式创建表格。

【例 5-2】　绘制如图 5-21 所示的门窗表。要求标题栏字高 500,列标题和数据栏字高 350,单元边距竖直方向为 100,水平方向为 200,数据栏为 4 行 5 列,列宽为 2500。

门窗表				
编号	洞口尺寸 (宽×高)	门窗选型	数量	备注

图 5-21　创建门窗表

解:(1) 单击下拉菜单"格式"→选择"表格样式"命令,在弹出的"表格样式"对话框中选择"新建"命令按钮,在弹出的"创建新的表格样式"对话框中输入样式名"1",选择基础样式为"Standard",即在 Standard 样式基础上创建新的表格样式。

(2) 单击"继续"命令按钮,在弹出的"新建表格样式"对话框中,在"表格方向"选项组中选择"向下",即标题栏位于数据栏上方,表格向下发展;"数据""表头""标题"的对齐方式均选择"正中",水平页边距为 200,垂直页边距为 100,文字样式为新建"长仿宋体",字体为"仿宋",宽度因子为"0.7","数据""表头"字为 350,"标题"字高为 500,其余按默认值设置。完成设置后单击"确定"命令按钮,完成新表格样式的创建。将该新创建的表格样式置为当前并关闭"表格样式"对话框。

(3) 在命令行输入"TABLE"命令,弹出"插入表格"对话框,在"表格样式"下拉列表中选择"1",在"插入选项"选项组中选择"从表格开始"选项,在"插入方式"选项组中选择"指定插入点",在"列和行"选项组中设置列数为 5,列宽为 2500,行数为 4,行高为 1。

(4) 单击"确定"命令按钮,此时命令行提示指定表格插入点,通过光标拾取插入点后,将出现如图 5-22 所示的编辑状态。

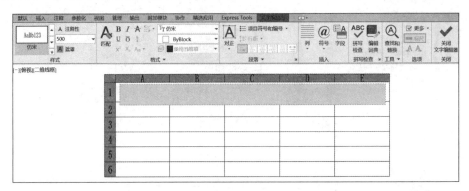

图 5-22　输入表格内容

（5）使用键盘上的"上""下""左""右"键选择要输入内容的单元格，输入字符。完成输入后，单击"文字样式"工具栏上的"确定"命令按钮，完成整个表格的创建。

5.5　表格单元的编辑

AutoCAD 2022 提供了多种编辑表格的方法，下面介绍通过"表格单元"选项卡进行编辑。当选择表格中的单元格时，表格状态如图 5-23 所示。用户可以通过功能区的"表格单元"选项卡对该单元格进行编辑。

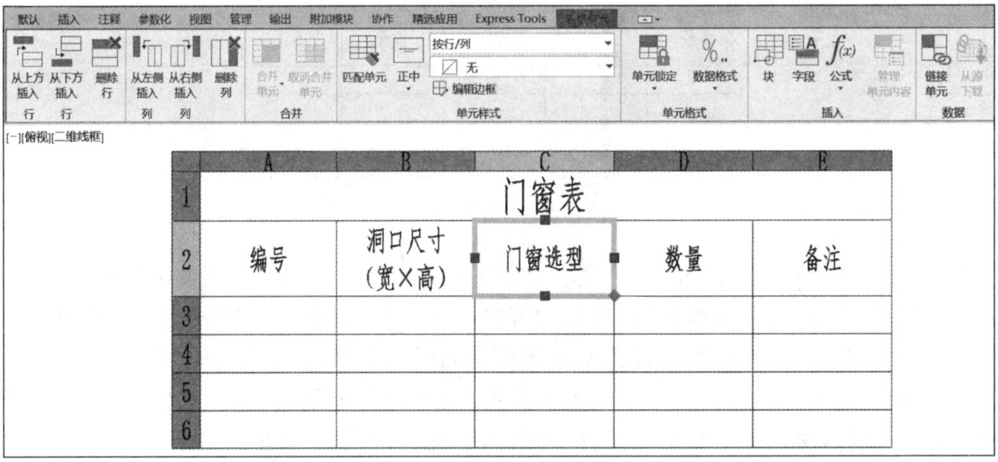

图 5-23　单元格选中状态

"从上方插入行"命令按钮 　：用于在选中的单元格上方插入一行，插入行的格式与下一行的格式相同。

"从下方插入行"命令按钮 　：用于在选中的单元格下方插入一行，插入行的格式与上一行的格式相同。

"删除行"命令按钮 　：用于删除选中的单元格所在的行。

"从左侧插入列"命令按钮 　：用于在选中的单元格左侧插入整列。

"从右侧插入列"命令按钮 ▥▮：用于在选中的单元格右侧插入整列。

"删除列"命令按钮 ▥▮：用于删除选中的单元格所在的列。

"合并单元"下拉列表 ▥：用于将选中的单元格进行合并。

"取消合并单元"命令按钮 ▦：用于取消选中的单元格中合并过的单元格。

"匹配单元"命令按钮 ▧：用于单元格内容格式的匹配。

"对正"下拉列表 ▥：用于单元格内文字的对正样式,系统提供九种对正样式。

"按行/列"下拉列表 按行/列 ▾：用于选择单元格的样式。

"背景填充"下拉列表 ▨ 无 ▾：用于设置选中单元格的背景颜色。

"编辑边框"命令按钮 ▦ 编辑边框：用于显示"单元格边框特性"对话框,设置选中的单元格边框的线宽、线型、颜色等特性以及边框特性等。

"单元锁定"下拉列表 ▥：用于对选中的单元格进行"锁定"或"解锁"。

"数据格式"下拉列表 %▾：用于设置选中的单元格中数据的格式。

"插入块"命令按钮 ▥：用于在选中的单元格中插入块。单击该按钮将弹出"在表格单元中插入块"对话框,在其中选择合适的块后单击"确定"按钮。

"插入字段"命令按钮 ▤：用于在选中的单元格中插入字段。

"插入公式"下拉列表 ƒ公式：用于在选中的单元格中插入公式。

"管理单元内容"命令按钮 ▥：用于控制单元内容的次序和方向。

"链接单元"命令按钮 ▥：用于通过数据链接插入已经完成的表格。单击该按钮,将弹出"选择数据链接"对话框,在其中选择已有的 Excel 表格或者创建新的表格后单击"确定"按钮。

"从源文件下载更改"命令按钮 ▥：用于将 Excel 表格中数据的更改下载到表格中,完成数据的更新。

5.6　相关规范对文字的规定

下面结合《房屋建筑制图统一标准》(GB/T 50001—2017)等相关规范介绍工程制图中文字的规定。

图纸上所需书写的文字、数字或符号等均应笔画清晰、字体端正、排列整齐,标点符号应清楚正确。文字的字高应从表 5-2 中选用。字高大于 10mm 的文字宜采用 TRUETYPE 字体,如需书写更大的字,其高度应按 $\sqrt{2}$ 的倍数递增。

表 5-2　文字的字高　　　　　　　　　　　单位：mm

字体种类	中文矢量字体	TRUETYPE 字体及非中文矢量字体
字高	3.5、5、7、10、14、20	3、4、6、8、10、14、20

图样及说明中的汉字,宜采用长仿宋体(矢量字体)字型,同一图纸字体种类不应超过两种。长仿宋体的宽高比宜为 0.7,且应符合表 5-3 的规定,黑体字的宽度与高度应相同。大标题、图册封面、地形图等汉字,也可书写成其他字体,但应易于辨认。

表 5-3　长仿宋字高宽关系　　　　　　　　　　　　　　　单位：mm

字高	20	14	10	7	5	3.5
字宽	14	10	7	5	3.5	2.5

汉字的简化字书写应符合国家有关汉字简化方案的规定。图样及说明中的拉丁字母、阿拉伯数字与罗马数字，宜采用单线简体或 ROMAN 字体。拉丁字母、阿拉伯数字与罗马数字的书写规则应符合表 5-4 的规定。

表 5-4　拉丁字母、阿拉伯数字与罗马数字的书写规则

书　写　格　式	字体	窄字体
大写字母高度	h	h
小写字母高度（上下均无延伸）	$7h/10$	$10h/14$
小写字母伸出的头部或尾部	$3h/10$	$4h/14$
笔画宽度	$1h/10$	$1h/14$
字母间距	$2h/10$	$2h/14$
上、下行基准线的最小间距	$15h/10$	$21h/14$
词间距	$6h/10$	$6h/14$

拉丁字母、阿拉伯数字与罗马数字，如需写成斜体字，其斜度应是从字的底线逆时针向上倾斜 75°。斜体字的高度和宽度应与相应的直体字相等。拉丁字母、阿拉伯数字与罗马数字的字高不应小于 2.5mm。

数量的数值注写应采用正体阿拉伯数字。各种计量单位凡前面有量值的，均应采用国家颁布的单位符号注写。单位符号应采用正体字母。分数、百分数和比例数的注写应采用阿拉伯数字和数学符号。当注写的数字小于 1 时，应写出个位的"0"，小数点应采用圆点，齐基准线书写。

5.7　习题

一、概念题

1. AutoCAD 2022 中提供的字体文件包括两类，一类是_____，另一类是_____。

2. 文字输入方式一般包括_____和_____，其对应的命令为_____和_____。

3. 在建筑图中，汉字一般采用_____字体。

4. 国标规定工程图中字宽与字高的比例大约为_____。

5. 创建表格的命令为_____。

二、操作题（操作视频请查阅电子教学资源库）

1. 创建如图 5-24 所示的文字，其中文字样式为 Times New Roman，字高为 10。

$$\pm 0.000 \quad \phi 50 \quad 90° \quad 100\%$$

图 5-24　带特殊符号的文字

2. 创建如图 5-25 所示的图纸说明，其中文字样式为长仿宋字，字高为 5，宽度因子比为 0.7。

> 说明:
> 1. 主梁与次梁交接处，需要次梁两侧各加3根箍筋，间距为50，直径同主梁箍筋；
> 2. 梁编号仅用于本层；
> 3. 梁定位: 除图中注明外，均以轴线居中或同柱边齐平。

图 5-25　图纸说明

3. 创建如图 5-26 所示的门窗表，其中中文字样式为长仿宋字体，数字样式为 Times New Roman，表格标题字高 7，表头字高 5，数据行字高 3.5。

门窗表

类型	设计编号	洞口尺寸(mm×mm)	数量	备注
门	M1	1500×2000	6	
	M2	1000×2000	3	
	M3	800×2000	5	
窗	C1	1500×1500	10	窗台高800
	C2	1500×900	3	窗台高1500
	C3	2100×1500	2	窗台高800

图 5-26　门窗表

5-2　带特殊符号的文字　　　　5-3　图纸说明　　　　5-4　门窗表

第6章

尺寸标注与编辑

尺寸标注是工程制图中不可缺少的一部分,它可以反映各组成部分的尺寸和相互间的位置关系。本章主要介绍 AutoCAD 2022 中的尺寸标注命令,包括标注样式设置、线性标注、角度标注、半径标注等,并且介绍相关规范对尺寸标注的要求。

本章学习内容:

➢ 尺寸标注基本常识
➢ 相关规范对尺寸标注的规定
➢ 尺寸标注样式的设置
➢ 常用工程标注
➢ 尺寸标注的编辑

6.1 尺寸标注基本常识

尺寸标注是工程制图中最重要的表达方法,利用 AutoCAD 2022 的尺寸标注命令,可以方便快速地标注图纸中各种方向、形式的尺寸。

6.1.1 尺寸标注的组成

一个完整的尺寸标注通常由尺寸线、尺寸界线、尺寸起止符号和尺寸数字四个部分组成,如图 6-1 所示。尺寸线用于指示标注的方向和范围。尺寸界线又称为投影线或延伸线,从部件延伸到尺寸线。尺寸起止符号显示在尺寸线的两端。尺寸数字是指示测量值的字符串或汉字。

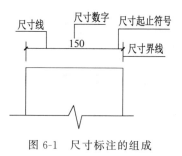

图 6-1 尺寸标注的组成

6.1.2 尺寸标注的类型

AutoCAD 2022 将尺寸标注分为长度尺寸标注、径向尺寸标注、角度尺寸标注、弧长尺寸标注、指引尺寸标注、坐标尺寸标注和中心尺寸标注等。其中,长度尺寸标注包括线性标注、对齐标注、连续标注和基线标注。径向尺寸标注包括半径标注、直径标注和折弯标注。中心尺寸标注包括圆心标注和圆心线标注。

6.1.3　尺寸标注的关联性

标注可以是关联的、无关联的或分解的。一般情况下，AutoCAD 2022 将尺寸作为整体，当几何对象被修改时，关联标注将自动调整其位置、方向和测量值，而不关联标注将不会改变。此外，若是分解的尺寸标注，则包含单个对象而不是单个标注对象的集合。

在 AutoCAD 2022 中，通过系统变量 DIMASSOC 来控制尺寸标注的关联性。当 DIMASSOC=2 时，系统将自动建立关联性尺寸标注；当 DIMASSOC=1 时，系统将自动建立无关联性尺寸标注；当 DIMASSOC=0 时，系统将建立分解的尺寸标注。

6.2　相关规范对尺寸标注的规定

下面结合《房屋建筑制图统一标准》(GB/T 50001—2017)等相关规范介绍工程制图中尺寸标注的主要规定。由于篇幅有限，读者可以参阅相关规范查看其他规定。

尺寸界线应用细实线绘制，一般应与被注长度垂直，其一端离开图样轮廓线不应小于 2mm，另一端宜超出尺寸线 2~3mm，必要时可利用图样轮廓线作为尺寸界线(图 6-2 中的尺寸 2500、200)。尺寸线应用细实线绘制，应与被注长度平行。图样本身的任何图线均不得用作尺寸线。尺寸起止符号一般用中粗斜短线绘制，其倾斜方向应与尺寸界线呈顺时针 45°，长度宜为 2~3mm。尺寸标注要求如图 6-2 所示。

尺寸数字应写在尺寸线的中间，在水平尺寸线上的应从左到右写在尺寸线上方，字头向上；在竖直尺寸线上的应从下到上写在尺寸线左方，字头向左。大尺寸在内，小尺寸在外。图样上的尺寸，应以尺寸数字为准，不得从图上直接量取。图样上的尺寸单位，除标高及总平面以米(m)为单位外，其他必须以毫米(mm)为单位。

尺寸数字一般应依据其方向注写在靠近尺寸线的上方中部。如没有足够的注写位置，最外边的尺寸数字可注写在尺寸界线外侧，中间相邻的尺寸数字可上下错开注写，引出线端部用圆点表示标注尺寸的位置，如图 6-3 所示。

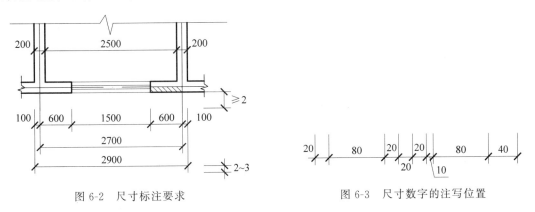

图 6-2　尺寸标注要求　　　　　　　　　　图 6-3　尺寸数字的注写位置

标注半径、直径和角度时，尺寸起止符号宜用箭头表示，图中 R 表示半径，ϕ 表示直径，如图 6-4 所示。

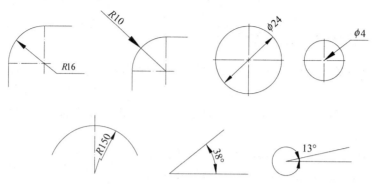

图 6-4 半径、直径和角度的尺寸注法

杆件或管线的长度,在单线图(桁架简图、钢筋简图、管线简图)上,可直接将尺寸数字沿杆件或管线的一侧注写,如图 6-5 所示。

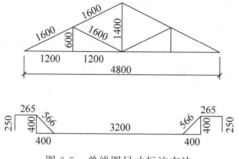

图 6-5 单线图尺寸标注方法

对称构配件采用对称省略画法时,该对称构配件的尺寸线应略超过对称符号,仅在尺寸线的一端画尺寸起止符号,尺寸数字应按整体全尺寸注写,其注写位置宜与对称符号对齐,如图 6-6 所示。

标高符号应以等腰直角三角形表示,用细实线绘制,如图 6-7 所示。如标注位置不够,也可按图 6-8 所示形式绘制,其中,l 取适当长度注写标高数字;h 根据需要取适当高度。

总平面图室外地坪标高符号宜用涂黑的三角形表示,具体画法如图 6-9 所示。

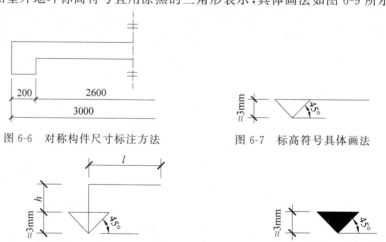

图 6-6 对称构件尺寸标注方法 图 6-7 标高符号具体画法

图 6-8 标高符号具体画法(当标注位置不够时) 图 6-9 总平面图室外地坪标高符号

标高符号的尖端应指至被标注高度的位置。尖端宜向下,也可向上。标高数字应注写在标高符号的上侧或下侧,如图 6-10 所示。标高数字应以米为单位,注写到小数点以后第三位。在总平面图中,可注写到小数字点以后第二位。零点标高应注写成±0.000,正数标高不注"＋",负数标高应注"－",如 3.000、−0.600。在图样的同一位置需表示几个不同标高时,标高数字可按图 6-11 进行注写。

图 6-10　标高的指向　　　　　　　　图 6-11　同一位置注写多个标高数字

6.3　尺寸标注样式的设置

在使用 AutoCAD 2022 进行尺寸标注之前,必须设置标注样式。

6.3.1　标注样式管理器

在 AutoCAD 2022 中,通过"标注样式管理器"对话框设置标注样式,可采用如下方法调用"标注样式管理器"对话框:

- 单击下拉菜单"格式"→选择"标注样式"命令;
- 单击"注释"选项卡"标注"面板上的对话框启动器按钮 ⊿;
- 在命令行输入"DIMSTYLE"。

"标注样式管理器"对话框如图 6-12 所示。"当前标注样式"区域显示当前的尺寸标注样式;"样式"列表框显示图形中所有的尺寸标注样式或正在使用的标注样式;"置为当前"命令按钮用于将列表框中选中的标注样式置为当前;"新建"命令按钮用于创建新的标注样

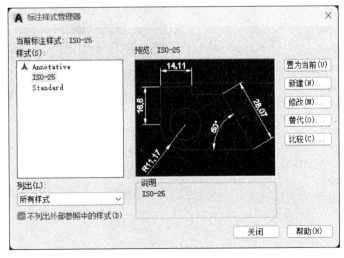

图 6-12　"标注样式管理器"对话框

式；"修改"命令按钮用于修改选中的尺寸标注样式；"替代"命令按钮用于设置临时的尺寸标注样式替代当前的尺寸标注样式；"比较"命令按钮用于比较两个标注样式或列出一个标注样式的所有特性。

6.3.2　创建新的标注样式

在"标注样式管理器"对话框中，单击"新建"命令按钮之后，界面会弹出"创建新标注样式"对话框，如图 6-13 所示。可以在"新样式名"文本框中输入新创建的标注样式的名称，并在"基础样式"下拉列表中选择某个已有的标注样式作为新创建标注样式的模板，也可以在"用于"下拉列表中指定新建的标注样式仅适用于某特定标注类型的标注子样式。

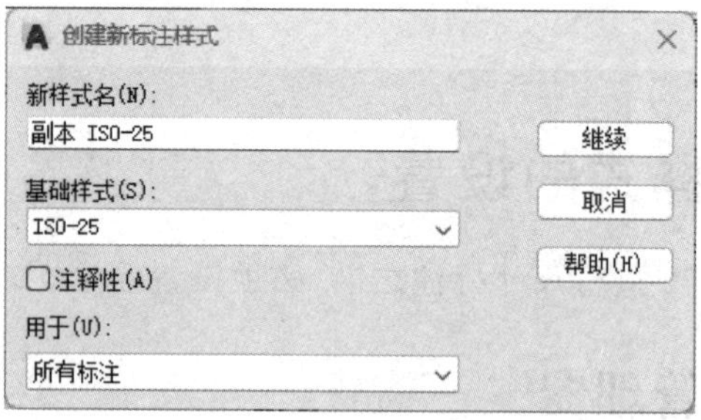

图 6-13　"创建新标注样式"对话框

单击"继续"命令按钮之后，界面会弹出"新建标注样式"对话框，如图 6-14 所示。该对话框中包含"线""符号和箭头""文字""调整""主单位""换算单位""公差"7 个选项卡，在各选项卡中设置相应的参数后，单击"确定"命令按钮，返回"标注样式管理器"对话框，即可在"样式"列表中看到新建的标注样式。

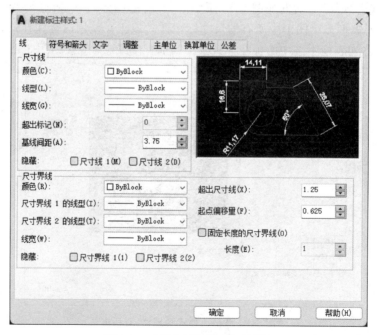

图 6-14　"新建标注样式"对话框

1. "线"选项卡

该选项卡包含"尺寸线""尺寸界线"选项组，如图 6-14 所示。

"尺寸线"选项组用于设置尺寸线的格式和特性。其中，"颜色""线型""线宽"三个下拉列表用于设置尺寸线的颜色、线型和线宽；"超出标记"文本框用于指定当箭头使用倾斜、建筑标记、积分和无标记时尺寸线超过尺寸界线的距离；"基线间距"文本框用于设置基线标注中尺寸线之间的距离；"隐藏"复选框用于设置尺寸线的显示，一般用于半剖视图中的标注。

"尺寸界线"选项组用于设置尺寸界线的格式和特性。其中，"颜色""尺寸界线1的线型""尺寸界线2的线型""线宽""隐藏"与"尺寸线"选项组中对应选项含义相同；"超出尺寸线"文本框用于设置尺寸界线超出尺寸线的距离；"起点偏移量"文本框用于设定图形中定义标注的点到尺寸界线的偏移距离；勾选"固定长度的尺寸界线"复选框可以启用固定长度的尺寸界线，其长度可以在"长度"文本框中设置。

2. "符号和箭头"选项卡

该选项卡包含"箭头""圆心标记""折断标注""弧长符号""半径折弯标注""线性折弯标注"选项组，如图 6-15 所示。

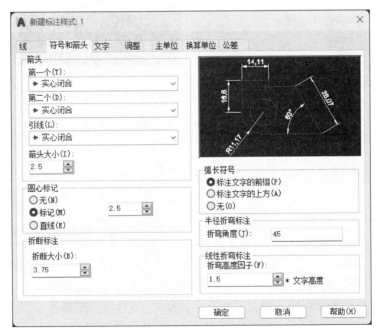

图 6-15 "符号和箭头"选项卡

"箭头"选项组用于设定箭头的格式和位置。其中，"第一个""第二个""引线"三个下拉列表分别用于设置第一个尺寸线箭头、第二个尺寸线箭头和引线箭头的类型；"箭头大小"文本框用于设置箭头的大小。

"圆心标记"选项组用于控制直径标注和半径标注的圆心标记与中心线的外观。其中，"无"选项表示圆心处不设置圆心标记或中心线；"标记"选项表示在圆心处创建圆心标记；"直线"选项表示在圆心处创建中心线。

"折断标注"选项组用于控制折断标注的间隙宽度。其中，"折断大小"文本框用于设置折断标注的间隙大小。

"弧长符号"选项组用于控制弧长标注中圆弧符号的显示。其中,"标注文字的前缀"选项表示将弧长符号"⌒"放置在标注文字之前;"标注文字的上方"选项表示将弧长符号"⌒"放置在标注文字的上方;"无"选项表示不显示弧长符号。

"半径折弯标注"选项组用于控制折弯(Z形)半径标注的显示。其中,"折弯角度"文本框用于设置折弯半径标注中尺寸线的横向线段的角度。

"线性折弯标注"选项组用于控制线性标注折弯的显示,折弯高度为折弯高度因子与尺寸文字高度的乘积。其中"折弯高度因子"文本框用于设置折弯高度因子值。

3. "文字"选项卡

该选项卡包含"文字外观""文字位置""文字对齐"选项组,如图 6-16 所示。

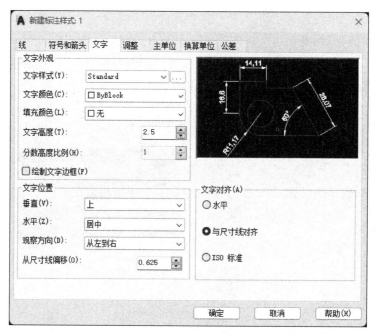

图 6-16 "文字"选项卡

"文字外观"选项组用于控制标注文字的格式和大小。其中,"文字样式""文字颜色""填充颜色"三个下拉列表分别用于设置标注文字的样式、颜色和填充颜色;"文字高度"文本框用于设置标注文字的高度;"分数高度比例"文本框用于设置相对于标注文字的分数比例,该值乘以文字高度即为标注分数相对于标注文字的高度,该选项仅在"主单位"选项卡上选择"分数"作为"单位格式"时才可用;勾选"绘制文字边框"复选框,则在标注文字周围绘制一个边框。

"文字位置"选项组用于控制标注文字的位置。其中,"垂直"下拉列表用于设置标注文字相对于尺寸线的垂直位置,包含"居中""上""外部""JIS""下"五个选项;"水平"下拉列表用于设置标注文字在尺寸线上相对于尺寸界线的水平位置,包含"居中""第一条尺寸界线""第二条尺寸界线"三个选项;"观察方向"下拉列表用于控制标注文字的观察方向,包含按从左往右阅读的方式放置文字,或是按从右往左阅读的方式放置文字;"从尺寸线偏移"文本框用于设置文字和尺寸线之间的距离。

"文字对齐"选项组用于控制标注文字放在尺寸界线外边或里边时的方向是保持水平还是与尺寸界线平行。其中,"水平"选项表示标注文字水平放置;"与尺寸线对齐"选项表示标注文字与尺寸线对齐;"ISO 标准"选项表示当文字在尺寸界线内时,文字与尺寸线对齐。当文字在尺寸界线外时,文字水平排列。

4."调整"选项卡

该选项卡包含"调整选项""文字位置""标注特征比例""优化"选项组,如图 6-17 所示。

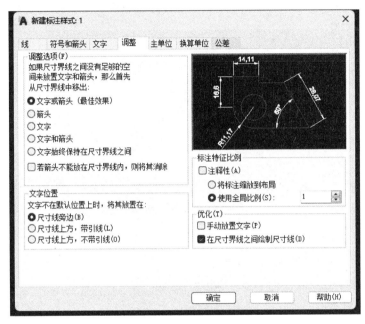

图 6-17　"调整"选项卡

"调整选项"选项组用于控制基于延伸线之间可用空间的文字和箭头的位置。如果有足够大的空间,文字和箭头都将放在延伸线内,否则将按照"调整"选项放置文字和箭头。

"文字位置"选项组用于设置标注文字从默认位置(由标注样式定义的位置)移动时标注文字的位置。

"标注特征比例"选项组用于设置全局标注比例值或图纸空间比例。

"优化"选项组用于设置标注文字的其他选项。

5."主单位"选项卡

该选项卡包含"线性标注"和"角度标注"两个选项组,如图 6-18 所示。

"线性标注"选项组用于设定线性标注的格式和精度。其中,"单位格式"下拉列表用于设置除角度外的所有标注类型的当前单位格式;"精度"下拉列表用于设置标注文字中的小数位数;"分数格式"下拉列表用于设置分数格式;"小数分隔符"下拉列表用于设置十进制格式的分隔符;"舍入"文本框用于设置除"角度"外的所有标注类型中标注测量值的舍入规则;"前缀""后缀"文本框分别用于在标注文字中设置前缀或后缀,可以输入文字或使用控制代码显示特殊符号。例如,输入控制代码"％％C"显示直径符号。"比例因子"文本框用

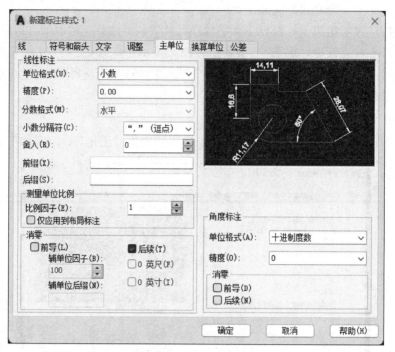

图 6-18　"主单位"选项卡

于设置线性标注测量值的比例因子,例如,输入"2",则 1mm 直线的尺寸将显示为 2mm。"消零"各选项用于设置是否禁止输出前导 0 和后续 0。

"角度标注"选项组用于显示和设定角度标注的当前角度格式。其中,各选项的含义与"线性标注"选项组相同。

6. "换算单位"选项卡

该选项卡包含"换算单位""消零""位置"三个选项组,用于指定标注测量值中换算单位的显示,并设定其格式和精度。

7. "公差"选项卡

该选项卡包含"公差格式""换算单位公差"两个选项组,用于设置标注文字中尺寸公差的格式及显示。

 注意

在"文字"选项卡中,若要通过"文字高度"文本框设置标注文字的高度,则"文字样式"对话框中的高度应设置为 0,否则"文字样式"中的高度将替换此处高度值。

6-1　标注样式设置

练一练(操作视频请查阅电子教学资源库)

根据建筑制图相关规范设置一款标注样式,图纸比例为 1:100,样式名称为"1"。

6.4　常用工程标注

工程中常用的尺寸标注类型包括长度型尺寸标注、径向型尺寸标注、角度尺寸标注、弧长尺寸标注和引线标注等，AutoCAD 2022 提供了相应的标注命令供用户使用。

6.4.1　长度尺寸标注

在工程制图中，长度尺寸标注是最常见的标注形式，包括线性标注、对齐标注、基线标注和连续标注。

1. 线性标注

线性标注用于标注水平尺寸、垂直尺寸和旋转尺寸。可采用如下方法执行"线性标注"命令：

- 单击下拉菜单"标注"→选择"线性"命令；
- 单击"注释"选项卡"标注"面板上的线性命令按钮 ┠┤线性 ；
- 在命令行输入"DIMLINEAR"。

执行"线性标注"命令时，命令行的操作如下：

```
命令：DIMLINEAR                           （执行命令）
指定第一条尺寸界线原点或<选择对象>：       （光标拾取点 1）
指定第二条尺寸界线原点：                   （光标拾取点 2）
指定尺寸线位置或
[多行文字(M)/文字(T)/角度(A)/水平(H)/垂直(V)/旋转(R)]：
                                         （移动光标至尺寸线位置，并单击）
标注文字 = 180                            （系统提示标注长度值）
```

"线性标注"如图 6-19 所示。

在指定尺寸线位置时，命令中还提供了其他选项，它们的作用如下：

"多行文字(M)"：用于编辑标注文字，选择该选项后进入多行文字编辑器。

"文字(T)"：用于自定义文字，生成的标注测量值显示在尖括号中。

"角度(A)"：用于修改标注文字的旋转角度。

"水平(H)"：用于创建水平线性标注。

"垂直(V)"：用于创建垂直线性标注。

"旋转(R)"：用于创建旋转线性标注。

2. 对齐标注

对齐标注用于创建与指定位置或对象平行的标注。可采用如下方法执行"对齐标注"命令：

- 单击下拉菜单"标注"→选择"对齐"命令；
- 单击"注释"选项卡"标注"面板上线性下拉列表 ┠┤线性· 选择"已对齐"命令按钮 ╲┤已对齐 ；
- 在命令行输入"DIMALIGNED"。

"对齐标注"的命令操作与"线性标注"类似，"对齐标注"如图 6-19 所示。

3. 基线标注

基线标注用于创建从相同位置测量的多个标注。可采用如下方法执行"基线标注"

命令：

- 单击下拉菜单"标注"→选择"基线"命令；
- 单击"注释"选项卡"标注"面板上"连续"下拉列表 ⊦⊦⊦ 连续 ，选择"基线"命令按钮 ⊢┌ 基线 ；
- 在命令行输入"DIMBASELINE"。

执行"基线标注"命令时，命令行的操作如下：

先通过"线性标注"命令标注 12 段，操作步骤不再赘述。

命令：DIMBASELINE	（执行命令）
选择基准标注：	（选择 12 段标注"30"）
指定第二条尺寸界线原点或[放弃(U)/选择(S)] <选择>：	（选择第二条尺寸界线原点，光标拾取点 3）
标注文字 = 60	（显示 13 段标注尺寸）
指定第二条尺寸界线原点或[放弃(U)/选择(S)] <选择>：	（选择下一条尺寸界线原点，光标拾取点 4）
标注文字 = 90	（显示 14 段标注尺寸）
指定第二条尺寸界线原点或[放弃(U)/选择(S)] <选择>：	（回车两次退出）

基线标注如图 6-20 所示。

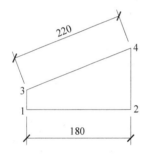

图 6-19　线性标注与对齐标注

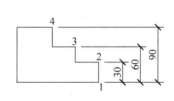

图 6-20　基线标注

4. 连续标注

连续标注是首尾相连的多个标注，在工程制图中应用非常广泛，如轴网尺寸标注、门窗尺寸标注等。可采用如下方法执行"连续标注"命令：

- 单击下拉菜单"标注"→选择"连续"命令；
- 单击"注释"选项卡"标注"面板上的"连续"命令按钮 ⊦⊦⊦ 连续 ；
- 在命令行输入"DIMCONTINUE"。

【例 6-1】 对图 6-21 中的窗户进行标注。

解：（1）利用"线性标注"命令对 12 段进行标注，命令行的操作如下：

图 6-21　连续标注

命令：DIMLINEAR	（执行命令）
指定第一条尺寸界线原点或<选择对象>：	（光标拾取点 1）
指定第二条尺寸界线原点：	（光标拾取点 2）
指定尺寸线位置或	（系统提示信息）
[多行文字(M)/文字(T)/角度(A)/水平(H)/垂直(V)/旋转(R)]：	（移动光标至尺寸线位置，并单击）
标注文字=600	（系统显示 12 段尺寸）

（2）利用"连续标注"命令对 23、34 段进行标注，命令行的操作如下：

命令：DIMCONTINUE	（执行命令）
指定第二条尺寸界线原点或[放弃(U)/选择(S)] <选择>：	（光标拾取点3）
标注文字 = 1500	（系统显示 23 段尺寸）
指定第二条尺寸界线原点或[放弃(U)/选择(S)] <选择>：	（光标拾取点4）
标注文字 = 600	（系统显示 34 段尺寸）
指定第二条尺寸界线原点或[放弃(U)/选择(S)] <选择>：	（回车两次退出）

> **注意**
>
> （1）进行尺寸标注时，务必启用对象捕捉来精确拾取图形的特征点，才能在标注和对象之间建立关联性。
>
> （2）在创建基线或连续标注之前，首先必须创建线性或角度标注。在默认情况下，基线标注和连续标注应从当前任务中最新创建的标注开始。

6.4.2 径向尺寸标注

在工程制图中，径向尺寸标注往往用于标注车道、旋转楼梯等，包括半径标注、直径标注和折弯标注。

1. 半径标注

半径标注用于标注圆弧或圆的半径，并显示前面带有字母 R 的标注文字。可采用如下方法执行"半径标注"命令：

- 单击下拉菜单"标注"→选择"半径"命令；
- 单击"注释"选项卡"标注"面板上的"线性"下拉列表 ⊢线性▾，选择"半径"命令按钮 ⌒半径；
- 在命令行输入"DIMRADIUS"。

执行"半径标注"命令时，命令行的操作如下：

命令：DIMRADIUS	（执行命令）
选择圆弧或圆：	（选择圆弧或圆）
标注文字 = 1800	（系统提示半径尺寸信息）
指定尺寸线位置或[多行文字(M)/文字(T)/角度(A)]：	（移动光标至尺寸线位置，并单击）

半径标注如图 6-22 所示。

2. 直径标注

直径标注用于标注圆弧或圆的直径，并显示前面带有直径符号的标注文字。可采用如下方法执行"直径标注"命令：

- 单击下拉菜单"标注"→选择"直径"命令；
- 单击"注释"选项卡"标注"面板上的"线性"下拉列表 ⊢线性▾，选择"直径"命令按钮 ⌀直径；
- 在命令行输入"DIMDIAMETER"。

"直径标注"命令操作与"半径标注"类似,此处不再赘述。

3. 折弯标注

当需要标注半径较大的圆弧或圆,且圆心位于布局之外无法在实际位置显示时,可采用折弯标注。可采用如下方法执行"折弯标注"命令:

- 单击下拉菜单"标注"→选择"折弯"命令;
- 单击"注释"选项卡"标注"面板上的"线性"下拉列表 ⊢ 线性 ▾ ,选择"折弯"命令按钮 ⋏ 已折弯;
- 在命令行输入"DIMJOGGED"。

执行"折弯标注"命令时,命令行的操作如下:

命令: DIMJOGGED　　　　　　　　　　　　　(执行命令)
选择圆弧或圆:　　　　　　　　　　　　　　(选择圆弧或圆)
指定图示中心位置:　　　　　　　　　　　　(指定中心位置,光标拾取点 1)
标注文字＝ 1800　　　　　　　　　　　　　(系统提示半径信息)
指定尺寸线位置或[多行文字(M)/文字(T)/角度(A)]:　(移动光标至尺寸线位置,并单击)
指定折弯位置:　　　　　　　　　　　　　　(指定弯折位置,光标拾取点 2)

折弯标注如图 6-23 所示。

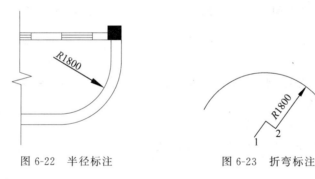

图 6-22　半径标注　　　　　　　　图 6-23　折弯标注

6.4.3　角度尺寸标注

角度标注可以对两直线间的夹角、圆或圆弧的夹角或者不共线的三个点进行角度标注。可采用如下方法执行"角度标注"命令:

- 单击下拉菜单"标注"→选择"角度"命令;
- 单击"注释"选项卡"标注"面板上"线性"下拉列表 ⊢ 线性 ▾ ,选择"角度"命令按钮 △ 角度;
- 在命令行输入"DIMANGULAR"。

执行"角度标注"命令时,命令行的操作如下:

命令: DIMANGULAR　　　　　　　　　　　(执行命令)
选择圆弧、圆、直线或<指定顶点>:　　　　　(选择第一条直线)
选择第二条直线:　　　　　　　　　　　　　(选择第二条直线)
指定标注弧线位置或[多行文字(M)/文字(T)/角度(A)/象限点(Q)]:
　　　　　　　　　　　　　　　　　　　　(移动光标至尺寸线位置,并单击)

标注文字＝ 69   （系统提示角度值信息）

角度标注如图 6-24 所示。

此外，"象限点（Q）"选项用于将角度标注锁定在指定的象限。

角度标注还可以对圆、圆弧或三点进行角度标注。当标注对象选择圆弧时，则标注出圆弧起点和终点围成的扇形角度；当标注对象选择圆时，则标注出光标拾取的第一个点和第二个点之间围成的角度；当直接按回车键时，则可以标注三点间的夹角，此时选取的第一个点为夹角顶点。标注效果如图 6-25 所示。

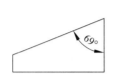

图 6-24 角度标注

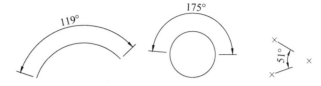

图 6-25 角度标注在圆弧、圆和三点的应用

 注意

角度标注可以用于创建基线和角度标注，但此时标注角度将小于或等于 180°。也可以通过夹点编辑拉伸现有基线或连续标注的延伸线的位置获得大于 180°的基线或连续标注。

6.4.4 弧长尺寸标注

弧长尺寸标注用于标注圆弧或多段线圆弧段上的距离，其标注的是弧线长度而不是弦长。可采用如下方法执行"弧长标注"命令：

- 单击下拉菜单"标注"→选择"弧长"命令；
- 单击"注释"选项卡"标注"面板上"线性"下拉列表 线性 ，选择"弧长"命令按钮 弧长 ；
- 在命令行输入"DIMARC"。

执行"弧长标注"命令时，命令行的操作如下：

命令：DIMARC   （执行命令）
选择弧线段或多段线圆弧段：   （选择标注对象，选择圆弧）
指定弧长标注位置或［多行文字（M）/文字（T）/角度（A）/部分（P）/引线（L）］：
                                                （移动光标至尺寸线位置，并单击）
标注文字＝ 197   （系统提示弧长信息）

弧长标注如图 6-26 所示。

此外，命令中还提供了其他选项，它们的作用如下：

"部分（P）"：用于指定弧长中某段的标注。

"引线（L）"：用于对弧长标注添加引线。

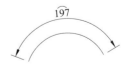

图 6-26 弧长标注

6.4.5　圆心标记标注

圆心标记标注用于标注圆或圆弧的圆心。可采用如下方法执行"圆心标记标注"命令：

- 单击下拉菜单"标注"→选择"圆心标记"命令；
- 单击"注释"选项卡"中心线"面板上的"圆心标记"命令按钮⊕；
- 在命令行输入"DIMCENTER"。

执行"圆心标记"命令时，命令行的操作如下：

命令：DIMCENTER　　　　　　　　　　　　（执行命令）
选择圆弧或圆：　　　　　　　　　　　　　（选择圆弧或圆）

圆心标注的外观包括"标记""直线""无"三种，可以通过"新建标注样式"对话框中的"符号和箭头"选项卡进行设置。圆心标注如图 6-27 所示。

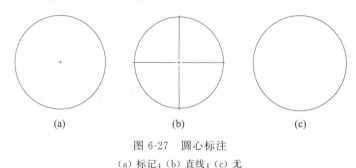

(a)　　　　　　　　　　(b)　　　　　　　　　　(c)

图 6-27　圆心标注
(a) 标记；(b) 直线；(c) 无

6.4.6　多重引线标注

在工程制图中，有时需要将说明文字进行引出说明，AutoCAD 2022 提供了多重引线标注命令。多重引线对象通常包含箭头、水平基线、引线或曲线和多行文字对象或块。

1. 多重引线标注的设置

在 AutoCAD 2022 中，可以通过"多重引线样式管理器"对话框设置多重引线样式，如图 6-28 所示。可采用如下方法调用"多重引线样式管理器"对话框：

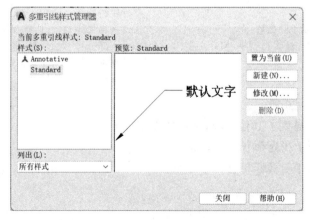

图 6-28　"多重引线样式管理器"对话框

- 单击下拉菜单"格式"→选择"多重引线样式"命令;
- 单击"注释"选项卡"引线"面板上的对话框启动器按钮 ;
- 在命令行输入"MLEADERSTYLE"。

在"多重引线样式管理器"对话框中单击"新建"命令按钮,界面会弹出"创建新多重引线样式"对话框,如图 6-29 所示。其中,"新样式名"文本框用于输入样式名称;"基础样式"下拉列表用于指定某个已有的标注样式作为现有多重引线样式的默认设置。单击"继续"命令按钮,此时弹出"修改多重引线样式"对话框,如图 6-30 所示。

图 6-29 "创建新多重引线样式"对话框

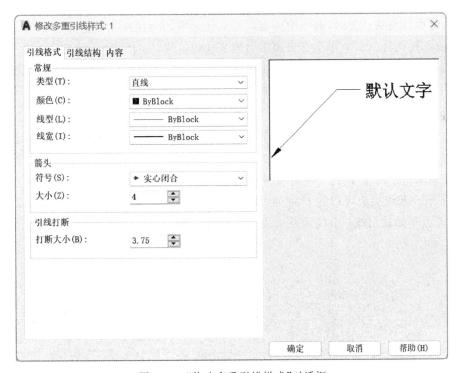

图 6-30 "修改多重引线样式"对话框

该对话框中包含"引线格式""引线结构""内容"三个选项卡。"引线格式"选项卡主要用于设置多重引线基本外观和引线箭头的类型、大小,以及设置执行"标注打断"命令后引线打断的大小;"引线结构"选项卡主要用于设置最大引线点数、第一段和第二段角度、引线的基线和比例;"内容"选项卡主要用于设置多重引线类型,包含"多行文字""块""无"三种类型,该选项将影响对话框中其他可用选项。

2. 多重引线标注

AutoCAD 2022 中新增的多重引线标注取代了快速引线标注,可以更便捷地对各类工程图样进行引线标注。可采用如下方法执行"多重引线标注"命令:

- 单击下拉菜单"标注"→选择"多重引线"命令;
- 单击"注释"选项卡"引线"面板上的多重引线命令按钮 $\nearrow$;
- 在命令行输入"MLEADER"。

执行"多重引线标注"命令时,命令行的操作如下:

命令: MLEADER　　　　　　　　　　　(执行命令)
指定引线箭头的位置或[引线基线优先(L)/内容优先(C)/选项(O)]<选项>:
　　　　　　　　　　　　　　　　　　(确定箭头位置)
指定引线基线的位置:　　　　　　　　　(确定引线基线的位置)

执行命令之后,界面会弹出"文字格式"编辑器,用户可以在输入对应的多行文字后,单击"文字格式"编辑器上的"确定"命令按钮,完成多重引线标注。多重引线标注如图 6-31 所示。

在指定引线箭头位置时,命令中还提供了其他选项,它们的作用如下:

"引线基线优先(L)": 用于首先确定引线基线的位置。

"内容优先(C)": 用于首先确定标注内容。

"选项(O)": 用于多重引线标注的设置。

3. 多重引线编辑

创建多重引线标注后,可以通过夹点方式,以及系统提供的相关编辑命令进行编辑。

(1) 夹点编辑

夹点编辑用于对多重引线进行拉伸和移动等操作。当选中多重引线后,夹点效果如图 6-32 所示。基线夹点可以进行拉伸、拉长基线和添加引线;引线端点夹点可以进行拉伸、添加顶点和删除引线;引线顶点夹点可以进行拉伸、添加顶点和删除顶点;文字夹点可以调整文字位置。

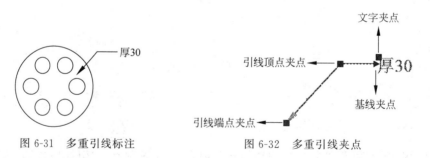

图 6-31　多重引线标注　　　　　　　　图 6-32　多重引线夹点

(2) 其他编辑命令

AutoCAD 2022 提供了其他编辑多重引线标注的命令,执行这些命令,可以通过单击"多重引线"工具栏上的命令按钮来完成。这些编辑命令的作用如下:

"添加引线"命令按钮 $\nearrow$:用于将引线添加到现有的多重引线上;

"删除引线"命令按钮 $\nearrow$:用于删除多重引线对象中的引线;

"对齐"命令按钮 ：用于将各个多重引线对齐；

"合并"命令按钮 ：用于将内容为块的多重引线对象合并到一个基线上。

6.5　尺寸标注的编辑

尺寸标注完成后，可以通过编辑工具对其进行编辑。此外，若创建的尺寸标注为关联性标注，也可以通过修改图形对象来修改标注。

6.5.1　利用夹点编辑

对尺寸标注进行编辑，最简单有效的方法为夹点编辑。进行夹点编辑时，可以先选择要编辑的尺寸标注，激活各夹点，通过移动光标进行编辑。夹点编辑可以进行移动文字、拉伸尺寸、调整尺寸线位置、连续标注、基线标注和翻转箭头等操作。具体操作如下：

单击如图 6-33 所示的尺寸标注，将光标放置于文字中间夹点，则弹出包含若干选项的选项组，如图 6-34 所示。若用户选择"仅移动文字"，移动光标时，将移动文字的位置，如图 6-35 所示，移动文字效果如图 6-36 所示。若用户选择"垂直居中"，则标注文字将在垂直方向上居中，如图 6-37 所示。此外，选项组中还包含"拉伸""随尺寸线移动""仅移动文字""随引线移动""在尺寸线上方""垂直居中""重置文字位置"等选项供用户选择使用。

图 6-33　选择尺寸标注

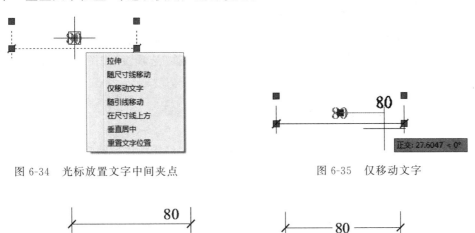

图 6-34　光标放置文字中间夹点　　　　图 6-35　仅移动文字

图 6-36　移动文字效果　　　　　　图 6-37　文字垂直居中

若将光标放置于尺寸线的夹点，界面会弹出包含"拉伸""连续标注""基线标注""翻转箭头"等选项的选项组，如图 6-38 所示。若用户选择"拉伸"，移动光标，如图 6-39 所示，将调整尺寸线的位置，调整后的效果如图 6-40 所示。

用户也可以激活标注原点的夹点，如图 6-41 所示，移动光标，可以重新选择标注的点，尺寸标注将随着标注点的变化而变化，尺寸拉伸后的效果如图 6-42 所示。

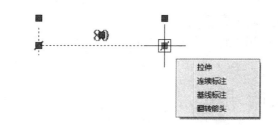

图 6-38　光标放置尺寸线夹点

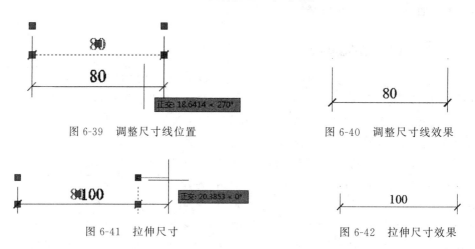

图 6-39　调整尺寸线位置

图 6-40　调整尺寸线效果

图 6-41　拉伸尺寸

图 6-42　拉伸尺寸效果

6.5.2　利用特性选项板编辑

还可以通过特性选项板对尺寸标注进行编辑。单击需要编辑的尺寸标注,然后右击,在弹出的对话框中选择"特性"命令,此时界面会弹出"特性"选项板,如图 6-43 所示。在该选项板中可以对尺寸标注各项设置进行编辑。

6.5.3　利用命令编辑

AutoCAD 2022 提供了编辑尺寸标注的命令,包括"编辑标注""编辑标注文字""标注间距"等命令。

1. 编辑标注

"编辑标注"主要用于编辑标注文字和尺寸界线。可采用如下方法执行"编辑标注"命令:

- 单击下拉菜单"标注"→选择"倾斜"命令;
- 单击"注释"选项卡"标注"折叠子面板上的"倾斜"命令按钮 ⅣТ;
- 在命令行输入"DIMEDIT"。

执行"编辑标注"命令时,命令行的操作如下:

命令:DIMEDIT　　　　　　　　　　　　　　　　　　　　　　(执行命令)
输入标注编辑类型[默认(H)/新建(N)/旋转(R)/倾斜(O)] <默认>:　(回车确认,选择"默认"选项)
选择对象:找到 1 个　　　　　　　　　　　　　　　　　　　(选择要编辑的尺寸标注)
选择对象:　　　　　　　　　　　　　　　　　　　　　　　(回车退出)

图 6-43　特性选项板编辑标注

此时,将选定的标注文字移回标注样式指定的默认位置和旋转角。

此外,在输入标注编辑类型时,命令中还提供了其他选项,它们的作用如下:

"新建(N)":用于重新设定标注文字。

"旋转(R)":用于旋转标注文字。

"倾斜(O)":用于调整线性标注尺寸界线的倾斜角度。

【例 6-2】　将如图 6-44 所示楼梯平面图中的踏步尺寸修改为如图 6-45 所示的形式。

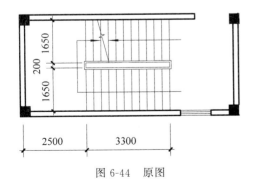

图 6-44　原图

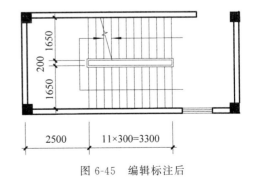

图 6-45　编辑标注后

命令：DIMEDIT   （执行命令）
输入标注编辑类型［默认（H）/新建（N）/旋转（R）/倾斜（O）］＜默认＞：N
                                     （输入"N"，选择"新建"选项）
选择对象：找到 1 个   （选择要修改的尺寸标注）
选择对象：   （回车退出）

选择"新建"选项后，将弹出"文字格式"编辑器，如图 6-46 所示。在该对话框中输入新的标注文字，单击"确定"命令按钮，此时回到原界面，光标拾取要修改的尺寸标注，即选择长度是 3300 的标注，按回车键，结束命令。

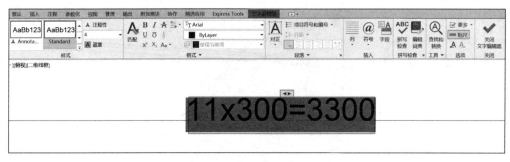

图 6-46 "文字格式"编辑器

2. 编辑标注文字

"编辑标注文字"主要用于移动和旋转标注文字并重新定位尺寸线。可采用如下方法执行"编辑标注文字"命令：

- 单击下拉菜单"标注"→选择"对齐文字"命令；
- 单击"注释"选项卡"标注"折叠面板上编辑标注相关命令按钮 ；
- 在命令行输入"DIMTEDIT"。

执行"编辑标注文字"命令时，命令行的操作如下：

命令：DIMTEDIT   （执行命令）
选择标注：   （选择需要编辑的尺寸标注）
为标注文字指定新位置或［左对齐（L）/右对齐（R）/居中（C）/默认（H）/角度（A）］：
                                      （拖动文字到需要的位置，并单击）

在为标注文字指定新位置时，命令中还提供了其他选项，它们的作用如下：
"左对齐（L）"：用于沿尺寸线左对齐标注文字。
"右对齐（R）"：用于沿尺寸线右对齐标注文字。
"居中（C）"：用于将标注文字放在尺寸线的中间。
"默认（H）"：用于将标注文字移回默认位置。
"角度（A）"：用于修改标注文字的角度。

3. 标注间距

"标注间距"用于调整线性标注或角度标注之间的间距。可采用如下方法执行"标注间距"命令：

- 单击下拉菜单"标注"→选择"标注间距"命令；
- 单击"注释"选项卡"标注"面板上的标注间距命令按钮 ；

- 在命令行输入"DIMSPACE"。

执行"标注间距"命令时,命令行的操作如下:

命令: DIMSPACE   (执行命令)
选择基准标注: (选择尺寸为 150 的标注)
选择要产生间距的标注:找到 1 个   (选择尺寸为 200 的标注)
选择要产生间距的标注:找到 1 个,总计 2 个   (选择尺寸为 250 的标注)
选择要产生间距的标注: (回车确认)
输入值或[自动(A)]<自动>: 30   (输入标注间距)

调整标注间距如图 6-47 所示。

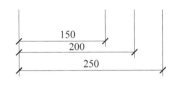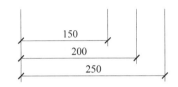

图 6-47   调整标注间距

在输入间距值时,命令中还提供"自动(A)"选项,该选项用于根据现有尺寸位置自动调整各尺寸对象的位置,使其间隔相等。

6.6   习题

一、概念题

1. 建筑图上的尺寸标注一般包含_____、_____、_____和_____。
2. 尺寸关联性可以通过系统变量_____来控制。
3. 标注倾斜直线的实际长度时,要使用_____命令。
4. 建筑图中尺寸起止符号一般用_____表示。
5. 标高符号应以_____表示。

二、操作题(操作视频请查阅电子教学资源库)

对 3.7 节中操作题的练习图(图 3-31～图 3-34)进行尺寸标注。

6-2   尺寸标注综合操作

第7章

图块

在工程制图中，某些图形符号需要反复使用，如建筑图中的标高符号、轴号等。在 AutoCAD 2022 中，用户可以将这些图形符号定义为图块，以达到重复利用的目的。本章主要介绍 AutoCAD 2022 中图块相关命令的操作。

本章学习内容：

➢ 图块的创建和插入

➢ 图块的编辑

➢ 带属性的图块

➢ 动态图块

7.1 图块的创建和插入

AutoCAD 2022 提供两种方法创建图块：一是合并对象以在当前图形中创建图块；二是创建一个图形文件，通过写块操作将它作为块插入其他图形中。

7.1.1 内部图块的创建

所谓内部图块，即在当前绘图文件中创建，只能在当前绘图文件中调用。可采用如下方法执行"内部图块创建"命令：

• 单击下拉菜单"绘图"→选择"块"命令→选择"创建"命令；

• 单击"插入"选项卡"块定义"面板上的"创建块"命令按钮 ；

• 在命令行输入"BLOCK"。

执行命令之后，界面会弹出"块定义"对话框，如图 7-1 所示。

"名称"下拉列表用于指定图块的名称。

"基点"选项组用于指定图块的插入基点。用户可以单击拾取点命令按钮 在屏幕上指定，也可以在"X""Y""Z"文本框中输入坐标值。

"对象"选项组用于指定图块中要包含的对象，以及创建图块后的图形是否保留、删除或转换成图块。其中，勾选"在屏幕上指定"复选框，则提示用户指定对象；单击选择对象命令按钮 ，将返回绘图区，用户可以选择组成块的图形对象后，按回车键重新返回对话框；单击快速选择命令按钮 ，系统将弹出"快速选择"对话框，用户可以通过快速选择来指定对象；选择"保留"选项，创建图块后原图形将继续保留；选择"转换为块"选项，创建图块后原

图 7-1　"块定义"对话框

图形将转换成图块；选择"删除"选项，创建图块后，原图形将被删除。

"方式"选项组用于指定图块的定义方式。其中，勾选"注释性"复选框，创建后的图块将被定义为注释性对象；勾选"使块方向与布局匹配"复选框，表示在图纸空间视口中的块参照的方向与布局的方向匹配；勾选"按统一比例缩放"复选框，表示块参照按统一比例缩放；勾选"允许分解"复选框，则插入图块后块将被分解成单个对象。

"设置"选项组用于指定块的其他设置。其中，"块单位"下拉列表用于指定块参照的插入单位；单击"超链接"命令按钮，可以打开"插入超链接"对话框，使用该对话框可以将某个超链接与块定义相关联。

7.1.2　外部图块的创建

所谓外部图块，即不管是在当前绘图文件或是其他绘图文件，都可以进行调用。可采用如下方法执行"外部图块创建"命令：

- 单击"插入"选项卡"块定义"面板上的"创建块"下拉列表 ，选择"写块"命令按钮 ；
- 在命令行输入"WBLOCK"。

执行命令之后，界面会弹出"写块"对话框，如图 7-2 所示。

"源"选项组用于指定组成外部图块的对象来源。其中，选择"块"选项，表示要将内部图块转换成外部图块；选择"整个图形"选项，表示要将当前绘图文件中的所有图形创建成外部图块；选择"对象"选项，表示要将当前文件中的部分图形创建成外部图块。

"基点""对象"选项组与"块定义"对话框中相同。

"目标"选项组用于指定图块保存的名称和路径。用户可以通过单击命令按钮 ，在界面弹出的"浏览图形文件"对话框中指定图块名称和保存的路径。

图 7-2　"写块"对话框

7.1.3　图块的插入

创建图块之后,用户就可以随时调用图块,并将其插入图形中。可采用如下方法执行"图块插入"命令:

- 单击下拉菜单"插入"→选择"块"选项板;
- 单击"插入"选项卡"块"面板上的"插入"下拉列表,选择"收藏块"命令,如图 7-3 所示。
- 在命令行输入"INSERT"。

执行命令之后,界面右下方会弹出"块选项板"对话框,如图 7-4 所示。

图 7-3　插入图块命令

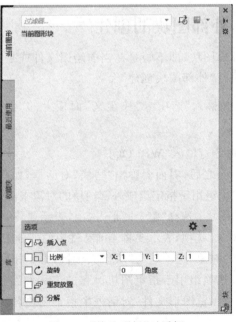

图 7-4　"块选项板"对话框

"📥"按钮用于导入外部图块,用户单击该按钮,在弹出的"选择要插入的文件"对话框中选择外部图块文件进行导入。

"当前图形块"显示区域,用于选择需要插入的内部图块,用户可以通过单击已有的图形块缩略图,进行图形块的插入。

"插入点"复选框,用于指定插入点的位置。

"比例"复选框,用于指定插入块的缩放比例。下拉列表选择"比例",可以在"X""Y""Z"文本框中输入比例值,当输入负值时,则插入块的镜像图像。下拉列表选择"统一比例",则可以为三个方向指定统一的比例值。

"旋转"复选框,用于指定插入图块的旋转角度,用户可以在"角度"文本框中输入要旋转的角度值。

"重复放置"复选框,用于重复插入图形块。

"分解"复选框,用于分解图形块,并插入该块的各个部分。选定"分解"时,只可以指定统一比例因子。

7-1　图块创建与插入

练一练（操作视频请查阅电子教学资源库）

（1）将如图 7-5 所示的标高符号定义成内部图块,调用该图块,同时放大 2 倍。

（2）将如图 7-6 所示的立面窗户建立为外部图块,并进行调用。

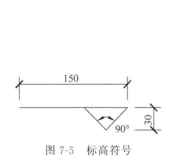

图 7-5　标高符号

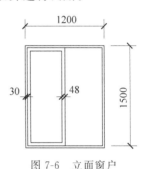

图 7-6　立面窗户

7.2　图块的编辑

需要修改或编辑图块时,必须先将其分解成若干图形,否则,必须使用块编辑器进行操作。可采用如下方法执行"块编辑"命令:

- 单击下拉菜单"工具"→选择"块编辑器"命令;
- 单击"插入"选项卡"块定义"面板上的"块编辑器"命令按钮 📇;
- 在命令行输入"BEDIT"。

执行命令之后,界面会弹出"编辑块定义"对话框,如图 7-7 所示。

图 7-7　"编辑块定义"对话框

在该对话框中选择要编辑的图块,如选择图7-7中的"标高符号"图块,单击"确定"命令按钮,将进入块编辑器,如图7-8所示。

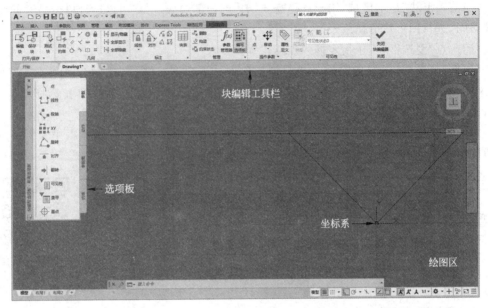

图7-8   块编辑器

块编辑器包括绘图区、坐标系、块编辑工具栏和选项板等四个组成部分。绘图区可以显示所要编辑的图块,此时图块由被分解的各个图形组成,用户可以对各个图形进行编辑。坐标系原点是图块建立中定义的基点。用户可以通过"块编辑器"工具栏上的命令按钮对图块进行编辑。"选项板"包含"参数""动作""参数集""约束"等四个选项卡,主要用于创建和编辑动态块,如图7-9所示。

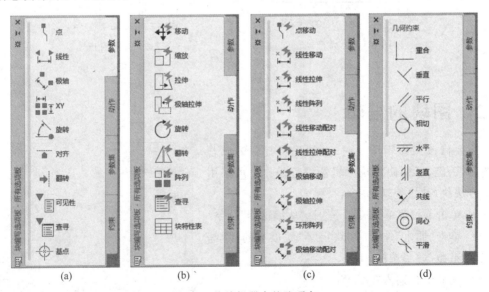

图7-9   块编辑器中的选项卡

(a)"参数"选项卡;(b)"动作"选项卡;(c)"参数集"选项卡;(d)"约束"选项卡

7.3　带属性的图块

AutoCAD 2022 中的图块除了包含图形,还可以在块中存储数据,如数量、参数等,这样的图块称为带属性的图块。

7.3.1　定义图块属性

创建带属性图块之前,必须先定义属性。可采用如下方法执行"定义属性"命令:

- 单击下拉菜单"绘图"→选择"块"命令→选择"定义属性"命令;
- 单击"插入"选项卡"块定义"面板上的"定义属性"命令按钮 📄;
- 在命令行输入"ATTDEF"。

执行命令之后,界面会弹出"属性定义"对话框,如图 7-10 所示。

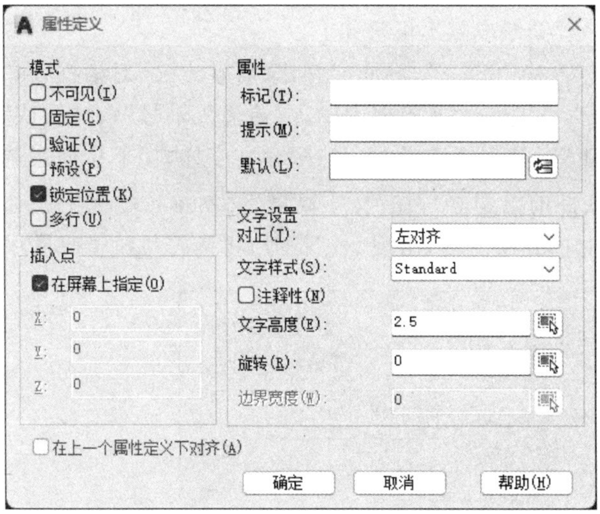

图 7-10　"属性定义"对话框

"模式"选项组用于设置与块相关联的属性值。其中,勾选"不可见"复选框,表示插入图块输入属性值后,属性值不在图中显示;勾选"固定"复选框,表示属性值是一个固定值;勾选"验证"复选框,表示会提示输入两次属性值,以便验证属性值是否正确;勾选"预设"复选框,表示插入包含预设属性值的块时,将属性设置为默认值;勾选"锁定位置"复选框,表示锁定块参照中属性的位置,若解锁,属性可以相对于使用夹点编辑的块的其他部分移动,并且可以调整多行属性的大小;勾选"多行"复选框用于指定属性值可以包含多行文字,用户需要指定属性的边界宽度。

"插入点"选项组用于指定属性位置。其中,勾选"在屏幕上指定"复选框可以在屏幕上指定插入点,也可以在"X""Y""Z"文本框中输入坐标值。

"属性"选项组用于设定属性数据。其中,"标记"文本框用于指定标识属性的名称,可以输入除空格外的任何字符组合;"提示"文本框用于指定在插入包含该属性定义的块时所显示的提示;"默认"文本框用于指定默认属性值,若单击插入字段命令按钮 📄,将弹出"字段"对话框,用户可以在该对话框中选择所需的字段。

"文字设置"选项组用于设定属性文字的对正、样式、高度和旋转。其中,"对正"下拉列表用于选择文字对正样式;"文字样式"下拉列表用于选择属性文字的样式;"文字高度"文本框用于指定文字高度;"旋转"文本框用于指定文字旋转角度。当属性为多行文字时,"边界宽度"文本框用于指定一行文字的最大长度;勾选"注释性"复选框,则指定属性为注释性。

勾选"在上一个属性定义下对齐"复选框,则表明将属性标记直接置于定义的上一个属性下面。如果之前没有创建属性定义,则此选项不可用。

7.3.2 带属性图块的创建

图块的属性定义完成后,可以通过"创建内部图块"或"创建外部图块"命令创建带属性的图块。

【例 7-1】 绘制轴号,如图 7-11 所示,轴圈直径为 8,字高为 5,将轴号定义为带属性图块,调用图块同时改变轴号值。

解:(1)绘制轴号,操作步骤不再赘述。

(2)在命令行输入"ATTDEF",界面会弹出"属性定义"对话框,在"标记"文本框中输入"号",在"提示"文本框中输入"请输入轴号",在"默认"文本框中输入"1","对正"下拉列表选择"左对齐","文字样式"下拉列表选择

图 7-11 轴号

"样式 1"(该文字样式此前已建立),在"文字高度"文本框中输入"5",如图 7-12 所示。单击"确定"命令按钮,此时回到绘图区,出现"号"符号,将该符号放于轴圈中,如图 7-13 所示。

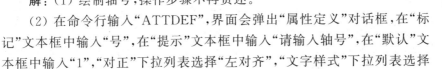

图 7-12 定义轴号属性

图 7-13 属性标记

(3)在命令行输入"BLOCK",界面会弹出"块定义"对话框,在"名称"文本框中输入"轴号",单击"拾取点"命令按钮后回到绘图区,光标拾取圆心,按回车键,可以重新回到"块定义"对话框,单击"选择对象"命令按钮后回到绘图区,将轴号和内部的属性标记一并选中,按回车键,重新回到"块定义"对话框,单击"确定"命令按钮,完成带属性图块的建立。

(4)在命令行输入"INSERT",界面会弹出"插入"对话框,在"名称"下拉列表中选择

"轴号",勾选"在屏幕上指定"复选框确定插入点,勾选"统一比例"复选框后,在"X"文本框中输入"1",单击"确定"命令按钮后回到绘图区,命令行提示"指定插入点或基点(B)、比例(S)、旋转(R)",光标拾取确定插入点位置后,界面弹出"编辑属性"对话框,如图 7-14 所示,此时可以在"请输入轴号"文本框中重新输入轴号值,然后单击"确定"命令按钮。

图 7-14 "编辑属性"对话框

7.3.3 带属性图块的编辑

AutoCAD 2022 提供了编辑图块属性等命令,可以用于带属性图块的编辑。

插入带属性图块后,可以通过"增强属性编辑器"对话框进行编辑,可采用如下方法调用该对话框:

- 单击下拉菜单"修改"→选择"对象"命令→选择"文字命令"→选择"编辑"命令;
- 单击"插入"选项卡"块"面板上的编辑属性命令按钮 ;
- 在命令行输入"EATTEDIT"。

执行命令之后,选择要修改的图块,如选择例 7-1 中已经插入的图块,将弹出"增强属性编辑器"对话框,如图 7-15 所示。用户可以通过该对话框对选中的图块进行编辑。

图 7-15 "增强属性编辑器"对话框

7.4 动态图块

动态图块是一种特殊的图块,除了包含几何图形,还包含一个或多个参数和动作,用户可以根据需要在线调整块参照,而不需要搜索另一个块以插入或重定义现有的块。例如,如果在图形中插入一个"门"图块,则在编辑图形时可能需要更改门的大小,如果该图块是动态的,并且定义为可调整大小,那么只需拖动自定义夹点或在"特性"选项板中指定不同的尺寸就可以修改门的大小。

动态图块的创建可以通过块编辑器完成。前面章节已经介绍过块编辑器的调用,这里不再赘述。下面以例 7-2 为例说明动态图块的创建过程。

【例 7-2】 创建动态"门"图块,如图 7-16 所示,门的宽度为 100,要求插入图块后可以通过夹点编辑对"门"图块进行缩放和旋转。

解:(1)绘制图形后,将该图形创建为名称为"门"的内部图块,操作步骤不再赘述;

(2)在命令行输入"BEDIT",弹出如图 7-17 所示的"编辑块定义"对话框。

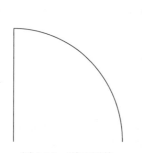

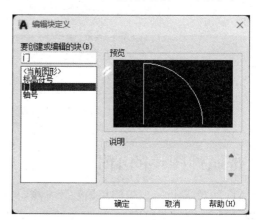

图 7-16 "门"图块　　　　　　图 7-17 "编辑块定义"对话框

选择"门"图块后单击"确定"命令按钮,此时将关闭"编辑块定义"对话框,并显示块编辑器,如图 7-18 所示。

(3)在"选项板"的"参数"选项卡选择"线性"命令按钮,命令行的操作如下:

命令:_BParameter 线性　　　　　　　　　(执行命令)
指定起点或[名称(N)/标签(L)/链(C)/说明(D)/基点(B)/选项板(P)/值集(V)]:
　　　　　　　　　　　　　　　　　　　　(光标拾取左下角点)
指定端点:　　　　　　　　　　　　　　　(光标拾取右下角点)
指定标签位置:　　　　　　　　　　　　　(向下拉出合适的标签位置,如图 7-19 所示)

(4)在"选项板"的"参数"选项卡选择"旋转"命令按钮,命令行的操作如下:

命令:_BParameter 旋转　　　　　　　　　(执行命令)
指定基点或[名称(N)/标签(L)/链(C)/说明(D)/选项板(P)/值集(V)]:
　　　　　　　　　　　　　　　　　　　　(光标拾取左下角点)
指定参数半径:　　　　　　　　　　　　　(光标拾取确定半径值)

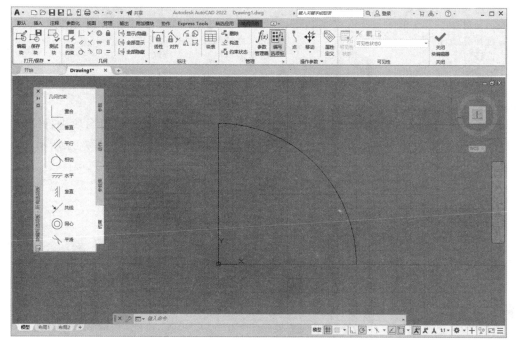

图 7-18　块编辑器

指定默认旋转角度或[基准角度(B)] <0>:　　　(输入默认旋转角度"0",如图 7-19 所示)

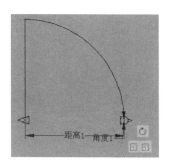

图 7-19　定义动态图块

（5）在"选项板"的"动作"选项卡选择"缩放"命令按钮,命令行的操作如下:

命令:_BActionTool 缩放	（执行命令）
选择参数:	（选择参数,选择"距离1"）
指定动作的选择集	
选择对象:找到 1 个	（选择对象,选择圆弧）
选择对象:找到 1 个,总计 2 个	（继续选择对象,选择直线）
选择对象:	（回车退出）

（6）在"选项板"的"动作"选项卡选择"旋转"命令按钮,命令行的操作如下:

| 命令:_BActionTool 旋转 | （执行命令） |
| 选择参数: | （选择参数,选择"角度1"） |

指定动作的选择集

选择对象:找到 1 个　　　　　　　　　　（选择对象,选择圆弧）

选择对象:找到 1 个,总计 2 个　　　　　　（继续选择对象,选择直线）

选择对象:　　　　　　　　　　　　　　　（回车退出）

(7) 单击"块编辑工具栏"上的保存块定义命令按钮 🖫,同时单击"关闭块编辑器"命令按钮。

(8) 单击已插入"门"图块,通过单击鼠标并拖动标准夹点 ▶ 可以对图块进行缩放,如图 7-20 所示。通过单击鼠标并拖动旋转夹点 ● 可以对图块进行旋转,如图 7-21 所示。

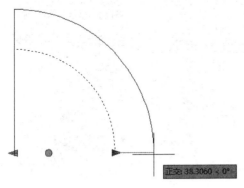

图 7-20　缩放动态图块

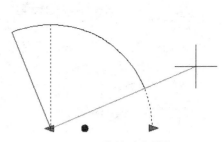

图 7-21　旋转动态图块

7.5　习题

一、概念题

1. 在 AutoCAD 2022 中,图块分为_____图块和_____图块。创建内部图块的命令为_____,创建外部图块的命令为_____。

2. 动态图块是一种特殊的图块,除了包含图形,还包含一个或多个_____和_____。

3. 图块的属性一般在_____定义。

4. "增强属性编辑器"对话框中有_____、_____和_____等三个选项卡。

二、操作题(操作视频请查阅电子教学资源库)

1. 绘制如图 7-22 所示的指北针,并定义为外部图块。其中,指北针直径为 24,指针尾部宽为 3,字高为 5。

2. 绘制如图 7-23 所示的窗,并定义为内部图块,调用插入如图 7-24 所示的平面图中。

3. 绘制如图 7-25 所示的室外标高符号,并将其定义为带属性的图块,调用该图块,同时更改标高值。

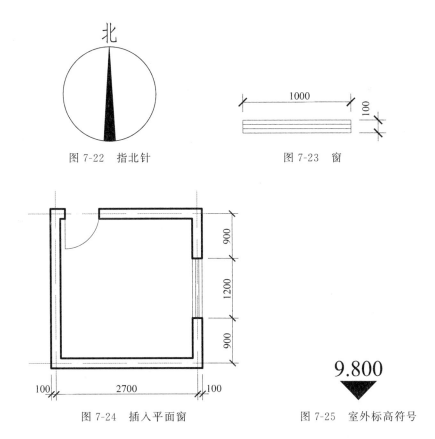

图 7-22 指北针

图 7-23 窗

图 7-24 插入平面窗

9.800

图 7-25 室外标高符号

7-2 指北针图块

7-3 插入平面窗

7-4 室外标高符号

第8章

建筑绘图综合实例

利用前面介绍的 AutoCAD 2022 的基本命令可以绘制各类建筑和结构施工图。本章主要结合建筑制图相关规范介绍建筑和结构施工图的绘图步骤和技巧,所有的绘图实例均配有绘图视频,供广大用户更直观地进行学习。

本章学习内容:

➢ 相关规范的其他规定

➢ 建筑平面图的绘制

➢ 建筑立面图的绘制

➢ 建筑剖面图的绘制

➢ 建筑详图的绘制

➢ 结构施工图的绘制

8.1 相关规范的其他规定

前面已经介绍了《房屋建筑制图统一标准》(GB/T 50001—2017)等相关规范中对线型、线宽、文字和尺寸标注的规定,下面将介绍其他主要规定。

8.1.1 图幅、图框、标题栏和会签栏

图幅是指图纸幅面的大小,工程中常用的幅面代号有 A0、A1、A2、A3 和 A4,包括横式幅面和立式幅面。若将图纸短边作为垂直边,则称之为横式幅面;若将图纸短边作为水平边,则称之为立式幅面。通常 A0~A3 为横式,必要时也可采用立式。图框是图纸上限定绘图区域的线框。常用的幅面和图框尺寸如表 8-1 所示。各种幅面如图 8-1~图 8-4 所示。

表 8-1 幅面及图框尺寸　　　　　　　　　　　　　单位:mm

尺寸代号	幅面代号				
	A0	A1	A2	A3	A4
$b \times l$	841×1189	594×841	420×594	297×420	210×297
c	10			5	
a	25				

注:表中 b 为幅面短边尺寸,l 为幅面长边尺寸,c 为图框线与幅面线间宽度,a 为图框线与装订线间宽度。

图纸中应有标题栏、图框线、幅面线、装订边线和对中标志,图纸的标题栏及装订边的位置如图 8-1～图 8-4 所示。其中 l_1、b_1 分别为图框的长边和短边的尺寸。

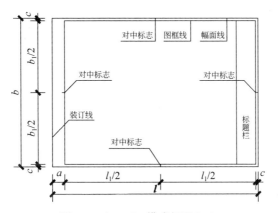

图 8-1　A0～A3 横式幅面(一)

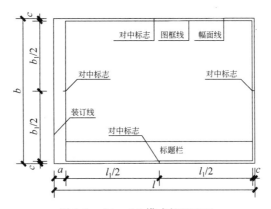

图 8-2　A0～A3 横式幅面(二)

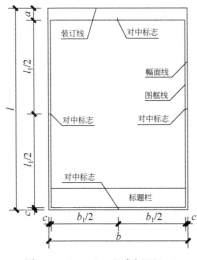

图 8-3　A0～A4 立式幅面(一)

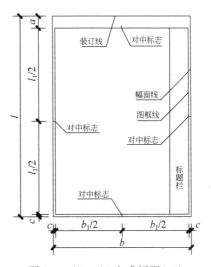

图 8-4　A0～A4 立式幅面(二)

8.1.2　绘图比例

比例是图形与实物相对应的线性尺寸之比。比例的符号为"："，比例应以阿拉伯数字表示，例如 1：100。比例宜注写在图名的右侧，字的基准线应取平。比例的字高宜比图名的字高小一号或二号，如图 8-5 所示。

平面图 1:100

图 8-5　比例的注写

绘图所用的比例应考虑图样的用途和被绘对象的复杂程度，并应优先采用常用比例。建筑施工图所用比例如表 8-2 所示，结构施工图所用比例如表 8-3 所示。

表 8-2　绘制建筑施工图所用的比例

图　名	比　例
建筑物或构筑物的平面图、立面图、剖面图	1：50、1：100、1：150、1：200、1：300
建筑物或构筑物的局部放大图	1：10、1：20、1：25、1：30、1：50
配件及构造详图	1：1、1：2、1：5、1：10、1：15、1：20、1：25、1：30、1：50

表 8-3　绘制结构施工图所用的比例

图　名	常用比例	可用比例
结构平面图、基础平面图	1：50、1：100、1：150	1：60、1：200
圈梁平面图、总图中管沟、地下设施等	1：200、1：500	1：300
详图	1：10、1：20、1：50	1：5、1：30、1：25

8.1.3　常用符号

1. 剖切符号

剖视的剖切符号应由剖切位置线及剖视方向线组成，均应以粗实线绘制。线宽宜为 b，剖切位置线的长度宜为 6～10mm，剖视方向线应垂直于剖切位置线，长度应短于剖切位置线，宜为 4～6mm，如图 8-6 所示。剖视剖切符号不应与其他图线相接触，其编号宜采用粗阿拉伯数字，按剖切顺序由左至右、由下向上连续编排，并应注写在剖视方向线的端部。需要转折的剖切位置线，应在转角的外侧加注与该符号相同的编号。建(构)筑物剖面图的剖切符号应注写在±0.000 标高的平面图或首层平面图上。

2. 断面符号

断面的剖切符号应只用剖切位置线表示，并应以粗实线绘制，长度宜为 6～10mm。断面剖切符号的编号宜采用阿拉伯数字，按顺序连续编排，并应注写在剖切位置线的一侧，编号所在的一侧应为该断面的剖视方向，如图 8-7 所示。如剖面图或断面图与被剖切图样不在同一张图内，应在剖切位置线的另一侧注明其所在图纸的编号，或在图上集中说明。

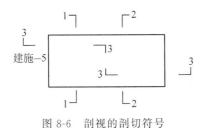

图 8-6　剖视的剖切符号

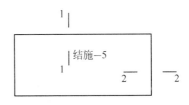

图 8-7　断面的剖切符号

3. 索引符号

索引符号是由直径为 8～10mm 的圆和水平直径组成,圆及水平直径线宽宜为 $0.25b$。

当索引出的详图与被索引的详图在同一张图纸上时,应在索引符号的上半圆中用阿拉伯数字注明该详图的编号,并在下半圆中间画一段水平细实线,如图 8-8 所示。

当索引出的详图与被索引的详图不在同一张图纸内时,应在索引符号的上半圆中用阿拉伯数字注明该详图的编号,在索引符号的下半圆用阿拉伯数字注明该详图所在图纸的编号,如图 8-9 所示。

当索引出的详图采用标准图时,应在索引符号水平直径的延长线上加注该标准图集的编号,如图 8-10 所示。

图 8-8　同图索引　　　图 8-9　异图索引　　　图 8-10　标准图索引

如索引符号用于索引剖视详图,应在被剖切的部位绘制剖切位置线,并以引出线引出索引符号,引出线所在的一侧应为剖视方向,索引符号的编写同上文的规定,如图 8-11 所示。

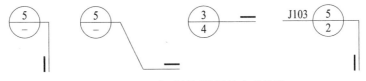

图 8-11　用于索引剖视详图的索引符号

4. 零件编号

零件、钢筋、杆件及消火栓、配电箱、管井等设备的编号宜以直径为 4～6mm 的圆表示,线宽为 $0.25b$,同一图样应保持一致,其编号应用阿拉伯数字按顺序编写。

5. 详图符号

详图符号的圆直径为 14mm,线宽为 b。当详图与被索引的图样同在一张图纸时,应在详图符号内用阿拉伯数字注明详图的编号,如图 8-12 所示。

当详图与被索引的图样不在同一张图纸时,应用细实线在详图符号内画一水平直径,在上半圆中注明详图编号,在下半圆中注明被索引的图纸编号,如图 8-13 所示。

图 8-12　详图与被索引图样同在一张图纸上　　　　图 8-13　详图与被索引图样不在同一张图纸上

6. 对称符号

对称符号由对称线和两端的两对平行线组成。对称线应用单点长画线绘制,线宽宜为 $0.25b$。平行线应用实线绘制,其长度宜为 6～10mm,每对的间距宜为 2～3mm,线宽宜为 $0.5b$。对称线垂直平分于两对平行线,两端超出平行线宜为 2～3mm,如图 8-14 所示。

7. 连接符号

连接符号应以折断线表示需连接的部位。当两部位相距过远时,折断线两端靠图样一侧应标注大写英文字母表示连接编号。两个被连接的图样应用相同的字母编号,如图 8-15 所示。

8. 指北针

指北针的形状如图 8-16 所示,其圆的直径宜为 24mm,应用细实线绘制。指针尾部的宽度宜为 3mm,指针头部应注"北"或"N"字。需用较大直径绘制指北针时,指针尾部的宽度宜为直径的 1/8。

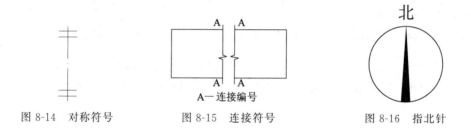

图 8-14　对称符号　　　　图 8-15　连接符号　　　　图 8-16　指北针

9. 引出线

引出线线宽应为 $0.25b$,宜采用水平方向的直线,或与水平方向成 30°、45°、60°、90°的直线,并经上述角度再折为水平线。文字说明宜注写在水平线的上方,如图 8-17(a)所示。也可注写在水平线的端部,如图 8-17(b)所示。索引详图的引出线,应与水平直径线相连接,如图 8-17(c)所示。

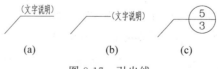

图 8-17　引出线

(a) 文字说明在水平线上方;(b) 文字说明在水平线端部;(c) 索引详图的引出线

同时引出的几个相同部分的引出线宜互相平行,如图 8-18(a)所示。也可画成集中于一点的放射线,如图 8-18(b)所示。

图 8-18 共同引出线

（a）相同部分的引出线平行；（b）相同部分的引出线集中于一点

多层构造或多层管道共用引出线应通过被引出的各层，并用圆点示意对应各层次。文字说明宜注写在水平线的上方，或注写在水平线的端部，说明的顺序应由上至下，并应与被说明的层次对应一致；如层次为横向排序，则由上至下的说明顺序应与由左至右的层次对应一致，如图 8-19 所示。

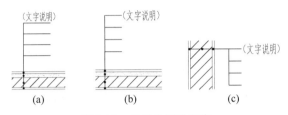

图 8-19 多层共用引出线

（a）文字说明在水平线上方；（b）文字说明在水平线端部；（c）层次为横向排序

8.1.4 轴线

定位轴线应用 0.25b 线宽的单点长画线绘制，且应对定位轴线进行编号，编号应注写在轴线端部的圆内。圆应用 0.25b 线宽的实线绘制，直径为 8～10mm。定位轴线圆的圆心应在定位轴线的延长线或延长线的折线上。

平面上定位轴线的编号宜标注在图样的下方或左侧，或在图样的四面标注，横向编号应用阿拉伯数字，从左至右顺序编写；竖向编号应用大写英文字母，从下至上顺序编写，如图 8-20 所示。当英文字母作为轴线号时，应全部采用大写字母，不应用同一个字母的大、小写来区分轴线号。英文字母的 I、O、Z 不得用作轴线编号。当字母数量不够使用时，可增用双字母或单字母加数字注脚，如 AA、BA、…、YA 或 A1、B1、…、Y1。

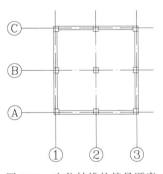

图 8-20 定位轴线的编号顺序

组合较复杂的平面图中定位轴线也可采用分区编号，编号的注写形式应为"分区号—该分区、定位轴线编号"，分区号应采用阿拉伯数字或大写英文字母表示，如图 8-21 所示。

附加定位轴线的编号应以分数形式表示。两根轴线的附加轴线应以分母表示前一轴线的编号，分子表示附加轴线的编号。编号宜用阿拉伯数字顺序编写；1 号轴线或 A 号轴线之前附加轴线的分母应以 01 或 0A 表示，如图 8-22 所示。

一个详图适用于几根轴线时，应同时注明各有关轴线的编号。通用详图中的定位轴线应只画圆，不注写轴线编号，如图 8-23 所示。

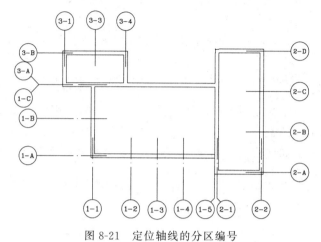

图 8-21　定位轴线的分区编号

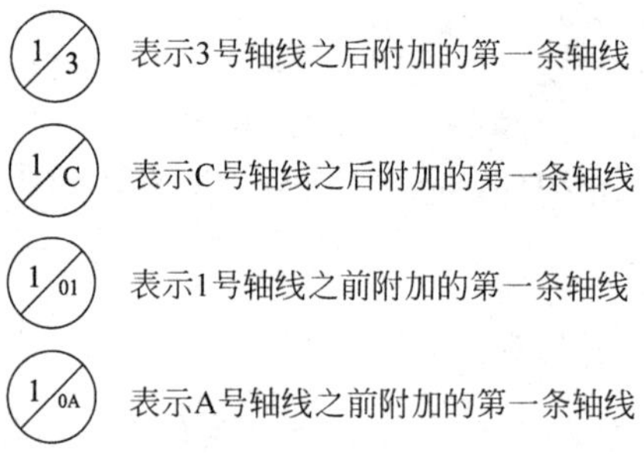

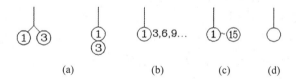

图 8-22　附加定位轴线编号

图 8-23　详图的轴线编号

（a）用于两根轴线时；（b）用于三根或三根以上轴线；

（c）用于三根以上连续轴线；（d）用于通用详图

8.2　建筑平面图的绘制

　　建筑平面图是假想用一水平剖切面将建筑物在某层门窗洞口范围内剖开，移去剖切平面以上的部分，对剩下的部分作水平的正投影图形成的。建筑平面图主要反映建筑物的平面形状、水平方向各部分（如出入口、楼梯间、走廊、房间、阳台等）的布置和组合关系、墙和柱的布置，以及门窗等其他构配件的类型、位置和大小等情况，是建筑施工图中最重要也是最基本的图样之一，是施工放样、墙体砌筑和安装门窗的依据。

8.2.1 建筑平面图的内容及绘制要求

1. 建筑平面图的内容

建筑平面图可以表达如下内容：

（1）图名和比例；

（2）纵、横向定位轴线及其编号；

（3）各房间的组合和分隔，墙、柱的断面形状及尺寸等；

（4）门窗布置及其型号；

（5）楼梯梯级的形状，梯段的走向和级数；

（6）其他构件如台阶、花台、雨篷、阳台，以及各种装饰的位置、形状和尺寸，厕所、盥洗间、厨房等固定设施的布置等；

（7）平面图中应标注房屋的尺寸和标高，以及某些坡度及其下坡方向的标注；

（8）底层平面图中应标明剖切位置线、剖视方向和编号及表示房屋朝向的指北针；

（9）屋顶平面图中应标明屋顶形状，屋面排水方向、坡度或泛水，以及其他构配件的位置和某些轴线等；

（10）详图索引符号；

（11）各房间名称。

2. 建筑平面图的绘制要求

绘制建筑平面图时，总体要求图示方法正确，线型分明，尺寸齐全。具体绘制要求如下：

（1）轴线定位和编号方法参照 8.1 节的内容。

（2）建筑平面图中的图线应粗细有别，层次分明。各种图线的宽度可参考 2.7 节的内容。

（3）建筑平面图中的门、窗等均按建筑制图相关规范规定的图例来绘制，还应对门和窗分别进行编号。门的代号为 M，窗的代号为 C，同一类型的门或窗编号应相同，如 M1、C1等。当门窗采用标准图时，应注写出标准图编号及门窗编号。门线用 90°或 45°的中实线表示门的开启方向，应画出开启弧线（细实线）。在平面图中，被剖切到的部分应画出材料图例。但当平面图采用 1∶100 以下的小比例绘制时，剖切到的砖墙一般不画材料图例；当比例大于 1∶50 时，则应分别画出材料图例。对于剖切到的钢筋混凝土构件的断面，当比例小于 1∶50 时，可以涂黑表示。在 1∶100 的平面图中，不必画出粉刷层；在 1∶50 或比例更大的平面图中，则应用细实线画出粉刷层。

（4）在建筑平面图中，一般应在图形的下方和左方标注相互平行的三道尺寸。最外面的一道是外包尺寸，表示建筑物的总长和总宽；中间一道尺寸是轴线之间的距离，表示房间的"开间""进深"；最里面的一道是细部尺寸，表示门窗洞口和洞间墙的尺寸。在底层平面图中，还需注明台阶、花台和散水等的尺寸。为了说明建筑物的内墙厚度、内部门窗洞口、门垛，以及固定设备的大小和位置，建筑平面图中还应标注内部尺寸。

（5）在建筑平面图中，还应标注出各层楼地面、台阶顶面、楼梯休息平台面，以及室外地面的相对标高。标高以米（m）为单位，且保留到小数点后三位。

（6）当图样中的某一局部或某一构件无法表达清楚时，通常将这些局部或构件用较大的比例画出，这种图样即为详图。为了便于查找和对照阅读，可以通过索引符号和详图符号来反映它们之间的对应关系。索引符号和详图符号的绘制规定可以参照 8.1 节。

（7）当图样中某些部位由于图形比例较小，其具体内容或要求无法标注时，常用引出线注写文字说明或索引符号，引出线的绘制规定参照 8.1 节内容。

（8）在底层平面图中，还应画出指北针以表示房屋朝向，画出剖切符号以确定建筑剖面图的剖切位置和剖视方向。在二层平面图上，应画出底层进、出口的雨篷。

（9）除了绘制各层平面图外，一般还应画出屋顶平面图。在屋顶平面图中，应标明屋顶形状、屋顶水箱、排水方向（箭头表示）、坡度、天沟或檐沟的位置、女儿墙、屋脊线和雨水管的位置等。

（10）在同一张图纸上绘制多层的平面图时，各层平面图宜按层数由低向高的顺序从左往右或从下至上布置。

8.2.2　建筑平面图的绘制步骤

根据建筑物的总尺寸确定绘图比例和图幅后，建筑平面图的绘制步骤如下：

8-1　绘制建筑平面图

（1）绘制定位轴线；

（2）根据轴线绘制墙身或柱子的轮廓线；

（3）绘制细部，如门窗洞、楼梯、台阶、卫生间等；

（4）绘制尺寸线、尺寸界线、尺寸起止符号，以及轴线圆圈；

（5）标注轴号、尺寸、标高、剖切符号、索引符号、各房间名称、门窗编号、图名比例及其他文字说明。

下面以例 8-1 为例详细讲解 AutoCAD 2022 绘制建筑平面图的步骤和技巧，读者可以通过电子教学资源库查阅相关绘图视频。

【例 8-1】　绘制如图 8-24 所示的单层住宅的建筑平面图，墙厚均为 240mm。

解：（1）根据图形范围设置适当的图形边界以方便显示图形，同时调整视图显示范围，主要采用 LIMITS、ZOOM 命令。AutoCAD 2022 绘图一般 1∶1 绘制，然后出图时再设置打印比例，本例题中由于平、立、剖面图要放于同一张图上，因此设置图形边界为（42000，29700）。命令行的操作如下：

命令：LIMITS　　　　　　　　　　　　（执行"设置边界"命令）

重新设置模型空间界限：　　　　　　　　（提示重新设置模型空间界限）

指定左下角点或[开(ON)/关(OFF)] < 0.0000,0.0000 >：

　　　　　　　　　　　　　　　　　　　（输入左下角点）

指定右上角点< 42000.0000,29700.0000 >：（回车退出）

命令：ZOOM　　　　　　　　　　　　　（执行"缩放视图"命令）

指定窗口的角点，输入比例因子(nX 或 nXP)，或者

[全部(A)/中心(C)/动态(D)/范围(E)/上一个(P)/比例(S)/窗口(W)/对象(O)] <实时>：A

　　　　　　　　　　　　　　　　　　　（输入"A"，选择"全部"选项）

正在重生成模型　　　　　　　　　　　　（系统提示信息）

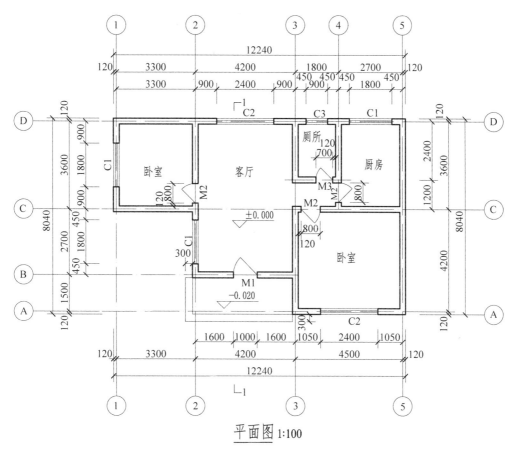

平面图 1:100

图 8-24　建筑平面图

此时,界面显示的区域大致为设置的边界范围。

(2)绘图前,先建立一些常用的图层,主要采用 LAYER 命令。该处设置的图层包括轴线图层、墙图层、门窗图层、尺寸标注图层、文本图层等,分别对每个图层的颜色、线型和线宽进行设置。其中,轴线图层线型为长点画线(ACAD_ISOO4W100),其余图层线型为实线。墙图层线宽采用 0.7mm(*b*),轴线图层线宽采用 0.18mm(0.25*b*),其余图层线宽采用 0.35mm(0.5*b*)。

(3)新建文字样式,主要采用 STYLE 命令。该处可以设置两种文字样式,一种用于写中文字,一种用于写阿拉伯数字,字高均按默认值 0。中文字样式宜采用长仿宋体。

(4)新建标注样式,主要采用 DIMSTYLE 命令,标注样式各参数设置值可以参考建筑制图相关规范的规定。

(5)设置单位精度,主要采用 UNITS 命令。

(6)绘制定位轴线,如图 8-25 所示,主要采用 LINE、OFFSET 和 LTSCALE 命令。

(7)绘制墙体,如图 8-26 所示,主要采用 MLINE、EXPLODE、TRIM、PAN 等命令。

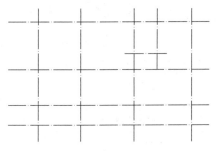

图 8-25　绘制定位轴线

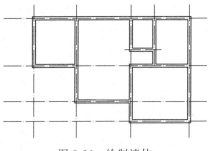

图 8-26　绘制墙体

（8）修剪门、窗洞，如图 8-27 所示，主要采用 OFFSET、TRIM、MATCHPROP 等命令。

（9）绘制门、窗和台阶，如图 8-28 所示，绘制门窗时，可以先做门窗基本图块，再插入图块，主要采用 LINE、ARC、BLOCK、INSERT 等命令。

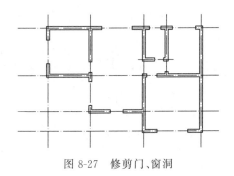

图 8-27　修剪门、窗洞

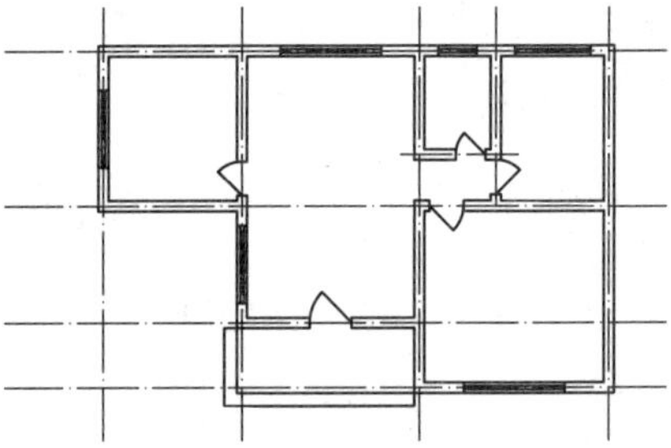

图 8-28　绘制门、窗和台阶

（10）进行文本书写和尺寸标注，主要采用 MTEXT、DIMLINEAR、DIMCONTINUE 等命令。

（11）添加轴号、绘制标高符号等，主要采用 LINE、CIRCLE、COPY、HATCH、MTEXT 等命令，最终完成图形，如图 8-24 所示。

关键点解析：

（1）开始绘图时，可以设置图形边界，也可以根据需要绘制图幅和图框，便于图形的显示。

（2）设置文字样式时，只设置字体，不设置字高，然后在输入文字时根据具体字高来设置。

（3）由于图形按 1∶1 绘制，因此图形上文字高度、标注样式设置中的数值和图形符号（如轴圈、标高符号等）尺寸均应乘以换算比例，如文字高度分别设置成 350、500，轴圈直径绘制成 800，标注样式设置中的箭头大小设置成 250 等。

（4）墙体通过多线绘制后，也可以通过多线编辑工具编辑。

（5）当图形中门窗数量较多时，通过图块相关命令绘制门窗可以大大提高绘图速度。

（6）当图形中轴号较多时，也可以通过建立带属性图块命令绘制轴号。

> **注意**
>
> （1）为了减轻重复绘制图框和重复设置文字样式、标注样式和图层的工作，可以创建样板文件供绘图时调用。
>
> （2）当图框、图层、文字样式、标注样式和单位精度等设置完成后，直接另存为"AutoCAD 图形样板（＊.dwt）"文件。每次绘制新图形时，从该样板创建，就不需要再设置相关内容。

8.3 建筑立面图的绘制

建筑立面图是平行于建筑物各方向外墙面的正投影图，简称为（某向）立面图。建筑立面图用来表示建筑物的体形和外貌，并表示外墙面装饰要求等的图样。房屋的主要出、入口或反映房屋外貌主要特征的立面图称为正立面图，从而确定背立面图和左、右侧立面图。有时也可以按房屋的朝向来确定立面图的名称，如南立面图、北立面图、东立面图和西立面图等。也可以按立面图两端的轴线编号来确定立面图的名称，如①～⑨立面图。

8.3.1 建筑立面图的内容及绘制要求

1. 建筑立面图的内容

建筑立面图包括以下内容：

（1）图名和比例；

（2）立面图两端的定位轴线及其编号；

（3）门、窗的形状、位置及其开启方向符号；

（4）屋顶外形；

（5）各外墙面、台阶、花台、雨篷、窗台、阳台、雨水管、水斗、外墙装饰及各种线脚等的位置、形状、用料和做法（包括颜色）等；

（6）标高及必须标注的局部尺寸；

（7）详图索引符号。

2. 建筑立面图的绘制要求

建筑立面图的绘制要求如下：

（1）立面图常用的比例有 1∶50、1∶100、1∶150、1∶200 等，且往往采用与建筑平面图相同的比例。图名可以按朝向、定位轴线和主要出入口来命名。

（2）在立面图中，一般只绘制出两端的定位轴线及其编号，以便与平面图对照读图。

（3）建筑立面图中的图线宽度可以参考 2.7 节的内容。

（4）立面图和平面图一样，由于选用的比例较小，所以门、窗也可以按建筑制图相关规范的规定绘制，立面图中部分窗画有斜的细线，代表开启方向。细实线表示向外开，细虚线表示向内开。一般无须把所有窗都画上开启符号，如果窗的型号相同，只要画其中 1～2 个即可。

（5）建筑立面图中用标高的形式标注高度方向的尺寸。标注标高的部位一般有室内外地坪、出入口平台顶面、各层楼面、门窗顶、窗台、檐口、女儿墙压顶、雨篷底面、阳台底面或阳台栏杆顶面等。标高符号应排列整齐。有时立面图形两侧也可以沿竖直方向标注三道尺寸来表示各部分的高度。最内一道尺寸标注室内外高差、门窗洞口高度、窗间墙及檐口高度。中间一道尺寸标注层高。最外一道尺寸标注房屋的总高度。也可以在立面图形内标注必要的局部尺寸来确定构配件的大小和位置。立面图中一般不标注水平方向的尺寸。

（6）在建筑立面图中，可以在适当的位置用文字注写出外墙面的装饰做法。凡需要绘制详图的部位，应画上详图索引符号。

8.3.2 建筑立面图的绘制步骤

根据建筑物的总尺寸确定绘图比例和图幅后，可以进行建筑立面图的绘制。绘制步骤如下：

（1）绘制定位轴线、室外地坪线、轴线、外形轮廓线和屋面线；

（2）绘制门窗洞口定位线，确定门窗位置；

（3）绘制细部结构，如台阶、雨篷、檐口、窗台、门窗扇、雨水管、勒脚等；

（4）进行尺寸标注，并绘制标高符号；

（5）标注轴号、外墙装饰做法、索引符号、图名比例及其他文字说明。

下面以例 8-2 为例，详细讲解 AutoCAD 2022 绘制建筑立面图的步骤和技巧，用户可以通过电子教学资源库查阅相关绘图视频。

8-2 绘制建筑立面图

【例 8-2】 绘制如图 8-29 所示的单层住宅的建筑立面图，未标明尺寸参照例 8-1 和例 8-3，其中屋面板厚 100mm。

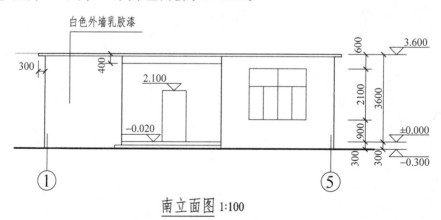

南立面图 1:100

图 8-29 建筑立面图

解：（1）建立图层，主要采用 LAYER 命令。该处建立的图层包括轴线图层、文本图层、尺寸标注图层、建筑外轮廓线图层、地面线图层等。其中，轴线图层线型为长点画线（ACAD_ISOO4W100），线宽采用 0.18mm（0.25b），建筑外轮廓线图层线宽采用 0.7mm（b）；

地面线图层线宽采用 1mm(1.4b)，其余图层线宽采用 0.35mm(0.5b)。

（2）文字样式、标注样式和单位精度的设置参照例 8-1。

（3）绘制定位轴线，同时绘制室内地坪线（±0.000）作为辅助线，以此作为水平基准线绘制室外地坪线和其他辅助线，如图 8-30 所示，主要采用 LINE、OFFSET、LTSCALE 等命令。

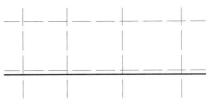

图 8-30　绘制定位轴线及室外地坪线

（4）绘制建筑外立面线，如图 8-31 所示，主要开启对象捕捉、对象追踪功能，采用 LINE 等命令。

（5）绘制门窗、台阶等，如图 8-32 所示，主要采用 LINE、RECTANG、COPY、OFFSET、TRIM、ERASE 等命令。

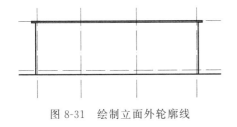

图 8-31　绘制立面外轮廓线

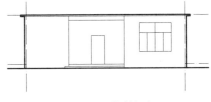

图 8-32　绘制门窗

（6）标注尺寸和标高，如图 8-33 所示，主要采用 DIMLINEAR、DIMCONTINUE、LINE、COPY 等命令。

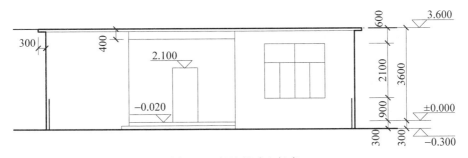

图 8-33　标注尺寸和标高

（7）添加轴号，标注外墙面做法和图名等，主要采用 LINE、CIRCLE、COPY、MTEXT 等命令，最终完成图形，如图 8-29 所示。

8.4　建筑剖面图的绘制

建筑剖面图一般是指建筑物的垂直剖面图，也就是假想用一个竖直平面去剖切房屋，移去剖切面与观察者之间的部分后的正投影图。剖面图表示建筑内部垂直方向的高度、楼层分层、垂直空间的利用，以及简要的结构形式和构造方式等情况的图样。剖面图的剖切位置，应选择在内部结构和构造比较复杂、有变化及有代表性的部位，其数量应视建筑物的复杂程度和实际情况而定。一般剖切平面位置都应通过门、窗洞，借此来表示门窗洞的高度和在竖直方向的位置和构造，以便施工。如果用一个剖切平面不能满足要求时，则允许将剖切平面转折后来绘制剖面图。

8.4.1　建筑剖面图的内容及绘制要求

1. 建筑剖面图的内容

建筑剖面图包括以下内容：

（1）图名和比例。

（2）外墙（或柱）的定位轴线及其间距尺寸。

（3）剖切到的室内外地面（包括台阶、明沟及散水等）、楼面层（包括吊顶）、屋顶层（包括隔热通风防水层及吊顶），剖切到的内外墙及其门、窗（包括过梁、圈梁、防潮层、女儿墙及压顶），剖切到的各种承重梁和连系梁、楼梯梯段及楼梯平台、雨篷、阳台，以及剖切到的孔道、水箱等的位置、形状及其图例。一般不画出地面以下的基础。

（4）未剖切到的可见部分，如看到的墙面及其凹凸轮廓、梁、柱、阳台、雨篷、门窗、踢脚、勒脚、台阶（包括平台踏步）、水斗和雨水管，以及看到的楼梯段（包括栏杆扶手）和各种装饰的位置和形状。

（5）竖直方向的尺寸和标高。

（6）详图索引符号。

（7）某些用料注释。

2. 建筑剖面图的绘制要求

建筑剖面图的绘制要求如下：

（1）在剖面图中，通常需绘制出轴线及其编号，以便与平面图进行对照。

（2）对于剖切到的房间、走廊、楼梯、平台等的楼面层和屋顶层，在 1：100 的剖面图中，可以只画两条粗实线作为结构层和面层的总厚度。在 1：50 的剖面图中，则应在两条粗实线的上面加画一条细实线以表示面层。板底的粉刷层厚度一般均不表示。剖到的墙身轮廓线应画粗实线，在 1：100 的剖面图中不包括粉刷层厚度，在 1：50 的剖面图中，应加绘细实线来表示粉刷层的厚度。

（3）建筑立面图中的图线宽度可以参考 2.7 节。

（4）门、窗图例应符合建筑制图相关规范的规定，砖墙和钢筋混凝土的材料图例画法与平面图相同。

（5）建筑剖面图应标注出剖到部分的必要尺寸，即竖直方向剖到部位的尺寸和标高。对于外墙的竖向尺寸，一般也应标注三道尺寸。第一道尺寸为门、窗洞及洞间墙的高度尺寸。第二道尺寸为层高尺寸，还需标注出室内外地面的高差尺寸，以及檐口至女儿墙压顶面等的尺寸。第三道尺寸为室外地面以上的总尺寸。此外，还需标注某些局部尺寸。

（6）在建筑剖面图中，还需注明室内外各部分的地面、楼面、楼梯休息平台面、阳台面、屋顶檐口顶面等的标高，某些梁的底面、雨篷的底面，以及必须标注的某些楼梯平台梁底面等的标高。剖面图上标高所注的高度位置与立面图一样，有建筑标高和结构标高之分，当标注构件的上顶面标高时，应标注到粉刷完成后的顶面（如各层的楼面标高）；而在标注构件的底面标高时，应标注到不包括粉刷层的结构底面（如各梁底的标高）。但门、窗洞的上顶面和下底面均应标注到不包括粉刷层的结构面。

（7）在剖面图中，凡需要绘制详图的部位，均应画上详图索引符号。

8.4.2　建筑剖面图的绘制步骤

根据建筑物的总尺寸确定绘图比例和图纸幅面后，可以进行建筑剖面图的绘制。绘制步骤如下：

（1）绘制定位轴线、室外地坪线、楼面线和屋面线。

（2）确定门窗洞口的位置绘制墙身线，绘制楼板及屋面板的轮廓线，确定楼梯的位置绘制楼梯轮廓线。

（3）绘制其他细部，如门、窗、台阶、雨篷、檐口、踢脚等构配件。

（4）进行尺寸标注和绘制标高符号。

（5）标注轴号、索引符号、图名比例及其他文字说明等。

下面以例 8-3 为例，详细讲解 AutoCAD 2022 绘制建筑剖面图的步骤和技巧，读者可以通过电子教学资源库查阅相关绘图视频。

8-3　绘制建筑剖面图

【例 8-3】　绘制如图 8-34 所示单层住宅的建筑剖面图，未标明尺寸参照例 8-1 和例 8-2，其中屋面板厚 100mm。

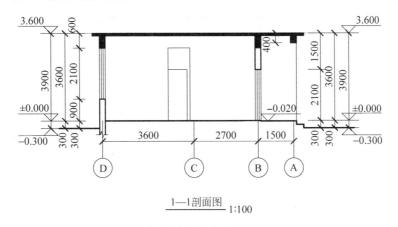

1—1剖面图　1:100

图 8-34　1—1 剖面图

解：（1）建立图层，主要采用 LAYER 命令。该处建立的图层包括轴线图层、室内外地坪线图层、墙体楼板图层、门窗图层、文本图层和尺寸标注图层等。其中，轴线图层线型为长点画线（ACAD_ISO04W100），线宽采用 0.18mm（0.25b），室内外地坪线图层线宽采用 1mm（1.4b），墙体楼板图层线宽采用 0.7mm（b），其余图层线宽采用 0.35mm（0.5b）。

（2）文字样式、标注样式和单位精度的设置可以参照例 8-1。

（3）绘制定位轴线，同时绘制室内地坪线（±0.000）作为辅助线，以此为水平基准线绘制室外地坪线和其他辅助线，如图 8-35 所示，主要采用 LINE、OFFSET、LTSCALE 等命令。

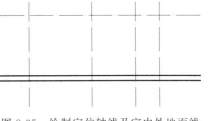

图 8-35　绘制定位轴线及室内外地面线

（4）绘制墙体、楼板和梁，并进行填充，如图 8-36 所示，主要采用 OFFSET、TRIM、HATCH 等命令。

（5）绘制门窗、台阶等，如图 8-37 所示，主要采用 LINE、OFFSET、TRIM 等命令。

（6）标注尺寸和标高，如图 8-38 所示，主要采用 DIMLINEAR、DIMCONTINUE、LINE、COPY 等命令。

（7）添加轴号、图名等，主要采用 LINE、CIRCLE、COPY、MTEXT 等命令，最终完成图形，如图 8-34 所示。

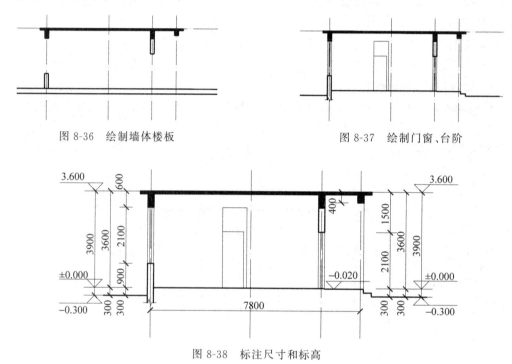

图 8-36　绘制墙体楼板　　　　　　图 8-37　绘制门窗、台阶

图 8-38　标注尺寸和标高

8.5　建筑详图的绘制

建筑详图是建筑细部的施工图。因为建筑平面、立面、剖面图一般采用较小的比例，因而某些建筑构配件（如门、窗、楼梯、阳台、各种装饰等）和某些建筑剖面节点（如檐口、窗台、明沟以及楼地面层和屋顶层等）的详细构造（包括式样、层次、做法、用料和详细尺寸等）都无法表达清楚。根据施工需要，必须另外绘制比例较大的图样，才能表达清楚，这种图样即为建筑详图。

8.5.1　建筑详图的内容及绘制要求

1. 建筑详图的内容

建筑详图分为节点构造详图和构配件详图两类。节点构造详图用于表达房屋某一细部的形状大小、构造做法和材料组成，如墙身详图（包括檐口、窗台、勒脚、明沟、散水等）。构

配件详图用于表明构配件的构造,如门窗详图、楼梯详图等。建筑详图包括以下内容:

(1) 图名和比例。

(2) 详图符号、编号,以及需另绘制详图时的索引符号。

(3) 建筑构配件的形状,以及与其他构配件的详细构造、层次有关的详细尺寸和材料图例等。

(4) 各部位和各层次的用料、做法、颜色,以及施工要求等。

(5) 定位轴线及其编号。

(6) 需要标注的标高等。

2. 建筑详图的绘制要求

(1) 详图的线型要求与剖面图一样,断面轮廓线内应画出材料图例。详图中对屋面、楼面和地面的构造可采用多层共用引出线来表示。

(2) 节点构造详图通常反映房屋的细部构造、配件形式、大小、材料做法,一般采用较大的绘制比例,如 1 : 20、1 : 10、1 : 5、1 : 2、1 : 1 等。

(3) 详图的图示方法应视细部的构造复杂程度而定。详图数量的选择与房屋的复杂程度及建筑平面、立面、剖面图的内容和比例有关。当引用标准图集时,应注写清楚图集名称及详图编号。

(4) 楼梯详图包括平面图、剖面图及踏步、栏杆详图等,通常都绘制在同一张图纸中。平面图和剖面图的比例要一致,踏步和栏杆扶手的详图比例应该大一些。楼梯详图包含建筑详图和结构详图,分别绘制在建筑施工图和结构施工图中。对一些比较简单的楼梯,可以考虑将楼梯的建筑详图和结构详图绘制在同一张图纸上。

(5) 楼梯平面图要绘制出底层平面图、中间层平面图(标准层平面图)和顶层平面图。楼梯平面图的剖切位置在该层往上走的第一梯段休息平台下的任意位置。各层被剖切的梯段用一条 45° 的折断线表示,并用上行线和下行线表示楼梯的行走方向。

(6) 楼梯平面图中要注明楼梯的开间和进深尺寸、楼地面的标高、休息平台的标高和尺寸,以及各细部的详细尺寸。通常将梯段长度和踏面数、宽度尺寸合并写在一起,如踏步宽300mm,共 10 个踏面,则标注为 300×10=3000。

(7) 楼梯剖面图应能完整清晰地表达各梯段、平台、栏板的构造及相互间的空间关系,还应表达出房屋的层数、楼梯梯段数、踏步级数,以及楼梯类型和结构形式。进行尺寸标注时,应标注出地面、平台面、楼面等的标高和梯段、栏板的高度尺寸。

8.5.2　建筑详图的绘制步骤

1. 节点大样图

节点大样图的绘制步骤如下:

(1) 确定绘制比例,定出该节点与轴线的定位关系。

(2) 用细线绘制出大样的轮廓线和一些细部的线条。

(3) 用粗线绘制断面轮廓线,填充材料图例。

(4) 标注尺寸和标高。

(5) 注写说明文字、详图符号、比例。

2. 楼梯详图

楼梯详图的绘制步骤如下：

(1) 确定绘制比例,绘制楼梯平面图的轴线。

(2) 用细线绘制出墙体、踏步面、平台板、门窗洞口、折断线,以及上、下行线等。

(3) 用粗线绘制被剖墙体和柱子断面的轮廓线。

(4) 标注尺寸和标高。

(5) 注写说明文字、图名、比例,在底层平面图上绘制剖切符号。

(6) 复制楼梯平面图的轴线,用细线在平面图的正上方或正下方绘制墙体、门窗、平台、梯段和屋面等。

(7) 用粗线绘制剖切到的墙断面、梯段断面和平台断面等断面轮廓线。

(8) 填充材料图例。

(9) 注写说明文字、图名、比例等。

(10) 绘制踏步和栏杆详图,绘制步骤与节点大样图相同。

下面以例 8-4 为例,详细讲解 AutoCAD 2022 绘制楼梯详图的步骤和技巧,用户可以通过电子教学资源库查阅相关绘图视频。

【例 8-4】 绘制如图 8-39 所示的楼梯顶层平面图。

8-4 绘制楼梯顶层平面图

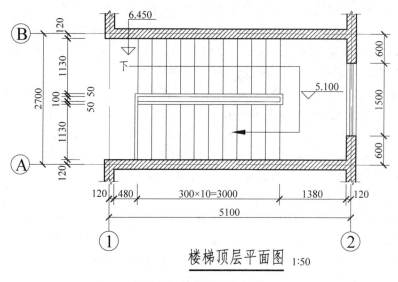

图 8-39 楼梯顶层平面图

解：(1) 根据图形范围设置适当的图形边界,方便图形的显示,同时调整视图显示范围,具体操作参照例 8-1。

(2) 建立图层,主要采用 LAYER 命令。该处建立的图层包括轴线图层、墙图层、门窗图层、文本图层和尺寸标注图层等。每个图层的线型、线宽设置参照例 8-1。

(3) 文字样式、标注样式和单位精度的设置参照例 8-1。

(4) 绘制定位轴线并调整线型,绘制墙体和窗洞,绘制窗,如图 8-40 所示。具体操作参照例 8-1。

（5）绘制踏步、梯井和扶手等，如图 8-41 所示，主要采用 OFFSET、ARRAY、RECTANG、TRIM 等命令。梯井绘制需开启临时追踪点功能。

（6）文本书写和尺寸标注，主要采用 MTEXT、DIMLINEAR、DIMCONTINUE 等命令，具体操作参照例 8-1。

图 8-40　绘制轴线、墙、窗

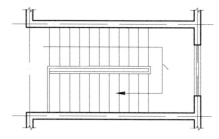

图 8-41　绘制踏步、梯井、扶手

（7）绘制轴号、标高符号和图名等，主要采用 LINE、CIRCLE、COPY、HATCH、MTEXT 等命令最终完成图形，如图 8-39 所示。

☞ 关键点解析：

（1）通过启用临时追踪点功能绘制梯井、扶手更加快捷。

（2）使用临时追踪点功能时，需同时开启对象捕捉和对象追踪功能。

8.6　结构施工图的绘制

房屋设计中，除了进行建筑设计，还要进行结构设计，并绘制结构施工图以指导施工。

8.6.1　结构施工图的内容

结构施工图一般包括结构设计总说明、结构平面布置图和构件详图。其中，结构设计总说明是全局性的文字说明。结构平面布置图包括基础平面图、楼层结构平面图和屋面结构平面图等。构件详图包括梁、板、柱及基础结构详图、楼梯结构详图和屋架结构详图等。

8.6.2　结构平面图的绘制

结构平面图是假想沿着楼板面（只有结构层，尚未做楼面面层）将建筑物水平剖开，向下投影所作的水平剖面图，主要用来表示各层梁、板、柱、墙、过梁和圈梁等的平面布置情况，以及现浇楼板、梁的构造和配筋情况。

结构平面图的绘制比例同建筑平面图，一般采用 1：100 或 1：200 的比例绘制。定位轴线的画法和编号应与建筑平面图一致。结构平面图中应标注出各轴线间尺寸和轴线总尺寸，还应标明有关承重构件的尺寸。此外，还应注明各种梁、板的标高尺寸，结构图上的标高均为结构标高（不考虑楼面面层）。

在结构平面图中，一般用中实线表示剖切到或可见的构件轮廓线，用中虚线表示不可见构件轮廓线，习惯上把楼板下不可见的墙体的虚线改为细实线。梁也可以用粗单点长画线表示出中心位置。若剖切到柱子,均应涂成黑色。一般可以不画出门窗洞。

　　下面以例 8-5 为例,详细讲解 AutoCAD 2022 绘制结构平面图的步骤和技巧,读者可以通过电子教学资源库查阅相关绘图视频。

8-5　绘制结构平面图

【例 8-5】　绘制如图 8-42 所示的某住宅二层结构平面图。

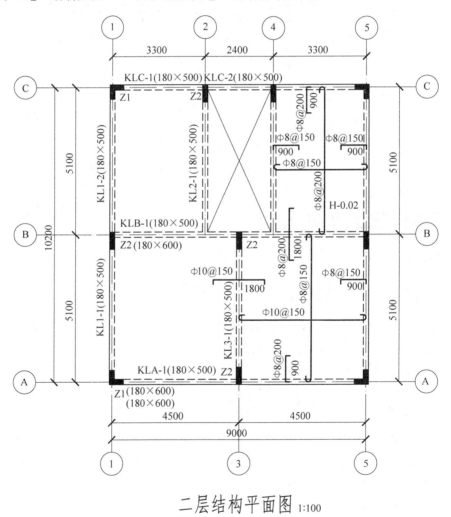

二层结构平面图 1:100

图 8-42　某住宅二层结构平面图

　　解:(1) 根据图形范围设置适当的图形边界,方便图形的显示,同时调整视图显示范围。具体操作参照例 8-1。

（2）建立图层，主要采用 LAYER 命令。该处建立的图层包括轴线图层、柱轮廓线图层、梁轮廓线图层、钢筋图层、标注图层等，分别对每个图层的颜色、线型和线宽进行设置。其中，轴线图层线型为长点画线（ACAD_ISOO4W100），梁轮廓线图层线型为虚线（HIDDEN），其余图层为实线。轴线图层和标注图层线宽采用 0.18mm（0.25b），钢筋图层线宽采用 0.7mm（b），其余图层线宽采用 0.35mm（0.5b）。

（3）文字样式、标注样式和单位精度的设置参照例 8-1。

（4）绘制定位轴线并调整线型，如图 8-43 所示，主要采用 LINE、OFFSET 和 LTSCALE 等命令。

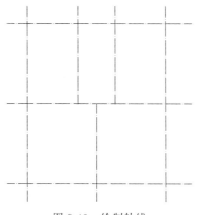

图 8-43　绘制轴线

（5）绘制梁、柱，如图 8-44 所示，主要采用 LINE、OFFSET、MATCHPROP、RECTANG、COPY、FILLET、TRIM、HATCH 等命令。

（6）绘制钢筋，如图 8-45 所示，主要采用 PLINE、COPY 等命令。

（7）标注尺寸和轴号等，如图 8-46 所示，主要采用 MTEXT、DIMLINEAR、DIMCONTINUE、CIRCLE、COPY 等命令。

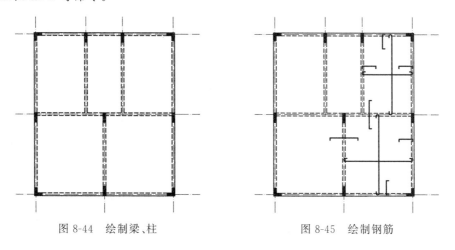

图 8-44　绘制梁、柱　　　　　　　图 8-45　绘制钢筋

（8）注写钢筋数量、梁柱尺寸等，主要采用 MTEXT 等命令，最终完成图形，如图 8-42 所示。

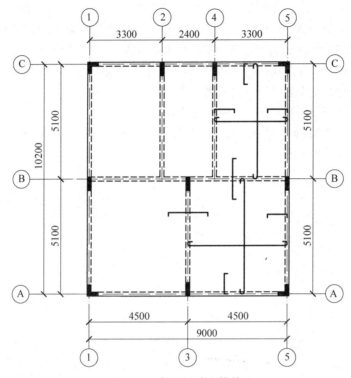

图 8-46　标注尺寸和轴号

8.6.3　钢筋混凝土梁结构图的绘制

钢筋混凝土梁的结构图一般用立面图和断面图表示。绘制时,立面图中构件的轮廓线用中粗实线画出,钢筋用粗实线表示。断面图中剖切到的钢筋圆截面画成黑圆点,未剖切到的钢筋仍画成粗实线,并规定不画图例。钢筋的直径、根数或相邻钢筋中心距一般采用引出线方式标注。钢筋的长度在配筋图中一般不予标注,常列入构件的钢筋材料表中。

下面以例 8-6 为例,详细讲解 AutoCAD 2022 绘制钢筋混凝土梁结构图的步骤和技巧,读者可以通过电子教学资源库下载相关绘图视频。

8-6　绘制梁配筋图

【例 8-6】　绘制如图 8-47 所示的钢筋混凝土梁结构图。

解：首先绘制梁立面图,按实际尺寸 1∶1 绘制。

(1) 根据图形范围设置适当的图形边界,方便图形的显示,同时调整视图显示范围。具体操作参照例 8-1。

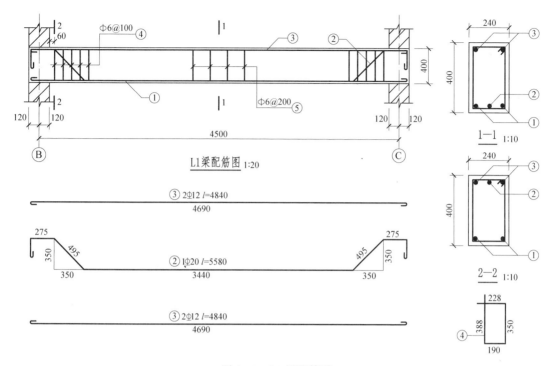

图 8-47　L1 梁配筋图

（2）建立图层，主要采用 LAYER 命令。该处建立的图层包括轴线图层、梁轮廓线图层、钢筋图层、标注图层等，分别对每个图层的颜色、线型和线宽进行设置。其中，轴线图层线型为长点画线（ACAD_ISOO4W100），其余图层为实线。轴线图层和标注图层线宽采用 0.18mm（0.25*b*），钢筋图层线宽采用 0.7mm（*b*），梁轮廓线图层线宽采用 0.35mm（0.5*b*）。

（3）文字样式、标注样式和单位精度的设置参照例 8-1。

（4）绘制钢筋弯钩，如图 8-48 所示。

（5）绘制定位轴线和辅助线，绘制梁外轮廓线，并向内偏移 25 作为保护层厚度，如图 8-49（a）所示，主要采用 LINE、OFFSET、RECTANG 等命令。

（6）绘制纵筋，如图 8-49（b）所示，主要采用 COPY、LINE、MIRROR 等命令。

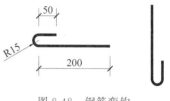

图 8-48　钢筋弯钩

（7）绘制箍筋，如图 8-49（c）所示，主要采用 LINE、OFFSET 等命令。

（8）绘制梁两端砖墙并填充，如图 8-49（d）所示，主要采用 LINE、HATCH 等命令。

（9）标注尺寸，绘制剖切符号、钢筋编号和注写钢筋数量等，并绘制钢筋详图，最终完成图形，如图 8-47 所示，主要采用 MTEXT、DIMLINEAR、DIMCONTINUE、CIRCLE、COPY 等命令。

接下来绘制梁断面图，按实际尺寸放大 2 倍绘制。

（1）绘制梁断面轮廓线，如图 8-50（a）所示，主要采用 RECTANG 等命令。

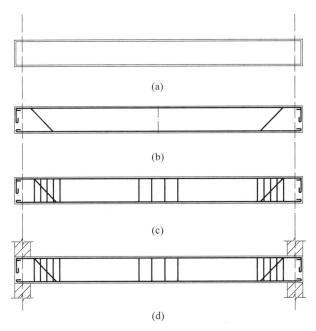

图 8-49　L1 梁配筋图绘制过程

（2）绘制箍筋，如图 8-50（b）所示，主要采用 OFFSET 等命令，同时启用极轴追踪功能。

（3）绘制纵向钢筋，如图 8-50（c）所示，主要采用 DOUNT、COPY 等命令。

（4）标注尺寸、钢筋编号和注写图名等，如图 8-50（d）所示，主要采用 MTEXT、DIMLINEAR、DIMCONTINUE、CIRCLE、COPY 等命令。

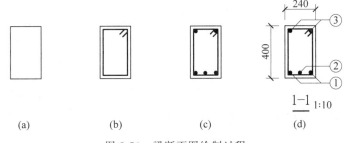

图 8-50　梁断面图绘制过程

（5）2—2 断面图绘制步骤同 1—1 断面图，最终完成图形绘制，如图 8-47 所示。

　关键点解析：

（1）由于本例题中梁立面图和断面图比例不同，因此可以将 1∶20 看作最后的出图比例，在绘制梁立面图时按 1∶1 绘制，而断面图放大 2 倍绘制。也可以都按实际尺寸绘制，打印时再采用多比例出图。

（2）若将 1∶20 看作最后的出图比例进行绘制，图中的文字高度、标注样式设置中的数值和图形符号（如轴圈、标高符号等）尺寸均要乘以换算比例 20。

8.7　习题

一、概念题

1. 工程中常用的幅面代号有_____、_____、_____、_____和_____,包括_____幅面和下画线幅面。其中,A3 幅面尺寸长_____ mm,宽_____ mm。

2. 建(构)筑物剖面图的剖切符号应注写在_____平面图上。

3. 1 号轴线或 A 号轴线之前的附加轴线的分母应以_____或_____表示。

4. 定位轴线线型应采用_____,轴圈应用细实线绘制,直径为_____。

5. 横向轴号应用_____,从_____至_____顺序编写;竖向轴号应用_____,从_____至_____顺序编写。

6. AutoCAD 2022 中样板文件的后缀名为_____。

二、操作题(操作视频请查阅电子教学资源库)

1. 绘制如图 8-51 所示的建筑平面图,其中柱子尺寸为 400mm×400mm,M1 尺寸为 900mm,M2 尺寸为 700mm。

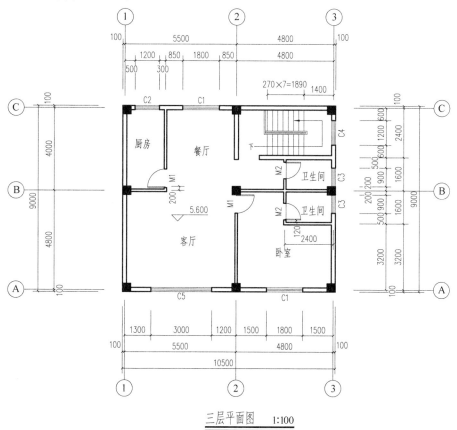

三层平面图　1:100

图 8-51　某住宅三层平面图

2. 绘制如图 8-52 所示的楼梯配筋图。

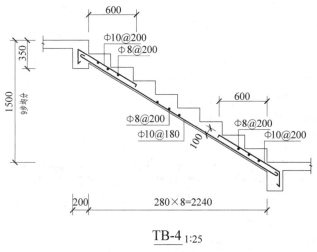

图 8-52 楼梯配筋图

8-7 绘制某住宅平面图　　8-8 绘制楼梯配筋图

第9章

图形的输出

工程图纸绘制完毕之后需要进行打印输出。AutoCAD 2022 提供了两个工作空间，即模型空间和图纸空间，供用户进行打印输出。本章主要介绍模型空间和图纸空间的基本概念以及如何在两个空间中进行图纸的打印输出。

本章学习内容：

➢ 模型空间与图纸空间
➢ 配置打印设备
➢ 打印设置
➢ 布局与视口
➢ 图形输出

9.1 模型空间与图纸空间

AutoCAD 2022 提供了两个工作空间，分别为模型空间和图纸空间。模型空间是针对图形实体的空间，是一个无边界的绘图区域，用户在模型空间绘制和编辑图形时只需考虑单个的图形是否绘制正确，而不必去担心绘图的区域。图纸空间是针对图纸布局而言的，在这个空间里，用户更多需要考虑的是图形如何在整张图纸中布局。

AutoCAD 2022 两个空间中都可以打印输出图形，在模型空间中打印操作简单，容易理解，因此更适合初学者使用。而图纸空间操作上更加繁琐，一般为专业人员使用。

9.2 配置打印设备

AutoCAD 2022 需要配置相应的打印设备，并与计算机连接起来才能完成打印工作。

9.2.1 绘图仪管理器

绘图仪管理器是管理打印驱动或安装 CAD 的内置驱动。可采用如下方法添加绘图仪：

- 单击"输出"选项卡"打印"面板上的"绘图仪管理器"命令按钮 绘图仪管理器；
- 在命令行输入"PLOTTERMANAGER"。

执行命令之后，界面会弹出如图 9-1 所示的对话框。

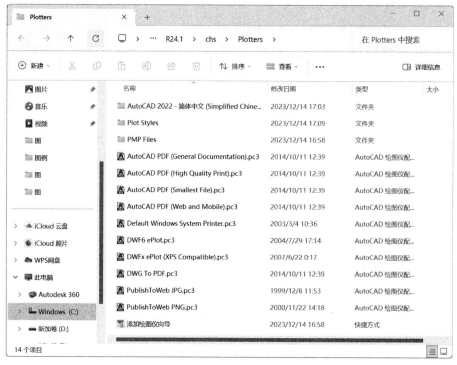

图 9-1　添加绘图仪对话框

双击"添加绘图仪向导"选项，界面会弹出"添加绘图仪-简介"对话框，如图 9-2 所示。该对话框介绍了绘图仪添加的简要信息。单击"下一步"命令按钮，界面会弹出"添加绘图仪-开始"对话框，如图 9-3 所示。从中选择要配置新绘图仪选择的选项，包括"我的电脑"

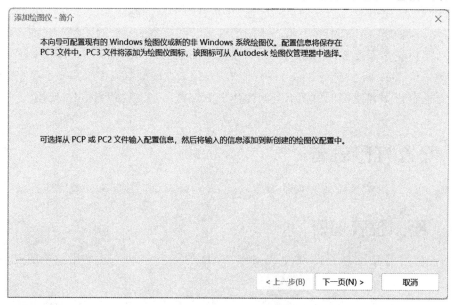

图 9-2　"添加绘图仪-简介"对话框

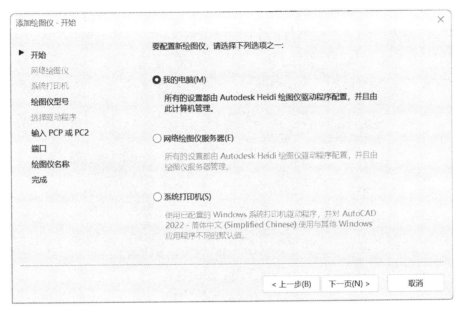

图 9-3 "添加绘图仪-开始"对话框

"网络绘图仪服务器""系统打印机"。选择其中一项,然后选择绘图仪型号、驱动程序、端口信息、光栅图形和矢量图形的质量、图纸尺寸等信息。

9.2.2 配置图纸尺寸

AutoCAD 2022 打印输出都是按照纸张大小或像素进行输出的。大多数常规打印机都可以设置纸张大小。通常按照标准打印纸的大小进行选择,如 A4、A3、A2、A1 的幅面,用户也可以自行设置纸张大小(可以按照毫米(mm)或英寸(in)设置)。此外,AutoCAD 2022 还可以按像素输出图片。在绘图仪管理器添加打印机,在选择生产商时选择添加光栅文件格式,然后选择 TIFF(6)的型号,添加完成后,该打印机即可设置按照像素打印文件。

9.3 打印设置

AutoCAD 2022 在打印出图前,必须先进行相关打印参数的设置,如打印设备、图纸大小、打印比例和打印样式等参数的设置。

9.3.1 设置打印参数

打印参数的设置可以通过"打印"对话框来完成。用户选定模型空间或图纸空间后,可采用如下方法调用"打印"对话框:

- 单击快速访问工具栏的打印命令按钮 🖨;
- 单击下列菜单"文件"→选择"打印"命令;
- 在命令行输入"PLOT";
- 单击"输出"选项卡"打印"面板上的"打印"命令按钮 🖨。

执行命令之后,界面会弹出"打印"对话框。若在模型空间打开对话框,界面将显示"模型"字样,如图 9-4 所示。若在图纸空间打开对话框,则界面将显示"布局 1"或"布局 2"字样。

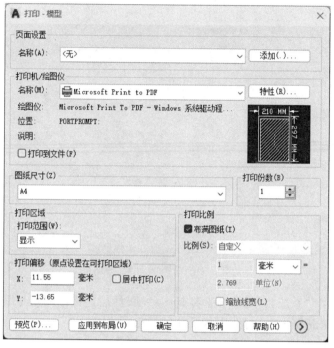

图 9-4　"打印"对话框(从模型空间打开)

单击右下角的更多选项命令按钮 ⊙ ,将进一步展开对话框,两个空间中的页面设置除了"打印比例"选项组设置不同,其余参数设置大致相同,如图 9-5 所示。

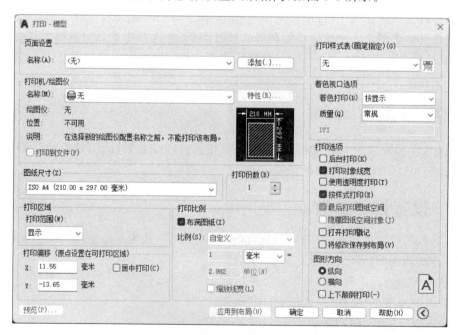

图 9-5　展开后的"打印"对话框(从模型空间打开)

　　"页面设置"选项组用于页面的设置。"名称"下拉列表用于选择页面设置名称,单击"添加"命令按钮可以添加其他页面设置。

　　"打印机/绘图仪"选项组用于指定打印布局时使用已配置的打印设备。"名称"下拉列表中列出了本机可以用的 PC3 文件或系统打印机。单击"特性"命令按钮,界面会弹出"绘图仪配置编辑器"对话框,用户可以从中查看或修改当前绘图仪的配置、端口、设备和介质设置。如果没有安装真实打印机,也可以选择虚拟打印设备输出文件,供第三方软件打开。勾选"打印到文件"复选框,表明打印输出到文件而不是绘图仪或打印机。打印文件的默认位置是在"选项"对话框的"打印和发布"选项卡上"打印到文件操作的默认位置"中指定的。

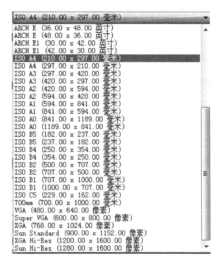

图 9-6　"图纸尺寸"下拉列表

　　"图纸尺寸"选项组用于指定图纸尺寸。不同的打印设备有不同尺寸的标准图纸供选用。如果"打印机/绘图仪"选项组中"名称"下拉列表选择"无",界面将显示全部图纸尺寸的列表,如图 9-6 所示。

　　"打印区域"选项组用于指定要打印的图形区域。在"打印范围"下拉列表中,选择"窗口"选项,需要通过指定两个角点或输入坐标值确定要打印的区域;选择"范围"选项,则打印当前空间所选范围的图形对象,当前布局中的所有几何图形都将被打印;选择"布局"选项,则打印指定图纸尺寸可打印区域内的所有内容,其原点从布局中的(0,0)点计算得出;选择"图形界限"选项,则打印栅格界限定义的整个图形区域;选择"显示"选项,则打印选定的"模型"选项卡当前视口中的视图,或布局中的当前图纸空间视图。"打印范围"下拉列表如图 9-7 所示。

　　"打印份数"选项组用于设置打印份数。

　　"打印比例"选项组用于控制图形单位与打印单位之间的相对尺寸。"模型"选项卡默认"布满图纸"选项;"布局"选项卡默认 1∶1 的比例。若不勾选"布满图纸"选项,则可以在"比例"下拉列表中设置缩放比例,同时勾选是否按打印比例"缩放线宽"。

　　"打印偏移"选项组用于指定打印区域相对于可打印区域左下角或图纸边界的偏移量,可以输入 X 方向和 Y 方向的偏移数值,也可以勾选"居中打印"复选框在图纸上居中打印。

　　"打印样式表(画笔指定)"选项组用于选择打印样式。打印样式指打印图形的外观,包括对象的颜色、线型和线宽等,也可以指定对象的端点、连接和填充样式,以及抖动、灰度、笔指定和淡显等输出效果。"打印样式表"下拉列表提供不同的打印样式,如图 9-8 所示。若单击右侧的编辑命令按钮 ,界面会弹出"打印样式表编辑器"对话框,该对话框用于对打印样式表的修改和另存。

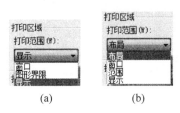

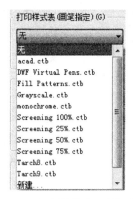

图 9-7　"打印范围"下拉列表

（a）模型空间；（b）图纸空间

图 9-8　"打印样式表"下拉列表

　　"着色视口选项"选项组用于设置着色和渲染视口的打印方式。"着色打印"下拉列表用于指定视图的打印方式。"质量"下拉列表用于选择着色和渲染视口的打印分辨率。

　　"打印选项"选项组用于指定打印样式、对象的打印次序等属性。勾选"按样式打印"复选框，系统会默认同时选中"打印对象线宽"复选框。系统默认勾选"最后打印图纸空间"复选框，即先打印模型空间几何图形，再打印图纸空间图形对象。"隐藏图纸空间对象"仅在布局选项中可用，通常默认不勾选。

　　"图形方向"选项组用于指定图形在图纸上的打印方向，包括"纵向""横向"两个选项。勾选"上下颠倒打印"复选框，则上下颠倒地放置并打印图形。

 注意

　　（1）如果在"打印区域"中指定了"布局"选项，则无论在"比例"中指定何种设置，都将以 1∶1 的比例进行打印。

　　（2）如果打印样式被附着到"布局"或"模型"选项卡，并且修改了打印样式，那么使用该打印样式的所有对象都将受影响。

9.3.2　创建打印样式

　　AutoCAD 2022 提供了两种类型的打印样式，即"颜色相关打印样式表""命名打印样式表"。使用"颜色相关打印样式表"时，相同颜色的图形对象均以相同方式打印。使用"命令打印样式表"时，相同颜色的对象可能以不同的方式打印，这取决于指定给对象的打印样式。

　　下面介绍通过"颜色相关打印样式表"创建新打印样式的步骤：

　　（1）单击"菜单浏览器" **A▾**，选择"打印"选项卡中的"管理打印样式"命令按钮，如图 9-9 所示。执行命令之后，界面会弹出如图 9-10 所示的对话框。

　　（2）双击图 9-10 中的"添加打印样式表向导"选项，界面会弹出"添加打印样式表"对话框，如图 9-11 所示。该对话框介绍了打印样式表添加的简要信息。

　　（3）单击"下一步"命令按钮，此时界面会弹出"添加打印样式表-开始"对话框，如图 9-12 所示。该对话框中提供了四种创建打印样式表的方法。选择"创建新打印样式表"选项。

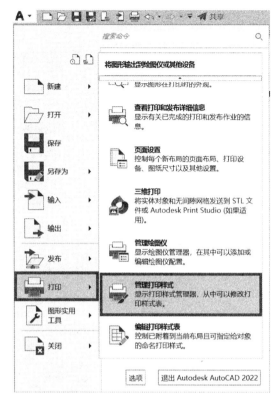

图 9-9　启动"管理打印样式"选项卡

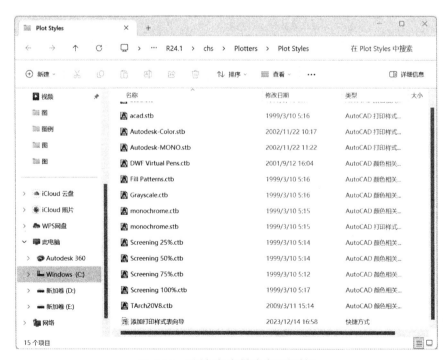

图 9-10　"添加打印样式表"对话框

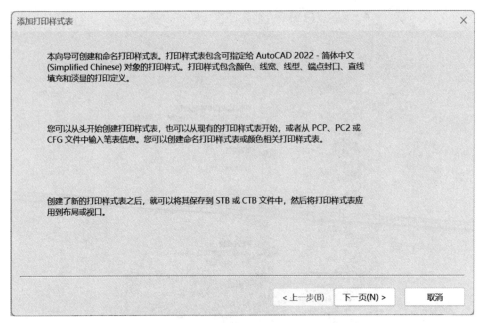

图 9-11　"添加打印样式表"对话框

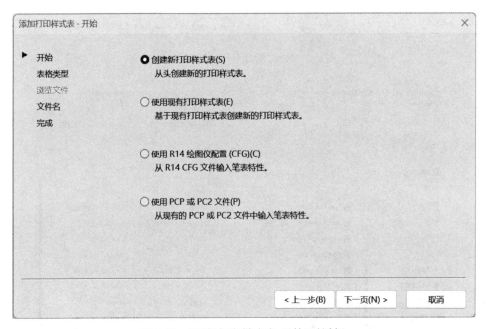

图 9-12　"添加打印样式表-开始"对话框

（4）单击"下一步"命令按钮，此时界面会弹出"添加打印样式表-选择打印样式表"对话框，如图 9-13 所示。选择"颜色相关打印样式表"选项。

（5）单击"下一步"命令按钮，此时界面会弹出"添加打印样式表-文件名"对话框。用户可以在"文件名"文本框中输入新建打印样式表的名称，这里输入"建筑"，如图 9-14 所示。

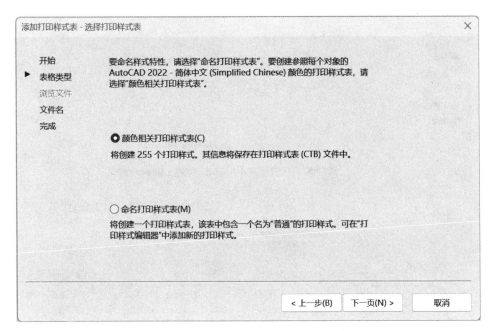

图 9-13　"添加打印样式表-选择打印样式表"对话框

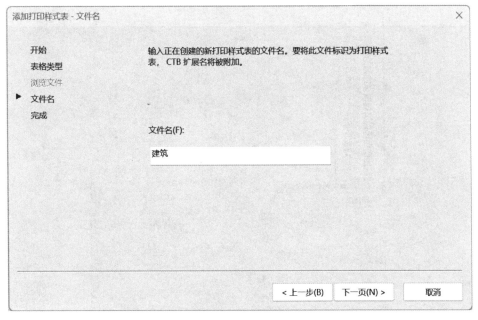

图 9-14　"添加打印样式表-文件名"对话框

（6）单击"下一步"命令按钮，此时界面会弹出"添加打印样式表-完成"对话框，如图 9-15 所示。可以单击"打印样式表编辑器"命令按钮，在弹出的"打印样式表编辑器"对话框中对打印样式进行编辑，如图 9-16 所示。

（7）在"打印样式表编辑器"对话框中，"常规"选项卡中列出了打印样式表文件名、说明、版本号、位置和表类型。用户可以进行修改，也可以在非 ISO 线型和填充图案中应用比

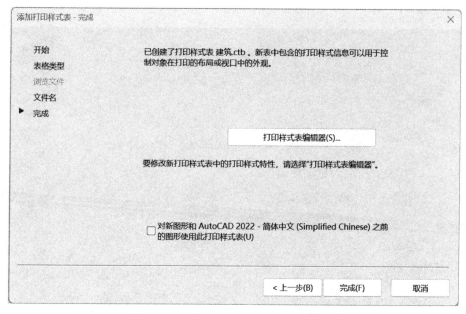

图 9-15　"添加打印样式表-完成"对话框

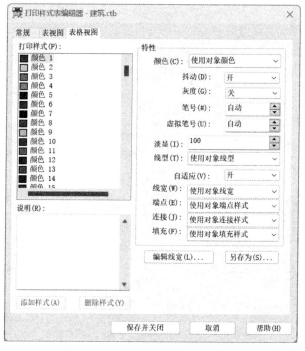

图 9-16　"打印样式表编辑器"对话框

例缩放。如图 9-17 所示。"表视图"选项卡和"表格视图"选项卡用于对打印样式进行设置，设置内容包括"颜色""启用抖动""转换为灰度""使用指定的笔号""虚拟笔号""淡显""线型""自适应调整""线宽""线条端点样式""线条连接样式"和"填充样式"等。"表视图"选项卡如图 9-18 所示。"表格视图"选项卡如图 9-16 所示。

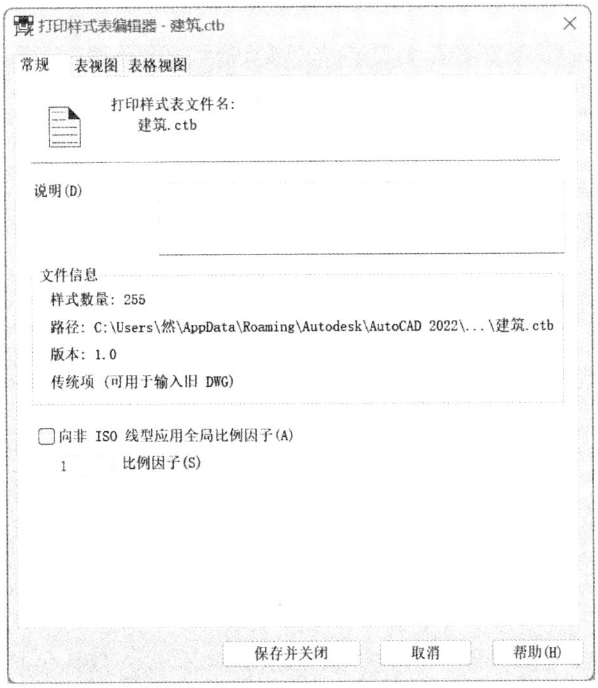

图 9-17　"打印样式表编辑器-常规"选项卡

图 9-18　"打印样式表编辑器-表视图"选项卡

　　（8）设置完成后，单击"保存并关闭"命令按钮，此时回到"添加打印样式表-完成"对话框，单击"完成"命令按钮，完成打印样式表的创建。

（9）此时即可在"打印"对话框的"打印样式表"下拉列表中找到新建的"建筑"打印样式表，如图 9-19 所示。同时可以将其附着到布局中进行打印。

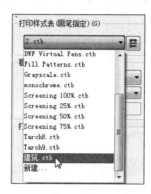

图 9-19　新建的"建筑"打印样式表

9.4　布局与视口

用户在图纸空间进行图形输出前，需要对图形进行布局，然后再输出。创建布局时，往往需要使用视口功能。

9.4.1　创建布局

AutoCAD 2022 提供了"新建布局""来自样板的布局""创建布局向导"等命令供用户创建新的布局。"新建布局"用于新建一个布局，但不做任何设置。"来自样板的布局"用于将图形样板中的布局插入图形中。"创建布局向导"用于一步步引导用户创建布局。下面介绍"创建布局向导"命令的使用方法。

可采用如下方法执行"创建布局向导"命令：
- 单击下拉菜单"插入"→选择"布局"命令→选择"创建布局向导"命令；
- 在命令行输入"LAYOUTWIZARD"。

下面以例 9-1 为例说明如何通过"创建布局向导"命令进行新布局的创建。

【例 9-1】　创建新布局用于 A3 图纸的打印。

解：（1）执行"创建布局向导"命令后，界面会弹出"创建布局-开始"对话框，如图 9-20 所示。用户需指定布局名称，如"布局 3"，此时将显示在绘图区下方的布局选项卡上。

（2）单击"下一步"命令按钮进入"创建布局-打印机"对话框，该对话框用于设置打印机，如图 9-21 所示。选择"Microsoft XPS Document Writer"虚拟打印机。

（3）单击"下一步"命令按钮进入"创建布局-图纸尺寸"对话框，用户可以设置打印时的纸张大小及图形单位，如图 9-22 所示。选择"A3 特大"，单位为"毫米"。

（4）单击"下一步"命令按钮进入"创建布局-方向"对话框，用户可以设置打印方向，如图 9-23 所示。选择"横向"。

（5）单击"下一步"命令按钮进入"创建布局-标题栏"对话框，用户可以设置标题栏的边框和样式，在"类型"一栏可以选择作为"块"插入或是"外部参照"引用，如图 9-24 所示。这里选择"A3 图框"，"类型"一栏选择"块"。

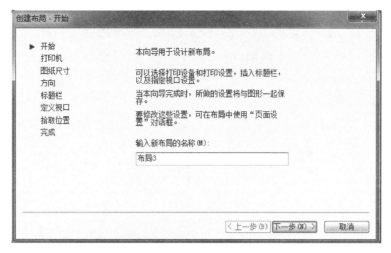

图 9-20 "创建布局-开始"对话框

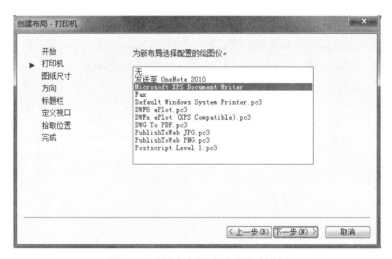

图 9-21 "创建布局-打印机"对话框

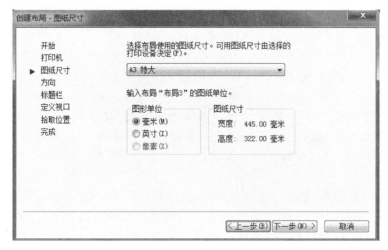

图 9-22 "创建布局-图纸尺寸"对话框

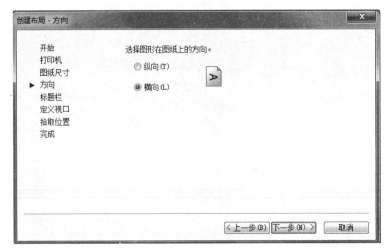

图 9-23　"创建布局-方向"对话框

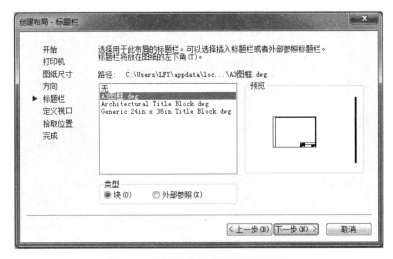

图 9-24　"创建布局-标题栏"对话框

（6）单击"下一步"命令按钮进入"创建布局-定义视口"对话框，用户可以设置新建布局中视口的个数和形式，以及视口中的视图与模型空间的比例关系，如图 9-25 所示。这里暂时选择"单个"，视口比例为"1：100"，即把模型空间中的图形按 1：100 比例显示在视口中。

（7）单击"下一步"命令按钮进入"创建布局-拾取位置"对话框，用户可以在图形中指定视口配置的位置，如图 9-26 所示。单击"选择位置（L）"命令按钮，此时切换到绘图窗口，通过指定两个对角点指定视口的大小和位置，如图 9-27 所示，然后进入"创建布局-完成"对话框。

（8）单击"完成"命令按钮完成新布局及视口的创建。所创建的布局出现在屏幕上，包含视口、视图、图框和标题栏，如图 9-28 所示。同时单击"图框 A3"图块，通过图块的插入点对图框进行适当移动，使得图框在虚线范围内。

图 9-25　"创建布局-定义视口"对话框

图 9-26　"创建布局-拾取位置"对话框

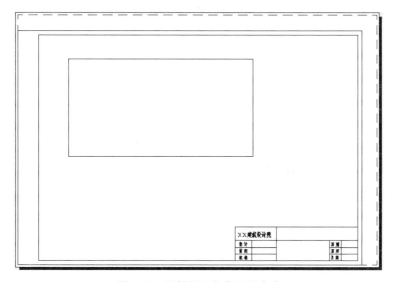

图 9-27　选择视口的位置和大小

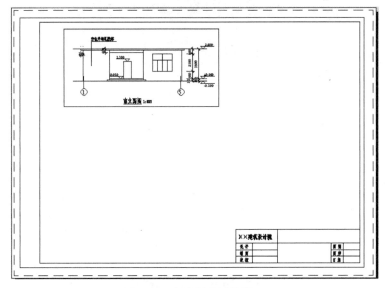

图 9-28   完成创建后的视口

    关键点解析:

此处的"A3 图框"标题栏在默认的文件夹中并不存在,可以将图幅线、图框线和标题栏绘制完成后通过 WBLOCK(外部图块)命令创建成外部图块,同时将该图块保存至样板文件的途径下。样板文件保存位置如下:Windows XP 操作系统下是"C:\Documents and Settings\USER\Local Settings\Application Data\Autodesk\AutoCAD 2022\R19.1\chs\Template";Windows Vista 或 Windows7 操作系统下是"C:\Users\USER\AppData\Local\Autodesk\AutoCAD 2022\R19.1\chs\Template"。

    注意

(1) 布局中的虚线表示可打印区域,当图幅尺寸和布局图纸的大小完全相同时,则图幅线会延伸到图纸外面。此时可以选择图纸尺寸为"A3 特大",保证图幅线和图框线均能打印出来。

(2) 只有大幅面的绘图仪才能打印所支持的最大幅面的标准图纸,普通打印机由于受打印区域的限制而无法支持此类打印。

9.4.2   在布局中建立浮动视口

AutoCAD 2022 可以在一个布局中创建多个视口用于显示图形的不同部位,这些视口可以是任意形状的,并放在指定位置。

1. 添加单个视口

可采用如下方法执行"添加单个视口"命令:

- 单击下拉菜单"视图"→选择"视口"命令→选择"一个视口"命令;

- 单击"布局"选项卡"布局视口"面板上的"矩形"命令按钮 矩形；
- 在命令行输入"-VPORTS"。

执行"添加单个视口"命令时，命令行的操作如下：

命令：-VPORTS　　　　　　　　　　　　（执行命令）
指定视口的角点或[开(ON)/关(OFF)/布满(F)/着色打印(S)/锁定(L)/对象(O)/多边形(P)/恢复
(R)/图层(LA)/2/3/4] <布满>：　　　　（指定视口一个对角点）
指定对角点：正在重生成模型　　　　　　（指定视口另一个对角点）

这样就可以在布局中添加一个视口，如图 9-29 所示。

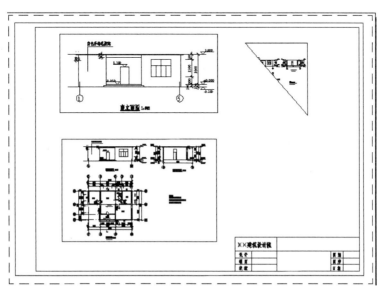

图 9-29　创建视口

2. 添加多边形视口

可采用如下方法执行"添加多边形视口"命令：

- 单击下拉菜单"视图"→选择"视口"命令→选择"多边形视口"命令；
- 单击"布局"选项卡"布局视口"面板上"矩形"下拉列表 矩形·，选择"多边形"命令按
  钮 ；
- 在命令行输入"-VPORTS"。

执行"添加多边形视口"命令时，命令行的操作如下：

命令：-VPORTS　　　　　　　　　　　　　　　（执行命令）
指定视口的角点或[开(ON)/关(OFF)/布满(F)/着色打印(S)/锁定(L)/对象(O)/多边形(P)/恢复
(R)/图层(LA)/2/3/4] <布满>：P　　　　（输入"P"，选择"多边形"选项）
指定起点：　　　　　　　　　　　　　　（指定视口起点）
指定下一个点或[圆弧(A)/长度(L)/放弃(U)]：　　（指定下一个点）
指定下一个点或[圆弧(A)/闭合(C)/长度(L)/放弃(U)]：　（指定下一个点）
指定下一个点或[圆弧(A)/闭合(C)/长度(L)/放弃(U)]：C（输入"C"，选择"闭合"选项）
正在重生成模型　　　　　　　　　　　（系统提示重生成模型）

这样就可以在布局中添加一个多边形视口，如图 9-29 所示。

9.4.3　视口的操作

在 AutoCAD 2022 中,选择某个视口边框后右击,可以在弹出的菜单中对该视口进行相关操作。

1. 视口的激活和关闭激活

在视口激活状态下可以对其中的图形进行编辑,所做的修改在当前布局中有效,切换到模型空间后仍可以被保留。激活视口的方法是在视口内部双击,此时视口呈粗实线状态,用户可以对视口内的图形进行编辑和调整,但视口和视口外布局不发生变化。

关闭视口激活状态可以对视口及整个布局进行调整。关闭视口激活状态的方法是在视口外双击,此时视口呈细实线状态,视口内图形被锁住,视口和视口外布局可以变化。

激活状态下的视口和关闭激活状态下的视口如图 9-30 所示。

2. 调整视口显示比例

在布局中新创建的视口按默认的比例显示模型空间中的图形,用户可以根据需要对视口的显示比例重新进行调整。单击要调整显示比例的视口的边框,然后通过状态栏右侧常用工具栏上的比例下拉列表进行调整,如图 9-31 所示。也可以通过"视口"工具栏上的比例下拉列表进行调整。

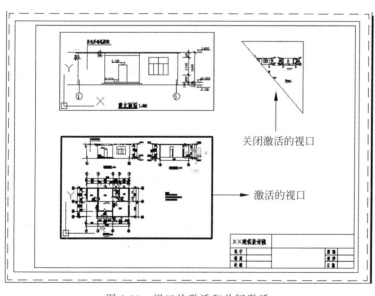

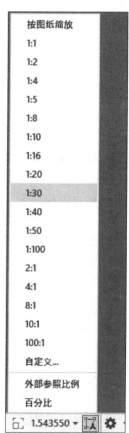

图 9-30　视口的激活和关闭激活　　　　　图 9-31　"视口比例"快捷菜单

3. 视口的锁定和最大化

建立视口后,可以锁定视口,防止误操作。单击要锁定的视口的边框,然后右击,在弹出的快捷菜单中选择"显示锁定"命令,选择"是",即可将视口进行锁定。单击视口的边框,然后单击状态栏右侧工具栏上的最大化视口命令按钮▣,即可将视口最大化显示,再单击最小化视口命令按钮▣进行恢复。

 注意

当视口与图形的比例确定好之后,通常使用"实时平移"命令调整视口中图形显示的内容,若用"实时缩放"命令,则会改变视口与图形的比例关系。

9.5 图形输出

用户进行图形输出时,可以在模型空间打印图形,也可以在图纸空间打印图形。此外,AutoCAD 2022 还提供了如 DWF 文件、PDF 文件、JPG 文件等其他形式图形的输出。

9.5.1 单比例布图与在模型空间打印

如果要打印的图形只使用一个比例,那么在模型空间绘制图形并加入图框后,再按一定比例打印出图是比较简便的。下面以例 9-2 为例介绍如何在模型空间中打印出图。

【例 9-2】 将例 8-1、例 8-2 和例 8-3 中某单层住宅平面图、立面图和剖面图按 1∶100 打印输出 A3 图纸。

解:(1)调出第 8 章中画好的单层住宅平面图、立面图和剖面图,同时绘制 A3 图幅、图框和标题栏。其中,由于图形按 1∶1 比例绘制,因此图幅、图框和标题栏需按比例进行换算,即乘以 100 进行绘制。

(2)参照 9.3.1 节调出"打印-模型"对话框进行打印参数的设置。在该对话框中,"打印机名称"下拉列表选择所需的虚拟打印机或打印机,例如"DWG To PDF"或"Microsoft XPS Document Writer"等。"图纸尺寸"下拉列表选择"A3 特大"。"打印范围"下拉列表选择"窗口",此时切换到图形窗口光标拾取图幅的左下角和右上角两个角点作为打印范围。"打印偏移"选项组选择"居中打印"。"打印比例"下拉列表选择"1∶100"。"打印样式表(画笔指定)"下拉列表选择合适的打印样式,本例题采用"monochrome. ctb"。"图形方向"选项组选择"横向",如图 9-32 所示。

(3)参数设置完成后,可以通过单击"预览"命令按钮进行预览,或直接单击"确定"命令按钮进行文件的存储,此时输出的是相应虚拟打印机的格式的图形文件。

(4)输出后的图形文件如图 9-33 所示。若打印设备为真实打印机,则可以打印出图纸。

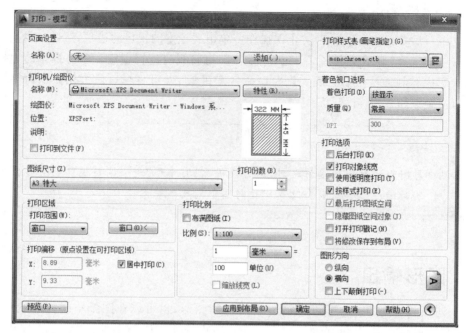

图 9-32　"打印-模型"对话框中参数的设置

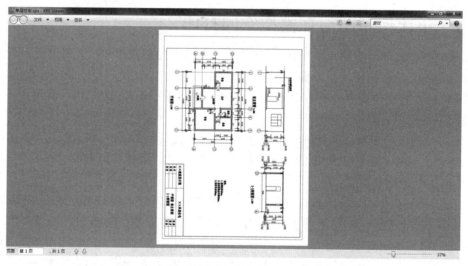

图 9-33　输出后的"单层住宅.xps"图形文件

> **注意**
>
> 　　在模型空间打印时,若只有一个出图比例,通常按图形实际尺寸直接绘制,打印时再设置打印比例即可。若有多个出图比例,则往往把其中某个比例作为最终的出图比例,然后将其他图形缩放相应的倍数进行绘制,如例 8-6 中,若以梁立面图(1:20)作为最终的出图比例,则在绘制断面图时应放大 2 倍绘制。

9.5.2　多比例布图与在图纸空间打印

如果要打印的图形有两种以上不同的比例,可以先按实际尺寸 1∶1 绘制,然后在图纸空间中用多比例布图并打印。下面以例 9-3 为例介绍在图纸空间中多比例打印出图。

【例 9-3】　将例 8-6 的钢筋混凝土梁结构图打印输出 A3 图纸,其中梁立面图出图比例为 1∶20,断面图出图比例为 1∶10。

解:(1) 调出第 8 章的钢筋混凝土梁结构图,将 1—1 断面图、2—2 断面图、箍筋详图,以及标注样式设置中的数值更改为原来的 1/2,并重新调整位置便于布图。

(2) 建立一个"视口"图层,该图层设置为不可打印,同时设置为当前图层。

(3) 参照例 9-1 创建新布局用于 A3 图纸的打印。

(4) 在布局中建立两个视口,分别显示梁立面图和断面图,同时对视口的显示范围、显示比例进行调整,如图 9-34 所示。

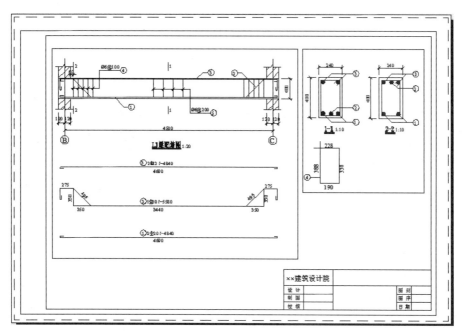

图 9-34　布局中创建视口显示图形各部分

(5) 在布局中创建钢筋表。

(6) 参照 9.3.1 节调出"打印"对话框进行打印参数的设置。"打印机名称"下拉列表框中选择所需的虚拟打印机或打印机,例如"DWG To PDF"或"Microsoft XPS Document Writer"等;"图纸尺寸"下拉列表选择"A3 特大";"打印范围"下拉列表选择"布局";"打印比例"下拉列表选择"1∶1";"打印样式表(画笔指定)"下拉列表选择"monochrome.ctb";"图形方向"选项组选择"横向",如图 9-35 所示。

(7) 输出后的图形文件如图 9-36 所示。若打印设备为真实打印机,则可打印出图纸。

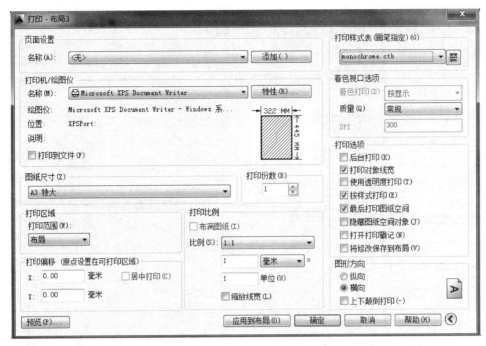

图 9-35　"打印-布局"对话框中参数的设置

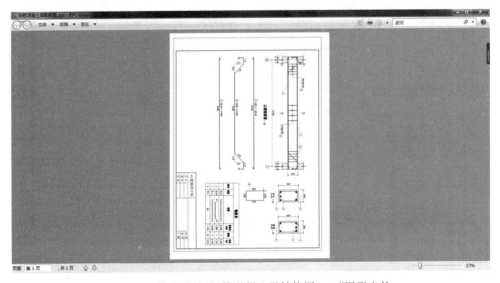

图 9-36　输出后的"钢筋混凝土梁结构图.xps"图形文件

> **注意**
>
> 在图纸空间多比例出图时,所有图形按实际尺寸 1:1 绘制,图形上文字高度、标注样式设置中的数值和图形符号尺寸均要乘以各自的换算比例,如本例题中梁立面图乘以换算比例 20,断面图乘以换算比例 10。

9.5.3　其他形式的输出

在 AutoCAD 2022 中,可以利用虚拟打印机或绘图仪将图形以其他形式进行输出。

1. 输出 DWF 文件

DWF 文件是二维矢量文件 Design Web Format 的简称,可采用如下方法输出 DWF 文件:

- 单击"菜单浏览器"→选择"输出"命令→选择"DWF"命令;
- 在命令行输入"EXPORTDWF"。

执行命令之后,界面会弹出"另存为 DWF"对话框,可以在该对话框中指定文件名、保存路径和进行页面设置等。

2. 输出 PDF 文件

AutoCAD 2022 提供了将图形文件输出成 PDF 文件的功能,便于用户交流。可采用如下方法输出 PDF 文件:

- 单击"菜单浏览器"→选择"输出"命令→选择"PDF"命令;
- 在命令行输入"EXPORTPDF"。

执行命令之后,界面会弹出"另存为 PDF"对话框,用户可以在该对话框中指定文件名、保存路径和进行页面设置等。

3. 输出 JPG 文件

工程中还经常以 JPG 文件输出图形。可采用如下方法输出 JPG 文件:

- 单击下拉菜单"文件"→选择"打印"命令;
- 在命令行输入"PLOT"。

执行命令之后,界面会弹出"打印"对话框,此时在"打印机/绘图仪"下拉列表中选择"Publish To Web JPG. pc3",设置好其他参数之后即可打印。

9.6　习题

一、概念题

1. AutoCAD 2022 中提供了两个工作空间,分别为_____和_____。

2. 在"打印"对话框中,"打印区域"选项用来_____。选择"窗口"选项,需要通过指定_____确定要打印的区域。若在图纸空间打印,通常选择_____方式确定打印范围。

3. 如果一张图存在两种及两种以上不同的绘图比例,可以选择在图纸空间采用_____方式进行打印。

4. 激活视口的方法是在视口_____双击,此时视口呈_____状态。

5. 为了防止误操作,对于设置完比例后的视口,可以将其_____。

6. 在 AutoCAD 2022 中,除了可以在模型空间和图纸空间进行打印出图,还提供了如

DWF 文件、_____文件、_____文件等其他形式的图形输出。

二、操作题（操作视频请查阅电子教学资源库）

将例 9-2 的某单层住宅图在图纸空间按 1∶100 比例打印输出 A3 图纸。

9-1　图形输出

第二篇

TArch 20 V7.0

． ． ． ． ． ． ． ．

第10章

TArch 20 V7.0简介

AutoCAD 2022是通用性很强的绘图软件,适用于较多领域的工程辅助设计,但在特定领域的运用上并不具备专业性和针对性,从而影响工作效率。

1994年以来,北京天正公司基于AutoCAD平台,经过二次开发,推出天正建筑、天正结构、天正电气、天正暖通、天正给排水、天正日照、天正节能等系列软件。该软件具有专业性、实用性、易用性等特点,大大提高了专业绘图效率,得到设计人员的厚爱。其中天正建筑TArch软件,针对建筑施工图的特点,在绘制建筑平面图、建筑立面图、建筑剖面图、建筑详图和进行建筑图样标注等方面,相比通用绘图软件更加便捷和强大,土建类学生有必要在学习AutoCAD的基础上进一步学习天正建筑TArch软件。

本章主要介绍天正建筑TArch 20 V7.0的界面操作、环境设置、工程管理、文件操作等常用基本操作。

本章学习内容:

➢ TArch 20 V7.0的界面操作
➢ TArch 20 V7.0的环境设置
➢ TArch 20 V7.0的工程管理
➢ TArch 20 V7.0的文件操作

10.1 TArch 20 V7.0的界面操作

由于TArch是基于AutoCAD平台的二次开发软件,在安装TArch 20 V7.0之前,需要先确认系统中已正确安装了AutoCAD 2022。

10.1.1 TArch 20 V7.0的启动和退出

软件安装完毕后,可以采用如下任一方法启动:

- 双击计算机桌面上的TArch 20 V7.0图标；
- 单击任务栏上的图标；
- 单击屏幕左下角"开始"菜单→选择"T20天正建筑软件T20-Arch7.0"选项。

当需要退出TArch 20 V7.0时,务必保证当前文件已经存盘,可以采用如下任一方法退出:

- 单击TArch 20 V7.0标题栏右侧的关闭按钮；

- 单击 TArch 20 V7.0 标题栏左侧的 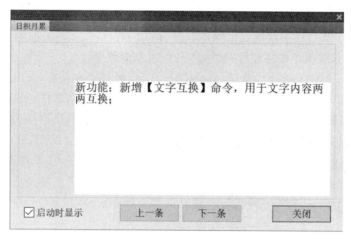 按钮→选择"退出 Autodesk AutoCAD 2022"选项；
- 在命令行输入"EXIT"或"QUIT"，按回车键或空格键执行。

10.1.2　TArch 20 V7.0 的用户界面

每次启动 TArch 20 V7.0，都会显示如图 10-1 所示的"日积月累"对话框，提示该版本 TArch 的新增功能和操作技巧，用户可以单击"下一条"按钮进行浏览和学习，或单击"关闭"按钮进入操作界面。

图 10-1　"日积月累"对话框

默认操作界面为"草图与注释"工作空间，如图 10-2 所示，包括标题栏、功能区、工具栏、绘图区、命令窗口、状态栏等部分，与第 1 章所述基本无异。可以发现，由于 TArch 20 V7.0 保留了 AutoCAD 2022 的所有功能，各工作空间下的界面组成与之基本相同，并在此基础上进行了扩充，主要包括绘图区左侧的天正屏幕菜单、天正常用快捷工具栏和状态栏新增按钮。

图 10-2　TArch 20 V7.0 经典用户界面

可以使用"Ctrl+"组合键打开或关闭天正屏幕菜单,折叠式三级结构可以使用单击方式打开、收起、运行,如图 10-3 所示。

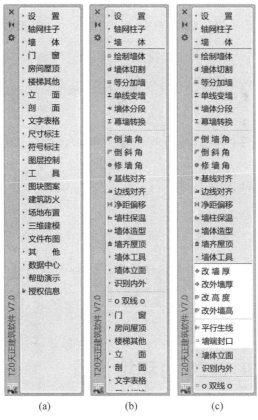

图 10-3　天正屏幕菜单("墙体"功能三级结构)

天正常用快捷工具栏为天正屏幕菜单中常用功能的按钮工具,与 AutoCAD 2022 工具栏一样,可以调用、隐藏、拖动,如图 10-4 所示。当需要单击多级菜单来实现某一操作从而影响绘图效率时,用户可以通过直接单击某一工具栏按钮来提高绘图速度。

图 10-4　天正常用快捷工具栏(常用快捷功能 1)

相比 AutoCAD 2022 的状态栏,TArch 20 V7.0 新增了编组、墙基线、墙柱填充、墙柱加粗、动态标注等按钮,位于状态栏右侧。

10.1.3　TArch 20 V7.0 的基本操作

由于 TArch 20 V7.0 是在 AutoCAD 2022 平台上二次开发的专业绘图软件,启动 TArch 20 V7.0 的同时即可启动 AutoCAD 2022,所以保留了 AutoCAD 2022 的所有功能,CAD 的基本操作方法、二维基本绘图命令、二维基本编辑命令依然有效。在此基础上,TArch 对建筑平面图、立面图、剖面图、详图的绘制和建筑图样的标注等方面进行了便捷、有效的扩充。对于天正绘图,可以优先使用天正功能,采用如下方法进行操作:

- 单击绘图区左侧的天正屏幕菜单,在弹出的对话框中设置绘图参数,根据命令行的提示进行操作;
- 单击天正常用快捷工具栏,根据命令行的提示进行操作;
- 在命令行中输入天正快捷命令,根据命令行的提示进行操作。

注意

(1) 将光标移到天正常用快捷工具栏某按钮上,便可出现该按钮的功能提示和天正快捷命令提示,如图 10-5 所示;

图 10-5　天正快捷工具栏按钮功能提示

(2) 天正快捷命令是对应操作的汉语拼音首字母,不区分大小写。例如"绘制墙体"操作,其天正快捷命令为"HZQT"。

10.2　TArch 20 V7.0 的环境设置

对于各工程项目,在运用 TArch 20 V7.0 绘制建筑施工图之前,都需要对软件进行环境设置,主要通过天正屏幕菜单的"设置"选项卡确定环境参数,如图 10-6 所示,重点为"天正选项"对话框。

图 10-6　"设置"菜单项

10.2.1　天正选项设置

单击天正屏幕菜单"设置"选项卡,选择"天正选项",界面弹出"天正选项"对话框,包括"基本设定""加粗填充""高级选项"三个选项卡,或直接在命令行输入快捷命令"TZXX"打开该对话框。

1."基本设定"选项卡

如图 10-7 所示,"基本设定"选项卡用于对 TArch 20 V7.0 的全局相关参数进行设置,

对图样绘制来说非常重要,包括以下参数:

- 图形设置参数,包括当前比例、当前层高、门窗编号大写等参数,其中的当前比例值会显示在状态栏的最左侧,并可以直接在该处进行更改;

图 10-7　"基本设定"选项卡

- 符号设置参数,包括符号标注文字距基线系数、标高符号三角高度、圆圈文字等参数,其中圆圈文字设置附有示意图。

2."加粗填充"选项卡

如图 10-8 所示,"加粗填充"选项卡用于对墙柱的加粗和填充效果进行控制,分为标准和详图两种情况。

3."高级选项"选项卡

如图 10-9 所示,"高级选项"选项卡用于对尺寸或符号标注、立剖面、门窗、墙柱等全局参数进行设置。

操作完毕,单击"确定"按钮便可完成天正选项设置。

10.2.2　其他环境设置

此外,还可以通过天正屏幕菜单"设置"下的"自定义""当前比例""文字样式""尺寸样式""图层管理"等功能进行进一步设置。

1."天正自定义"对话框

如图 10-10 所示,"天正自定义"对话框包括"屏幕菜单""操作配置""基本界面""工具条""快捷键"五个选项卡,可以根据需要进行设置。

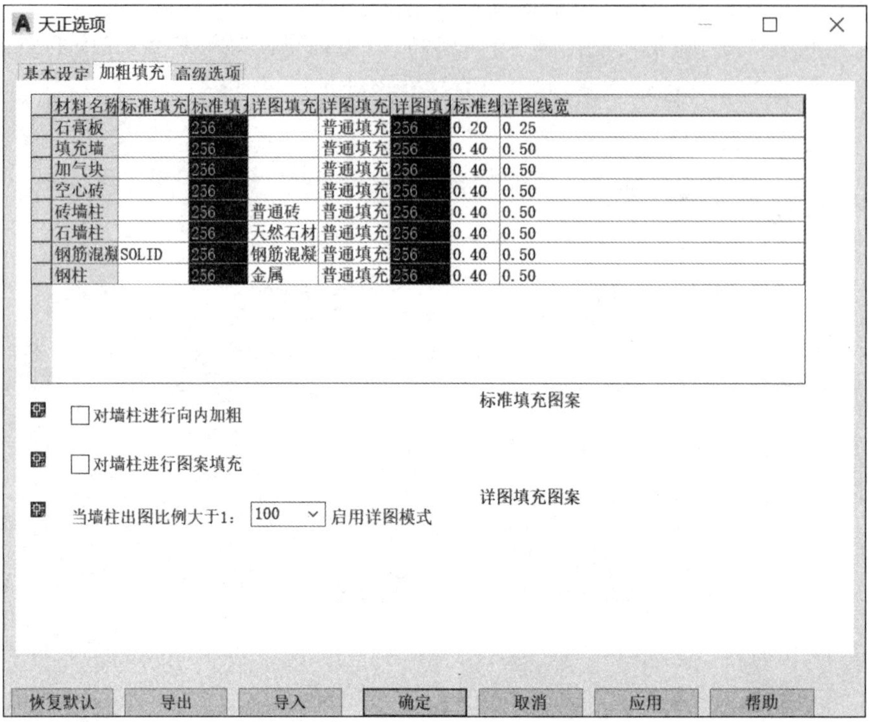

图 10-8 "加粗填充"选项卡

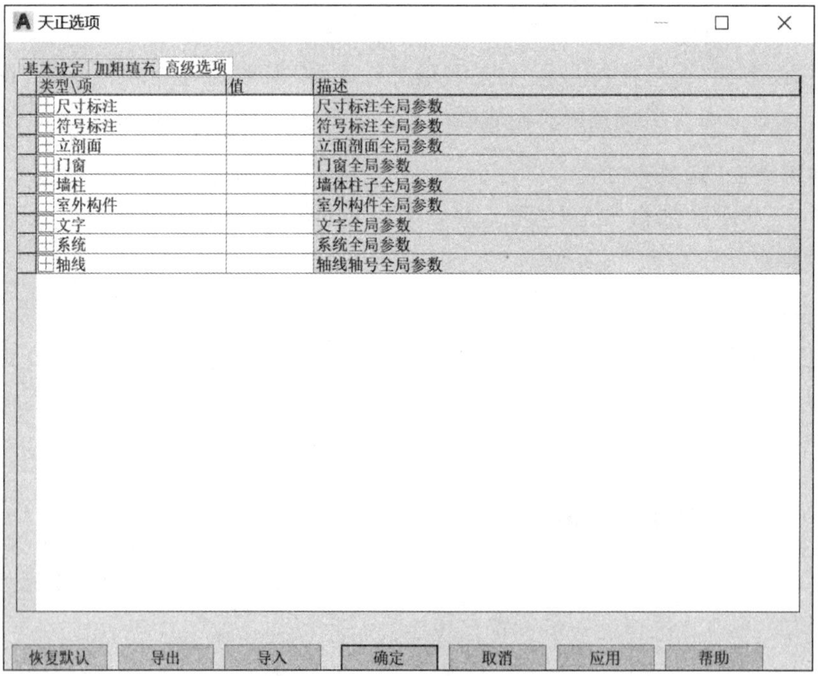

图 10-9 "高级选项"选项卡

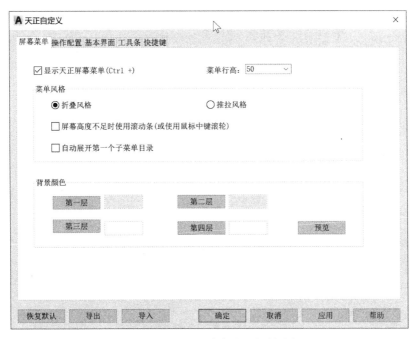

图 10-10　"天正自定义"对话框图

2."当前比例"设置

"当前比例"的设置与"天正选项"对话框中的当前比例设定值一致,如需更改,也可以在此处进行修改。

3."文字样式"对话框

如图 10-11 所示,"文字样式"对话框的设置方法与 AutoCAD 2022 基本相同。

图 10-11　"文字样式"对话框

4. "标注样式管理器"对话框

如图 10-12 所示,"标注样式管理器"对话框的设置方法与 AutoCAD 2022 基本相同。

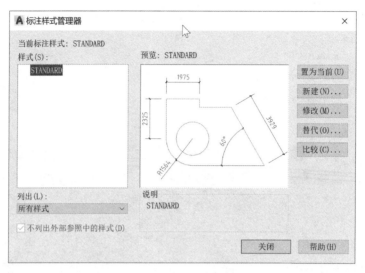

图 10-12　"标注样式管理器"对话框

5. "图层标准管理器"对话框

TArch 20 V7.0 可以根据所绘对象的类型自动建立图层,用户无须考虑图层的设置,只需直接通过图层功能来管理图形对象,如图 10-13 所示。可以在"图层标准管理器"对话框中对不同类型图层的相关参数进行更改设置。

图 10-13　"图层标准管理器"对话框

10.3　TArch 20 V7.0 的工程管理

对于某工程项目,工程管理可谓贯穿其绘图全过程,可以通过此功能实现图纸集中管理、三维模型生成和建筑立面图、建筑剖面图自动生成等功能,包括工程管理、图纸管理、楼层管理等。

10.3.1　工程管理

单击天正屏幕菜单"文件布图"选项卡,选择"工程管理",弹出"工程管理"菜单界面,如图 10-14 所示,包括"工程管理""图纸""楼层""属性"等功能,后三个功能的下拉菜单暂为空,单击菜单界面的"工程管理"下拉菜单进行选择,可以实现新建工程、打开工程、导入楼层表、导出楼层表等功能,也可以直接在命令行输入天正快捷命令"GCGL"打开"工程管理"菜单界面。

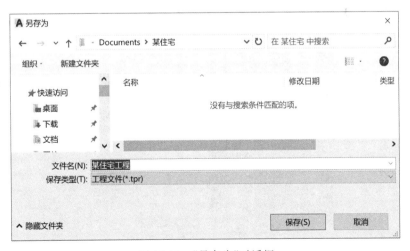

(a)　　　(b)

图 10-14　"工程管理"菜单界面及其功能

1."新建工程"选项

选择"新建工程",界面弹出"另存为"对话框,如图 10-15 所示,打开目标文件夹输入文件名,生成"某住宅工程. tpr"的工程文件,单击"保存"按钮,完成新建工程任务。

图 10-15　"另存为"对话框

2."打开工程"选项

选择"打开工程",界面弹出"打开"对话框,如图 10-16 所示,可以选择系统中已有的工程文件,单击"打开"按钮,完成打开工程任务。

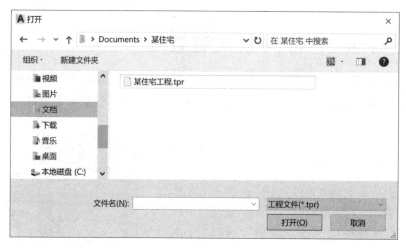

图 10-16 "打开"对话框

10.3.2 图纸管理

新建或打开工程后,在该工程项目施工图的绘制过程中,随时可以对图纸进行分类集中管理。单击"工程管理"菜单界面的"图纸"标签按钮,打开图纸管理下拉菜单,如图 10-17 所示,该下拉菜单包括自动生成的图纸说明、图纸目录、平面图、立面图、剖面图、总图、详图等分类。

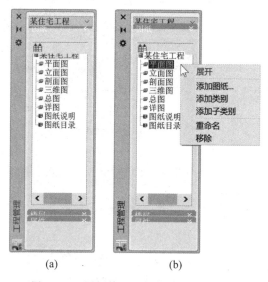

(a)   (b)

图 10-17 图纸管理下拉菜单及右键功能

1. "添加图纸"选项

右击"平面图"选项,在右键功能中选择"添加图纸",界面弹出"选择图纸"对话框,如图 10-18 所示,选择"一层平面图.dwg"文件,单击"打开"按钮,完成添加图纸任务。

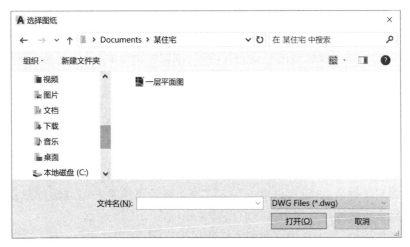

图 10-18　"选择图纸"对话框

2. "打开"或"移除"图纸选项

添加图纸后,如图 10-19 所示,在"平面图"前面出现 ⊞ 按钮,单击展开,再右击"一层平面图",选择"打开"或"移除",完成打开图纸或移除图纸任务。

10.3.3　楼层管理

单击"工程管理"菜单界面的"楼层"按钮,打开楼层管理下拉菜单,如图 10-20 所示,该菜单包括楼层相关功能按钮与各楼层信息列表。

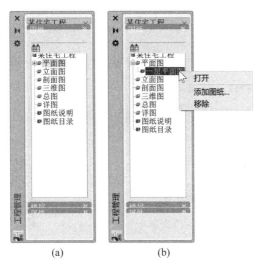

图 10-19　"打开"和"移除"图纸功能

图 10-20　"楼层管理"下拉菜单

1. 楼层功能按钮

如图 10-21 所示,楼层功能按钮分别为选择楼层文件、框选楼层范围、组合三维模型、生成建筑立面、生成建筑剖面、门窗检查、插入门窗总表等。

2. 楼层信息列表

利用工程管理功能创建工程数据库文件,可以通过楼层信息列表,将楼层编号与层高数据进行对应,以便工程三维模型的建立和立面图、剖面图的生成,一个平面图可以代表一个或多个自然楼层。可以对楼层信息列表进行如下操作:

- 单击单元格直接输入"层号""层高""文件"等楼层信息,如图 10-22 所示;

图 10-21　楼层功能按钮

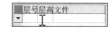

图 10-22　楼层信息表输入

- 对于楼层文件信息,也可以单击"文件"单元格后再单击右侧方形按钮▇,在打开的对话框中直接选择系统中已有的图形文件,如图 10-23 所示;
- 若要增加楼层,单击表格左侧的下三角形按钮▾,新增楼层行,并输入单元格中相关信息,如图 10-24 所示;
- 若要进行删除楼层等其他操作,右击楼层行左侧的右三角形按钮▸或空白按钮▇,如图 10-25 所示,选择"删除行"等选项。

图 10-23　"文件"信息　　　　图 10-24　楼层信息表增加行　　　　图 10-25　楼层信息表其他操作

10.3.4　属性管理

单击"工程管理"菜单界面的"属性"标签按钮,打开属性管理下拉菜单,此处不再赘述。

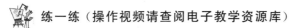 练一练(操作视频请查阅电子教学资源库)

熟悉天正建筑"工程管理"功能:新建某酒店工程项目,进行工程管理、图纸管理、楼层管理等操作。

10.4　TArch 20 V7.0 的文件操作

TArch 20 V7.0 的图形文件基本操作与第 1 章中所述 AutoCAD 2022 基本相同。此外,TArch 20 V7.0 还具有一些扩展功能,下面进行介绍。

10-1　工程管理功能

10.4.1　文档转换

为了方便新老用户使用不同版本的天正建筑进行绘图与出图工作,TArch 20 V7.0 提供了旧图转换、图形导出、批量转旧等文档转换功能。

1. "旧图转换"功能

单击天正屏幕菜单中"文件布图"选项,选择"旧图转换",界面弹出如图 10-26 所示的"旧图转换"对话框,可以供用户对当前工程设置统一的三维参数,将旧版对象格式升级为新版自定义对象格式,待转换完成,再根据不同情况进行对象编辑。

图 10-26　"旧图转换"对话框

若仅需对图上的部分旧版图形进行转换,可以勾选"局部转换"复选框,单击"确定"按钮,根据命令行的提示选择转换范围进行操作。

2. "整图导出"功能

单击天正屏幕菜单中"文件布图"选项,选择"整图导出",界面弹出"图形导出"对话框,如图 10-27 所示,可以导出各版本的天正或 CAD 文件。

图 10-27　"图形导出"对话框

3. "批量导出"功能

单击天正屏幕菜单中"文件布图"选项,选择"批量导出",界面弹出"请选择待转换的文件"对话框,如图 10-28 所示,批量选择文件后,单击"打开"按钮,界面弹出如图 10-29 所示的"浏览文件夹"对话框,选择文件夹,单击"确定"按钮,即可完成新版图形批量转换为旧版的操作。

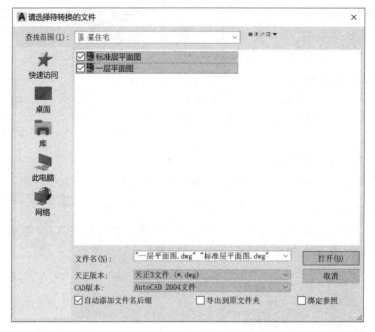

图 10-28　"请选择待转换的文件"对话框

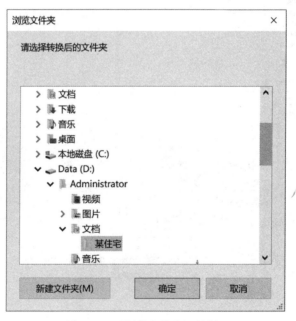

图 10-29　"浏览文件夹"对话框

10.4.2　分解对象

单击天正屏幕菜单中"文件布图"选项,选择"分解对象",根据命令行的提示选择目标对象进行操作,将天正自定义的专业图形对象分解为 AutoCAD 的标准图形对象,从而脱离天正环境,可以在 AutoCAD 环境或 AutoCAD 之外的环境中进行浏览和操作。

10.4.3　图纸保护

单击天正屏幕菜单中"文件布图"选项,选择"图纸保护",可以根据命令行的提示选择要保护的对象进行操作,对指定的对象设置分解密码,创建只读对象,控制编辑和修改功能,从而保护设计成果,避免被侵权。

10.4.4　其他操作

此外,还可以通过单击天正屏幕菜单"文件布图"下的"局部导出""备档拆图""整图比对""插件发布"等功能进行其他操作,此处不再赘述。

10.5　习题

一、概念题

1. TArch 20 V7.0 在保留 AutoCAD 2022 所有功能的基础上进行扩充,相比 AutoCAD 2022,其操作界面主要增加了 _____ 、_____ 和 _____ 三个部分。

2. TArch 20 V7.0 的基本操作方法包括 _____ 、_____ 和 _____ ,此外 AutoCAD 2022 的命令与功能依然有效。

3. TArch 20 V7.0 的"工程管理"菜单界面包括 _____ 、_____ 、_____ 和 _____ 四个部分。

二、操作题(操作视频请查阅电子教学资源库)

1. 熟悉 TArch 20 V7.0 的用户界面与基本操作方法。

2. 熟悉 TArch 20 V7.0 的环境设置,对各个对话框进行感性认识。

3. 熟悉 TArch 20 V7.0 的文件操作,比较其与 AutoCAD 2022 的异同。

10-2　用户界面与基本操作　　10-3　环境设置　　10-4　文件操作

第11章

建筑平面图的绘制入门

建筑施工图的绘制一般都从建筑平面图入手,本章以图 11-1 所示的某住宅平面图(在前述第 8 章使用 AutoCAD 2022 绘制的例 8-1 基础上,增加柱子、楼梯、散水等部分并略作改动)为例,介绍运用 TArch 20 V7.0 绘制建筑平面图的一般方法和步骤。本章作为天正软件的快速入门章节,旨在为用户介绍 TArch 20 V7.0 天正模块特别是平面图绘制相关模块的基本操作,让用户感受到运用 TArch 20 V7.0 绘制建筑平面图比 AutoCAD 2022 更专业和便捷,详细操作和其他功能留待后续章节补充和展开。

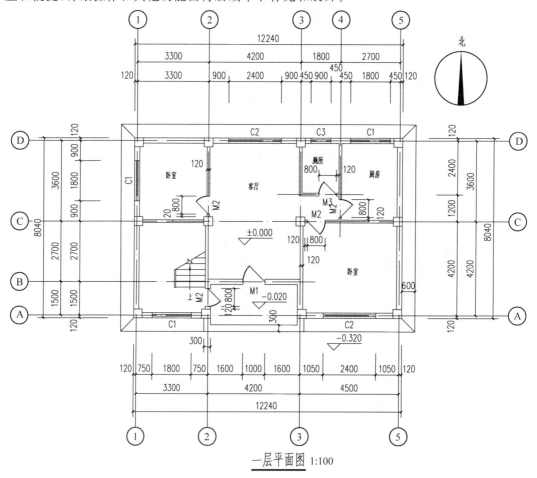

一层平面图 1:100

图 11-1 某住宅建筑平面图

本章学习内容：

➢ 轴网绘制

➢ 柱子布置

➢ 墙体绘制

➢ 门窗插入

➢ 室内外设施绘制

➢ 文字/尺寸/符号标注

11.1　轴网绘制

轴线是建筑物各承重构件的中心线，呈网状分布的轴线即轴网。轴网是绘制柱子、墙体、门窗、楼梯和其他附属设施的定位线，是正式绘图工作的第一步。轴网绘制包括轴网的创建、轴网的编辑、轴网的标注、轴号的编辑等内容。

11.1.1　轴网的创建

单击天正屏幕菜单"轴网柱子"选项，打开二级菜单，如图 11-2 所示，出现包括有关轴网和柱子的菜单选项。选择"绘制轴网"，界面弹出"绘制轴网"对话框，如图 11-3 所示，也可以直接在命令行输入天正快捷命令"HZZW"打开该对话框。

图 11-2　"轴网柱子"二级菜单

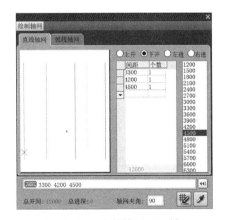

图 11-3　"绘制轴网"对话框

在默认的"直线轴网"选项卡中，左侧为轴网预览图，供用户在输入轴网信息的同时进行预览和观察。本例的轴网数据如下（单位均为 mm）：

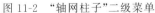

上开间　　3300　　4200　　1800　　2700

下开间	3300	4200	4500
左进深	1500	2700	3600
右进深	4200	3600	

根据以上数据,先单击选择"上开""下开""左进""右进"选项,再选择如下任一方式完成设置:

- 单击选择右侧轴网信息表的轴间距预设常用值栏,自动输入;
- 单击右侧轴网信息表的"轴间距"与"个数"单元格,手动输入;
- 单击下方的键入栏,手动输入,数据之间用空格隔开,最后按回车键确认;
- 输入完毕后,无须退出对话框,直接单击绘图区目标位置,插入平面轴网,如图 11-4 所示;
- 单击"关闭"按钮或者按 Esc 键退出对话框。

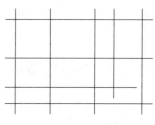

图 11-4　平面轴网

创建轴网的其他方式待第 12 章进行描述。

11.1.2　轴网的编辑

1. 轴改线型

使用"绘制轴网"对话框创建的轴网默认为细实线,单击天正屏幕菜单"轴网柱子"选项,打开二级菜单,选择"轴改线型",则变成细点画线显示,如图 11-5 所示,也可以直接在命令行输入天正快捷命令"ZGXX"进行操作。

2. 轴线裁剪

对于自动生成的轴网,用户可以通过轴线裁剪编辑将其更改为合适长度。单击天正屏幕菜单"轴网柱子"选项,打开二级菜单,选择"轴线裁剪",根据命令行的提示进行操作,也可以直接在命令行输入天正快捷命令"ZXCJ"进行操作。命令行的提示与操作如下:

命令: ZXCJ　　　　　　　　　　　　　　　　(执行轴线裁剪命令)
矩形的第一个角点或
[多边形裁剪(P)/轴线取齐(F)]<退出>:　　　(单击矩形的第一个角点)
另一个角点<退出>:　　　　　　　　　　　　(单击矩形的另一个对角点)

图 11-1 下方无④轴线,右侧无Ⓑ轴线,故需要进行相应裁剪,轴线裁剪过程如图 11-6 所示。

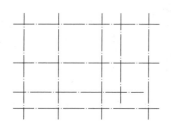

图 11-5　"轴改线型"功能

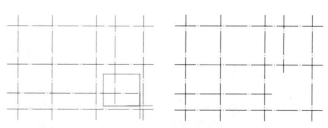

图 11-6　"轴线裁剪"过程

注意

(1)"多边形裁剪(P)"的裁剪区域为多边形,通过单击多边形的各个角点来控制裁剪区域的形状;

(2)"轴线取齐(F)"应先指定某一裁剪线,再确定裁剪线的某一侧对轴网进行裁剪。

3. 其他编辑

对于自动生成的轴网,用户也可以通过 AutoCAD 命令或操作进行编辑。图 11-1 中厕所进深为 2400mm,故添加距①轴线 2400mm 的短轴线,操作如下:

偏移轴线,采用"OFFSET"命令(图 11-7)。

调整轴线,采用"STRETCH"命令,或直接通过夹点编辑(图 11-8)。

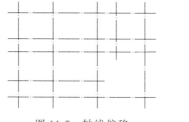

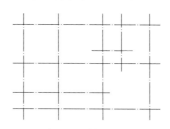

图 11-7 轴线偏移　　　　　图 11-8 轴线调整

轴网的其他编辑功能待第 12 章进行描述。

11.1.3 轴网的标注

单击天正屏幕菜单"轴网柱子"选项,打开二级菜单,选择"轴网标注",界面弹出"轴网标注"对话框,如图 11-9 所示,也可以直接在命令行输入天正快捷命令"ZWBZ"进行操作。

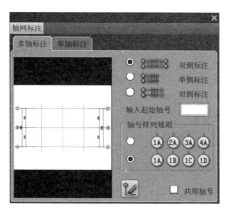

图 11-9 "轴网标注"对话框

在"多轴标注"选项卡中,选择"双侧标注",可以不输入起始轴号,无须退出对话框,根据命令行的提示进行操作:

请选择起始轴线<退出>:　　　　　　　　　　(单击选择最左侧或最下方起始轴线)

请选择终止轴线<退出>:　　　　　　　　　　　（单击选择最右侧或最上方终止轴线）

请选择不需要标注的轴线:　　　　　　　　　　（回车或空格执行）

则竖直方向的轴线自动从数字 1 开始标注轴号,水平方向的轴线自动以字母 A 开始标注轴号,如图 11-10 所示,标注完成后单击"关闭"按钮或者按 Esc 键退出对话框。

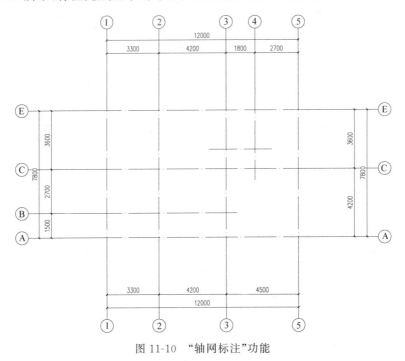

图 11-10　"轴网标注"功能

可以看出,在轴网标注轴号的同时,轴线间的尺寸也自动进行了标注,非常便捷。

 注意

"绘制轴网"对话框与"轴网标注"对话框都为非模式对话框,其特点为:

(1)设定完相关参数后,无须关闭对话框,将光标移到绘图区即可进行绘图操作;

(2)绘图操作完成以后,光标回到对话框可以继续修改参数;

(3)参数设置与绘图操作可以随时切换、循环进行,操作完毕后单击"关闭"按钮或者按 Esc 键退出。

后续如"标准柱/异形柱""墙体/玻璃幕墙""门/窗"等对话框,也均为非模式对话框。

11.1.4　轴号的编辑

对于轴网标注功能自动生成的轴号,可以进行"添补轴号""删除轴号""一轴多号""轴号隐现""主附转换"等编辑操作,本部分内容待第 12 章再进行描述。

本例直接双击轴号Ⓔ,修改为轴号Ⓓ,操作完毕如图 11-11 所示。

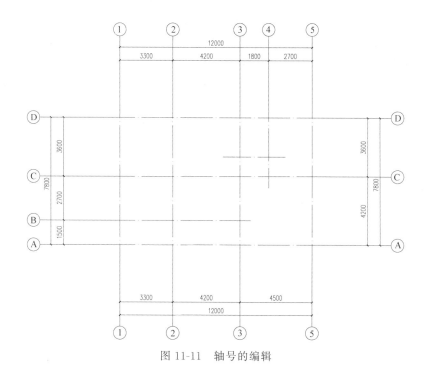

图 11-11　轴号的编辑

11.2　柱子布置

作为竖直方向的承重构件,柱子主要起承重和支撑作用,其绘制可以在轴网绘制之后进行,也可以在墙体绘制完成之后再进行。

11.2.1　柱子的创建

单击天正屏幕菜单"轴网柱子"选项,打开二级菜单,选择"标准柱",界面弹出"标准柱/异形柱"对话框,如图 11-12 所示。

也可以直接在命令行输入天正快捷命令"BZZ"打开该对话框,包括"标准柱"与"异形柱"选项卡,"标准柱"选项卡又分为"矩形""圆形""多边形"选项卡,可以创建不同截面形状的柱子。以"矩形"选项卡为例,分为预览、偏心、尺寸、柱高、材料、转角、插入方式等部分,包括如下操作步骤和内容:

(1)输入"横向""纵向""柱高"三个参数,也可以单击右侧的上、下三角号,按照 50 的模数进行增减;

(2)通过横轴与纵轴标尺调整柱子的偏心值,也可以单击横轴和纵轴标尺的三角号,按照 10 的模数进行调整;

(3)单击"材料"右侧的下拉三角号,选择材料类型,

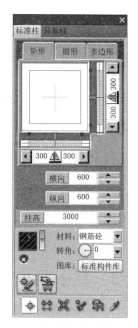

图 11-12　"标准柱/异形柱"对话框

在左侧材料预览框进行预览和查看,并选择是否进行柱子填充;

（4）输入"转角"参数,也可以单击右侧的下拉三角号,选择预设常用值;

（5）可以单击"标准构件库"按钮 标准构件库 ,在天正构件库中选择异形柱截面;

（6）确认无误后,单击 中不同按钮选择插入方式,分别为"点选插入柱子""沿着一根轴线布置柱子""指定的矩形区域内的轴线交点插入柱子""替换图中已插入的柱子""选择 PLine 线创建异形柱""在图中拾取柱子形状或已有柱子",选择不同按钮,命令行出现不同提示内容;

（7）还可以进行"删除柱子"和"编辑柱子"操作;

（8）无须退出对话框,直接在绘图区进行操作,柱子插入完毕后,单击"关闭"按钮或者按 Esc 键退出对话框。

本例为钢筋混凝土矩形柱,截面尺寸为 400mm×400mm,柱高 3m,边柱与外墙边平齐,据此更改相应参数,选择"点选插入柱子"按钮 ,操作完毕如图 11-13 所示。

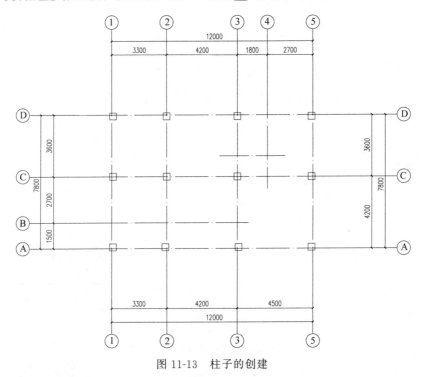

图 11-13　柱子的创建

11.2.2　柱子的编辑

对于采用各种方式已经布置好的柱子,可以进行"柱齐墙边"和更改形状、尺寸、材料、位置等编辑操作,由于本例无须对柱子进行编辑,本部分内容待第 12 章再进行描述。

11.2.3　柱子的加粗与填充

按前述步骤绘制好的柱子为空心细实线显示,而按照规定,按 1:100 比例绘制的建筑平面图,其钢筋混凝土矩形柱应当加粗并填充显示。单击状态栏右侧"启动/关闭 墙柱加

粗"按钮 ☰ 启动墙柱加粗功能,如图 11-14 所示;单击状态栏右侧"启动/关闭 墙柱填充"按
钮 ☰ 启动墙柱填充功能,如图 11-15 所示。为不影响绘图速度和图形显示速度,建议用户在
绘图时关闭这两个功能,出图时再进行开启。

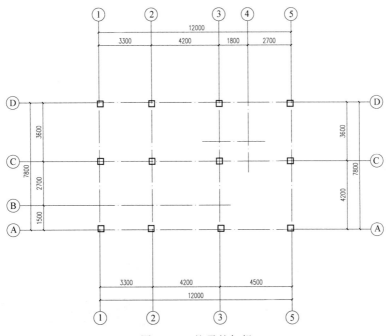

图 11-14　柱子的加粗

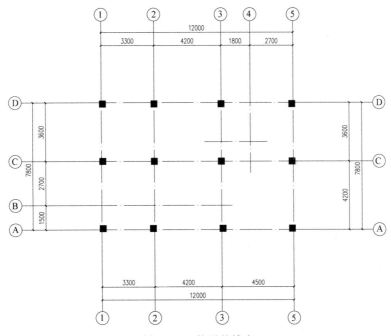

图 11-15　柱子的填充

11.3　墙体绘制

墙体是建筑物在竖直方向上重要的承重和围护构件,在轴网绘制完毕之后,用户可以直接进行墙体绘制,也可以按天正屏幕菜单顺序待柱子布置完成之后再进行绘制。TArch 20 V7.0 提供了墙体创建和编辑的多种功能。与 AutoCAD 2022 产生的零散的两条平行线不同,TArch 20 V7.0 所绘二维墙体带有材料、长度、厚度、高度等参数数据,与其他构件之间带有功能关联性,从而可以有效提高建筑绘图效率,是天正图样的重要组成部分之一。

11.3.1　墙体的创建

单击天正屏幕菜单"墙体"选项,打开有关墙体创建、编辑的二级菜单选项和工具,如图 11-16 所示。选择"绘制墙体"选项,界面弹出"墙体/玻璃幕墙"对话框,如图 11-17 所示,也可以直接在命令行输入天正快捷命令"HZQT"打开该对话框。

图 11-16　"墙体"二级菜单　　　图 11-17　"墙体/玻璃幕墙"对话框

"墙体/玻璃幕墙"对话框包括"墙体"与"玻璃幕墙"选项卡,以"墙体"选项卡为例,分为预览、左宽、右宽、墙高、底高、材料、用途、防火、绘墙方式等部分,包括如下操作步骤和内容:

(1) 输入"左宽""右宽"两个参数,也可以直接单击下方预设常用值栏,选择自动输入;

(2) 单击预览图下方的三个下拉三角号,选择控制墙基线位置的方式为左偏、中间或者右偏;

(3) 输入"墙高"参数,也可以单击右侧的上、下三角号,按照 300 的模数进行增减;

(4) 输入"底高"参数,也可以单击右侧的上、下三角号,按照 10 的模数进行增减;

(5) 单击"材料"右侧的下拉三角号,选择材料类型,在左侧材料预览框进行预览和查

看,并选择是否进行墙体填充;

（6）单击"用途"右侧的下拉三角号,选择用途类型;

（7）单击"防火"右侧的下拉三角号,选择防火等级;

（8）根据需要设置"左保温"与"右保温"厚度,选择是否显示"保温图案";

（9）单击 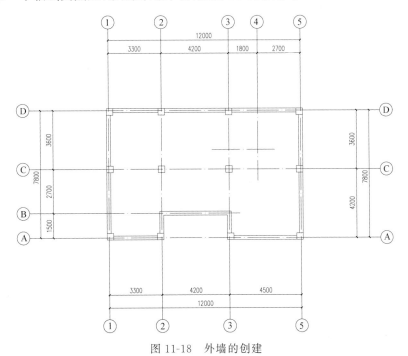 不同按钮选择绘墙方式,分别为"直墙""弧墙""矩形绘墙""替换图中已插入的墙体""拾取墙参数""自动捕捉""模式开关";

（10）还可以进行"删除墙体"和"编辑墙体"操作;

（11）无须退出对话框,直接在绘图区进行操作,墙体绘制完毕后,单击"关闭"按钮或者按 Esc 键退出对话框。

本例为一般用途直线砖墙,底高为 0,墙高与当前层高一致,墙基线位于墙中,外墙厚度为 240mm,内墙厚度为 120mm,根据以上数据进行参数设置和墙体绘制。

1. 外墙

按照外墙参数设置好"墙体"选项卡,选择"直墙"按钮 ▤,打开"对象捕捉（F3）"功能,命令行的提示与操作如下:

起点或［参考点（R）]<退出>: <打开对象捕捉>　　　　　　（单击第一个外墙轴线的交点）
直墙下一点或［弧墙（A）/矩形画墙（R）/闭合（C）/回退（U）]<另一段>:
　　　　　　　　　　　　　　　　　　　　　　（依次单击外墙转角的轴线交点）

回到第一个轴线交点处,形成封闭外墙,如图 11-18 所示。

图 11-18　外墙的创建

2. 内墙

封闭外墙创建完毕,命令行仍提示"起点或［参考点（R）]<退出>:",按内墙参数更改

"墙体"选项卡,返回绘图区,依次选择各段内墙起点、终点进行绘制,如图 11-19 所示。

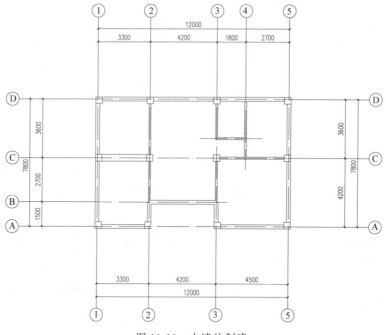

图 11-19　内墙的创建

由外墙和内墙的创建过程可以发现以下几点:

- 当所绘墙体的某处与已绘柱子交汇时,会自动绕开柱子;
- 当所绘墙体的某处与已绘墙体交汇时,会自动处理交汇处;
- 当所绘墙体终点与已绘墙体交汇时,会自动结束当前连续绘制,并进入下一连续绘制,如此循环;
- 以与墙体交汇的柱子或墙体为界,每一段墙体都是独立的、带有共同参数信息的双线整体,可以单独进行墙体编辑操作。

11.3.2　墙体的编辑

本例中,楼梯间和主卧室与外墙连接的内墙应与外墙边平齐,应对该墙段进行"边线对齐"操作,可以选择如下任一方式完成:

- 直接在命令行输入天正快捷命令"BXDQ";
- 单击天正屏幕菜单"墙体",选择"边线对齐";
- 选择墙体对象,右击墙段单元,界面弹出墙体编辑快捷菜单,如图 11-20 所示,选择"边线对齐";
- 双击墙段单元,界面弹出图 11-17 所示"墙体/玻璃幕墙"对话框,更改"左宽"和"右宽"数值,分别设为 0 和 120;
- 单击墙段单元,出现起点、中点、终点等夹点,拖动夹点实现墙体的延伸或移动。

对齐操作完毕后,如图 11-21 所示。第四种方式即"墙体/玻璃幕墙"对话框参数修改,前三种方式与 AutoCAD 2022 中对直线和弧线的夹点操作相似,命令行提示与操作如下:

请点取墙边应通过的点或［参考点(R)]<退出>：　　　　（单击墙体对齐线要通过的点）
请点取一段墙<退出>：　　　　　　　　　　　　　　　（单击要对齐的墙体）

图 11-20　墙体编辑快捷菜单

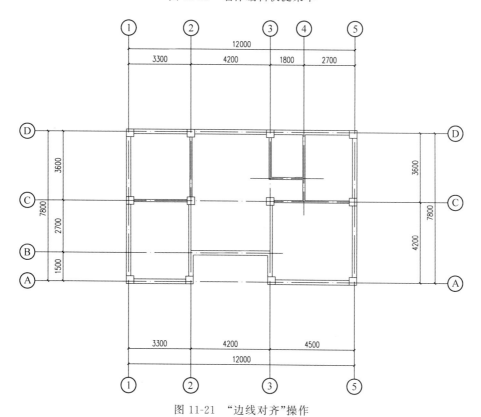

图 11-21　"边线对齐"操作

墙体的其他编辑功能待第 12 章进行描述。

11.3.3 墙体的加粗

按前述步骤绘制好的墙体为细实线显示,而按照规定,按 1:100 比例绘制的建筑平面图,其墙线应当加粗显示。单击状态栏右侧"启动/关闭 墙柱加粗"按钮 ☰ 启动墙柱加粗功能,如图 11-22 所示。为不影响绘图的速度和图形显示的速度,建议用户在绘图时关闭,出图时再开启墙体加粗的功能。

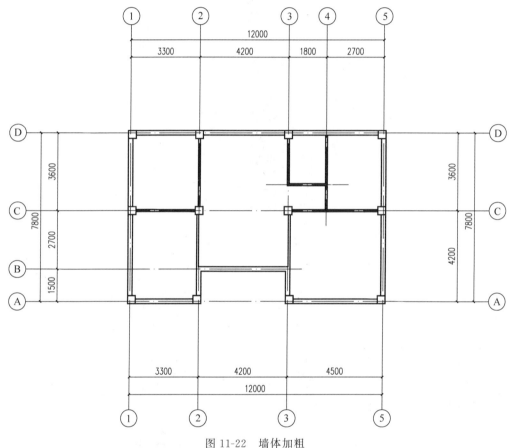

图 11-22　墙体加粗

11.4　门窗插入

门窗是建筑物进行室内与室外联系的重要构件,在 TArch 20 V7.0 中,门窗与墙体自动关联,其插入必须在墙体绘制之后进行,包括门的创建与编辑、窗的创建与编辑、门窗的编号。

11.4.1　门的创建与编辑

单击天正屏幕菜单"门窗"选项,打开二级菜单,出现有关门和窗的绘制与编辑菜单选项,如图 11-23 所示。

1. 门的创建

选择"门窗",界面弹出如图 11-24 所示"门"对话框,也可以直接在命令行输入天正快捷命令"MC"打开该对话框。单击对话框右下方  不同按钮,可以将对话框切换到"插门""插窗""插门连窗""插子母门""插弧窗""插凸窗""插洞"中的任一模式,或打开"标准构件库"。

在默认的"门"对话框中,包括平面和立面样式预览、编号、类型、尺寸参数、个数、插入方式等部分,其操作步骤和内容如下:

(1)将光标置于左侧平面门样式预览图和右侧立面门样式预览图上,界面出现如图 11-25 所示的手形标识,单击打开天正图库管理系统,可以根据需要选择样式;

(2)可以直接输入"编号"值,也可以单击右侧的下拉三角号选择已有门编号或者进行自动编号,设置编号为空即不进行门编号操作;

(3)单击"类型"按钮 类型,打开如图 11-26 所示的"编号设置"对话框,可以对门窗的类别与编号规则进行设置,单击"类型"下拉三角号,可以直接选择设置好的门类型;

图 11-23　"门窗"二级菜单

图 11-24　"门"对话框

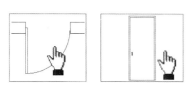

图 11-25　门样式平立面预览

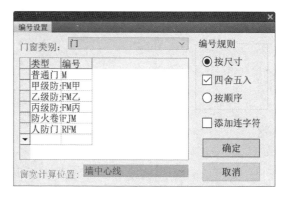

图 11-26　"编号设置"对话框

(4)直接输入"门宽""门高""门槛高""距离""个数"等参数,或单击参数右侧的下拉三角号,选择预设常用值;

(5)单击左下方 [不同按钮选择插入门的方式,分别为

"自由插入""沿墙顺序插入""轴线等分插入""墙段等分插入""垛宽定距插入""轴线定距插入""按角度插入""据鼠标位置居中或定距插入""充满整个墙段插入""插入上层门窗""在已有洞口插入多个门窗""替换已有门窗""拾取门窗参数""删除门窗";

（6）还可以进行"查表"和"收藏"操作；

（7）无须退出对话框，直接在绘图区进行操作，门插入完毕后，单击"关闭"按钮或者按 Esc 键退出对话框。

本例中，M1(1000mm)选择"轴线等分插入"按钮 ；M2(900mm)与 M3(800mm)选择"垛宽定距插入"按钮 ，并在"距离"一项中输入门垛宽度值 120mm。依次按照 M1、M2、M3 的编号顺序，反复进行对话框参数输入与绘图区绘图操作的切换，命令行的提示与操作如下：

选取门窗大致的位置和开向(Shift－左右开)<退出>：　　（单击目标墙体开门的内侧）

绘制完毕后如图 11-27 所示。

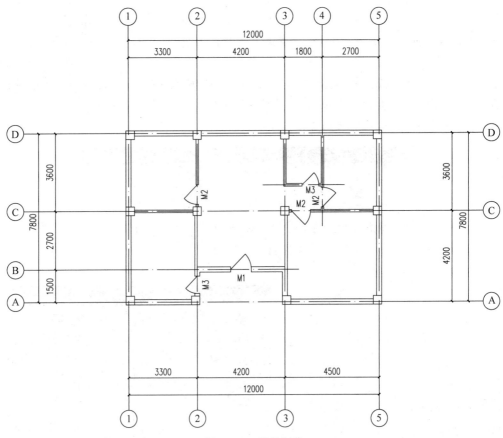

图 11-27　门的创建

2. 门的编辑

本例中，楼梯间 M3 门为右侧外开，应进行"内外翻转"操作；入口 M1 门为右侧内开，次卧 M2 门为左侧内开，厕所 M3 门为右侧内开，应进行"左右翻转"操作，可以选择如下任一方式进行：

- 直接在命令行输入天正快捷命令"NWFZ"与"ZYFZ";
- 单击天正屏幕菜单"门窗"选项,打开二级菜单,选择"内外翻转"和"左右翻转";
- 选择目标对象并右击,界面弹出门窗编辑快捷菜单,选择"内外翻转"和"左右翻转"。

编辑完毕后如图 11-28 所示。门对象的其他编辑功能待第 12 章进行描述。

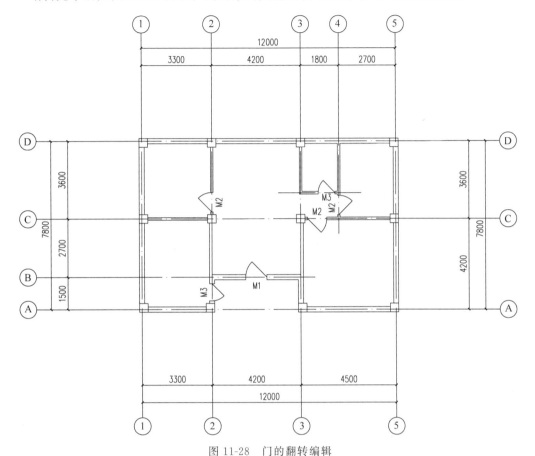

图 11-28 门的翻转编辑

11.4.2 窗的创建与编辑

1. 窗的创建

单击天正屏幕菜单"门窗"选项,打开二级菜单,选择"门窗",界面弹出"门"对话框,单击
"插窗"按钮 ⊞ ,切换到"窗"对话框,如图 11-29 所示,包括平面和立面样式预览、编号、类
型、尺寸参数、个数、插入方式等部分。

图 11-29 "窗"对话框

内容和操作包括如下：

（1）单击左侧平面窗样式和右侧立面窗样式预览图，打开天正图库管理系统进行选择；

（2）可以直接输入"编号"值，也可以单击"编号"右侧的下拉三角号选择已有窗编号或者进行自动编号，设置编号为空即不进行窗编号操作；

（3）单击"类型"按钮 类型 ，可以打开"编号设置"对话框对门窗的类别、编号规则进行设置，单击"类型"右侧的下拉三角号，可以直接选择窗类型；

（4）直接输入"窗宽""窗高""窗台高""距离""个数"等参数，或单击参数右侧的下拉三角号，选择预设常用值；

（5）单击"窗"对话框左下方 不同按钮选择插窗方式；

（6）还可以进行"查表"和"收藏"操作；

（7）无须退出对话框，直接在绘图区进行操作，窗插入完毕后，单击"关闭"按钮或者按Esc键退出对话框。

本例中，C1（1800mm）、C2（2400mm）、C3（900mm）均选择"轴线等分插入"按钮 ，依次按照 C1、C2、C3 的编号顺序，反复进行对话框参数输入与绘图区操作的切换，绘制完毕后，如图 11-30 所示，命令行的提示与操作如下：

选取门窗大致的位置和开向（Shift－左右开）<退出>：　　（单击目标墙体开窗的内侧）
指定参考轴线[S]/门窗或门窗组个数（1~2）<1>：　　（回车或空格确认并执行）

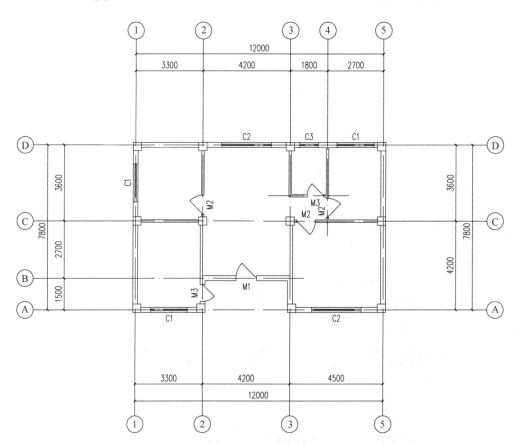

图 11-30　窗的创建

2. 窗的编辑

对于已经插入的窗,可以进行替换、参数更改、内外翻转等各种编辑操作,由于本例无须进行窗的编辑,本部分内容待第 12 章进行描述。

11.4.3　门窗的编号

TArch 20 V7.0 提供了编号设置、门窗编号、编号复位、编号翻转、编号后缀、门窗表等有关门窗编号的功能,待第 12 章再进行描述。

11.5　室内外设施绘制

室内外设施依附于建筑物主体而存在,包括楼梯、电梯、扶梯等室内设施,以及阳台、台阶、坡道、散水等室外设施,各自发挥不同作用。单击天正屏幕菜单"楼梯其他"选项,打开二级菜单,界面出现以楼梯为主的室内外设施的绘制菜单选项,如图 11-31 所示。

图 11-31　"楼梯其他"二级菜单

11.5.1　楼梯的绘制

楼梯是建筑物联系上、下楼层的重要组成部分,由梯段、平台、栏杆、扶手等构件组合而成,根据形式不同,可以分为双跑楼梯和多跑楼梯,梯段根据其平面形式不同,又可以分为直线梯段、圆形梯段和任意梯段。TArch 20 V7.0 提供了不同形式梯段、扶手和楼梯的绘制功能。

本例为经典双跑楼梯,单击天正屏幕菜单"楼梯其他"选项,打开二级菜单,选择"双跑楼梯",界面弹出"双跑楼梯"对话框,如图 11-32 所示,也可以直接在命令行输入天正快捷命令"SPLT"打开该对话框。该对话框也为非模式对话框,包括与梯段、踏步、休息平台有关的参数,其操作步骤和内容如下:

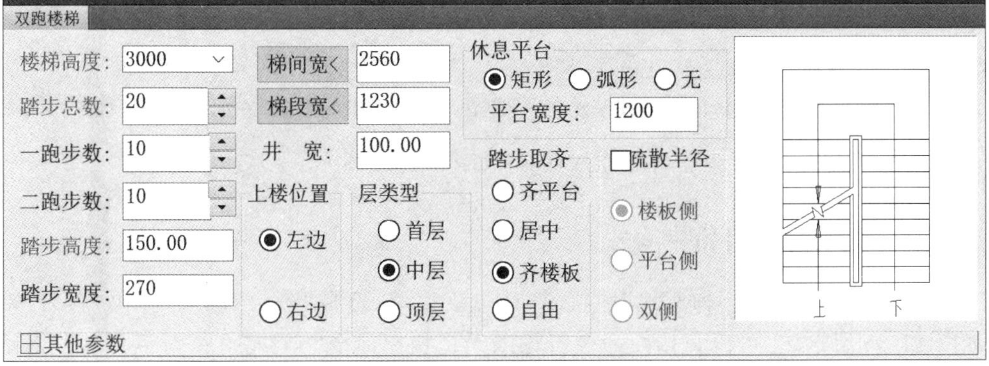

图 11-32　"双跑楼梯"对话框

（1）"楼梯高度""踏步总数""踏步高度"为关联参数，输入任意两个参数，会自动计算第三个参数；

（2）"梯间宽""梯段宽""井宽"为关联参数，输入任意两个参数，会自动计算第三个参数；

（3）可以直接输入"楼梯高度"数值，也可以单击右侧下拉三角号，选择预设常用值；

（4）可以直接输入"踏步总数""一跑步数""二跑步数"数值，也可以单击右侧的上下三角按钮进行数值增减，"踏步总数"为"一跑步数"与"二跑步数"之和；

（5）可以直接输入"梯间宽"与"梯段宽"数值，也可以从绘图区直接量取；

（6）对于"上楼位置""层类型""休息平台""踏步取齐""疏散半径"等，可以根据楼梯具体情况进行选择和勾选；

（7）单击"其他参数"按钮 ⊞其他参数 ，展开与扶手和标注有关的参数界面，如图 11-33 所示，可以根据情况进行设置；

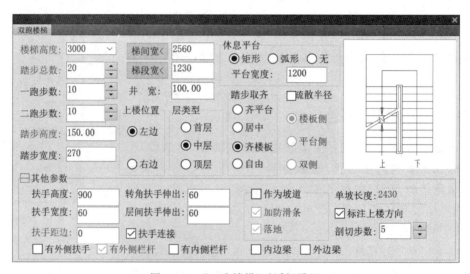

图 11-33　"双跑楼梯"对话框设置

（8）在右侧窗口进行预览和观察，确认无误后，无须退出对话框，直接在绘图区进行操作，插入完毕后，单击"关闭"按钮或者按 Esc 键退出对话框。

参数设置完毕，命令行的提示与操作如下：

点取位置或 [转 90 度(A)/左右翻(S)/
上下翻(D)/对齐(F)/改转角(R)/改基点(T)]<退出>：　　（单击楼梯间左上角点进行插入）

结合自动捕捉和对象追踪功能插入楼梯，如图 11-34 所示。

11.5.2　台阶的绘制

单击天正屏幕菜单"楼梯其他"选项，打开二级菜单，选择"台阶"，界面弹出"台阶"对话框，如图 11-35 所示，也可以直接在命令行输入天正快捷命令"TJ"打开该对话框。该对话框亦为非模式对话框，其操作步骤和内容如下：

（1）输入"台阶总高"与"踏步高度"，会自动计算"踏步数目"，也可以单击"踏步数目"右

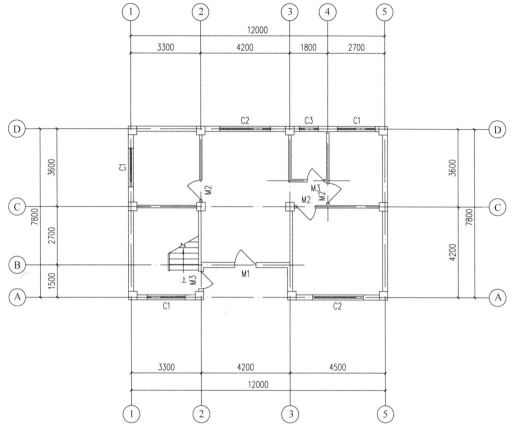

图 11-34　楼梯的绘制

图 11-35　"台阶"对话框

侧的增减按钮进行增减；

（2）输入"踏步宽度""基面标高""平台宽度"等数值；

（3）单击"台阶"对话框左下方 不同按钮选择台阶绘制方式、台阶类型、基面与平台关系，分别为"矩形单面台阶""矩形三面台阶""矩形阴角台阶""圆弧台阶""沿墙偏移绘制""选择已有路径绘制""任意绘制""普通台阶""下沉式台阶""基面为平台面""基面为外轮廓面"；

（4）选择是否勾选"起始无踏步"和"终止无踏步"；

（5）无须退出对话框，直接在绘图区进行操作，插入完毕后，单击"关闭"按钮或者按 Esc

键退出对话框。

本例中,入口处普通台阶为 2 阶,每阶宽度 300mm,高度 150mm,以平台面为基面,标高为 -20mm,设置好相关参数后,单击"矩形三面台阶"按钮 ▣,绘制完毕如图 11-36 所示,命令行的提示与操作如下:

指定第一点或[中心定位(C)/门窗对中(D)]<退出>:　　　(单击入口左侧柱子的右下角点)
第二点或 [翻转到另一侧(F)]<取消>:　　　　　　　　　(单击入口右侧柱子的左下角点)

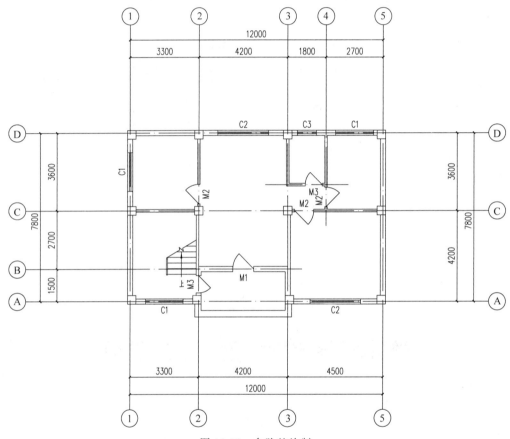

图 11-36　台阶的绘制

11.5.3　散水的绘制

单击天正屏幕菜单"楼梯其他"选项,打开二级菜单,选择"散水",界面弹出"散水"对话框,如图 11-37 所示,也可以直接在命令行输入天正快捷命令"SS"打开该对话框。

该对话框亦为非模式对话框,其操作步骤和内容如下:

(1)输入"散水宽度""偏移距离""室内外高差"的数值;

(2)选择是否勾选"创建室内外高差平台""绕柱子""绕阳台""绕墙体造型";

(3)单击对话框左下方 ▣▣▣ 不同按钮选择散水绘制方式,分别为"搜索自动生成""任意绘制""选择已有路径生成";

图 11-37 "散水"对话框

（4）无须退出对话框，直接在绘图区进行操作，插入完毕后，单击"关闭"按钮或者按 Esc 键退出对话框。

本例欲"选择已有路径生成"，必须先用"RECTANG"或"PLINE"等命令绘好轮廓线，如图 11-38 中粗线所示。在"散水"对话框中设置散水宽度 600、室内外高差 320，单击"选择已有路径生成"按钮，待散水绘制完毕，删去 PL 线，如图 11-39 所示。命令行的提示与操作如下：

请选择作为散水路径的多段线或圆<退出>：　　　　　　　（单击散水路径 PL 线）

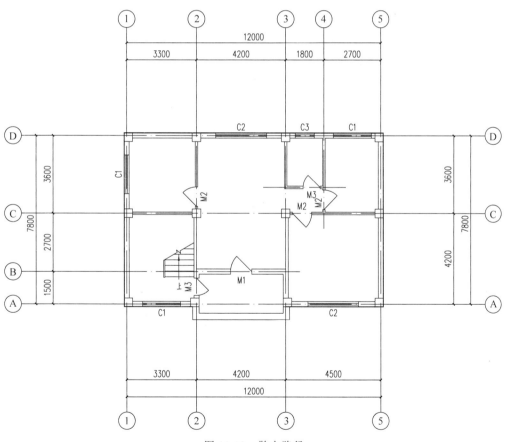

图 11-38 散水路径

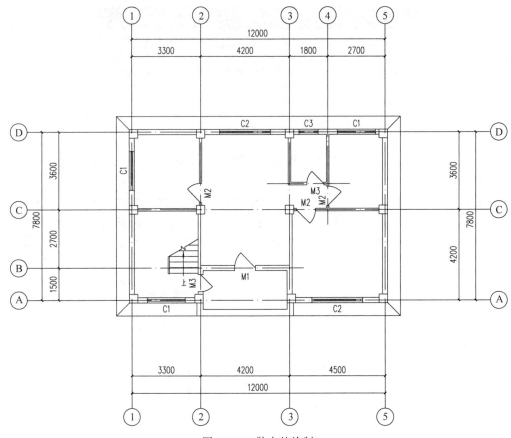

图 11-39　散水的绘制

11.6　文字/尺寸/符号标注

TArch 20 V7.0 提供了一整套符合国家建筑制图规范要求的文字、尺寸与符号标注功能,比直接使用 AutoCAD 进行相关标注更为便捷,本节继续结合例子进行介绍。

11.6.1　文字标注

单击天正屏幕菜单"文字表格"选项,打开二级菜单,如图 11-40 所示,该菜单包括文字和表格两部分功能。

1. 文字样式

选择"文字样式",界面弹出"文字样式"对话框,如图 11-41 所示,或者直接在命令行输入天正快捷命令"WZYS"打开该对话框,也可以在绘图之前进行软件的环境设置,通过天正屏幕菜单"设置"下的"文字样式"打开该对话框。该对话框包括样式名、字体、中文/西文参数(宽高比、字宽/字高方向、中文/西文字体)、预览等部分,用户可以根据需要进行选择或修改。

图 11-40　"文字表格"二级菜单

图 11-41　"文字样式"对话框

2. 单行文字

选择"单行文字",界面弹出"单行文字"对话框,如图 11-42 所示。该对话框亦为非模式对话框,其操作步骤和内容如下:

(1) 单击"文字样式""对齐方式"右侧的下拉三角号选择文字样式和对齐方式;

(2) 可以直接输入"转角"与"字高"数值,也可以从绘图区中直接量取,对于"字高",可以单击右侧的下拉三角号选择预设常用值;

(3) 选择是否勾选"背景屏蔽"与"连续标注";

(4) 在文字输入框中输入房间名称,如"客厅";

(5) 单击"单行文字"对话框上方 $O_2\,m^2\,①\,°\,\pm\,\phi\,\%\,\Phi\,\Phi\,\Phi\,\Phi\,\xi\,词\,\Box$ 不同按钮,可以实现设置上下标、加圆圈、加下划线、插入专业符号和特殊字符、打开专业词库、屏幕取词等功能;

(6) 无须退出对话框,直接单击绘图区进行操作,文字插入完毕后,单击"关闭"按钮或者按 Esc 键退出对话框。

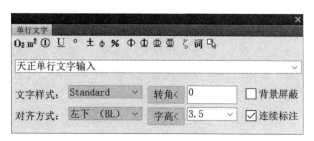

图 11-42　"单行文字"对话框

本例中,依照各房间名称,反复进行对话框文字输入与绘图区文字插入,单行文字创建完毕后,如图 11-43 所示,命令行的提示与操作如下:

请点取插入位置<退出>:　　　　　　　　　　　　　　　　　(单击文字插入目标位置)

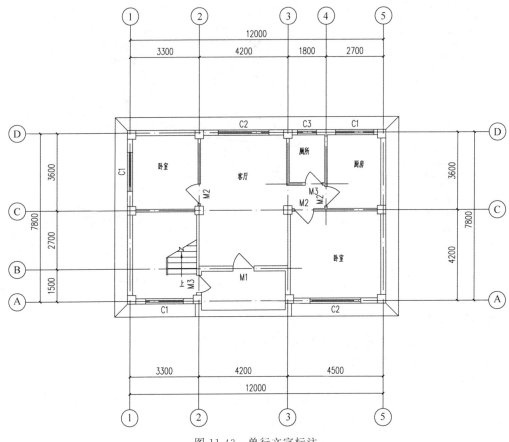

图 11-43　单行文字标注

除单行文字外,还有多行文字、曲线文字等创建方法,对已经标注的文字,可以进行内容、高度、角度等编辑操作。此外,还可以进行表格的新建和编辑,相应部分内容不再赘述。

11.6.2　尺寸标注

除了前述轴网中标注的尺寸,外墙门窗细部尺寸、内墙门窗定位尺寸、墙体厚度、台阶宽度、散水宽度等尺寸并未标注完整,需进行详细尺寸标注。单击天正屏幕菜单"尺寸标注",打开有关尺寸标注和尺寸编辑的二级菜单选项,如图 11-44 所示。下面按照先外部尺寸、后内部尺寸的顺序进行标注。

1. 门窗标注

选择"门窗标注",或者直接在命令行输入天正快捷命令"MCBZ"进行操作,命令行的提示与操作如下:

请用线选第一、二道尺寸线及墙体！

起点<退出>:	（单击楼梯间下方外墙左侧角点外侧）
终点<退出>:	（单击楼梯间下方外墙右侧角点外侧）
选择其他墙体:	（依次选择入口Ⓑ轴外墙与卧室Ⓐ轴外墙）
选择其他墙体:找到 1 个,总计 2 个	（回车或空格完成一侧门窗标注）

　　如图 11-45 所示,标注好的外墙门窗细部尺寸包括门窗宽度尺寸和门窗到定位轴线间距离,作为外部第三道尺寸,其本身为一个整体,且带有参数信息,可与建筑自动关联。

图 11-44　"尺寸标注"二级菜单

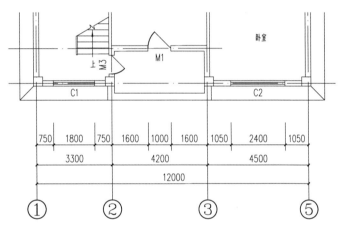

图 11-45　"门窗标注"功能

2. 增补尺寸

单击带有右三角形 ▶ 按钮的"尺寸编辑"选项,打开三级菜单,如图 11-46 所示。

选择"增补尺寸",或者直接在命令行输入天正快捷命令"ZBCC"进行操作,命令行的提示与操作如下:

请选择尺寸标注<退出>:	（单击选择第三道尺寸）
点取待增补的标注点的位置或［参考点(R)]<退出>:	（单击楼梯间左下角外墙外侧角点）
点取待增补的标注点的位置或	
［参考点(R)/撤销上一标注点(U)]<退出>:	（单击卧室右下角外墙外侧角点）
点取待增补的标注点的位置或	
［参考点(R)/撤销上一标注点(U)]<退出>:	（回车或空格完成）

如图 11-47 所示,第三道尺寸标注的左、右两侧增加了外墙的半墙厚标注。

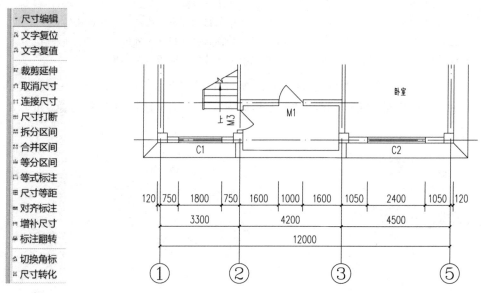

图 11-46 "尺寸编辑"三级菜单   图 11-47 "增补尺寸"功能

3. 外包尺寸

在"尺寸标注"二级菜单中选择"外包尺寸",或者直接在命令行输入天正快捷命令"WBCC"进行操作,命令行的提示与操作如下:

请选择建筑构件:　　　　　　　　　　(单击选择左侧外墙)
请选择建筑构件:　　　　　　　　　　(单击选择右侧外墙,回车或空格确认)
选择第一、二道尺寸线:　　　　　　　　(单击选择第三道尺寸,回车或空格完成)

如图 11-48 所示,第一道尺寸标注变更为外墙总长尺寸标注,并且尺寸数字自动进行了更新。本例所有外部尺寸标注完成后,如图 11-49 所示。下面进行内部尺寸标注。

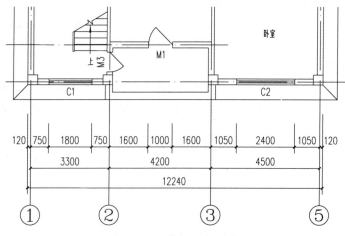

图 11-48 "外包尺寸"功能

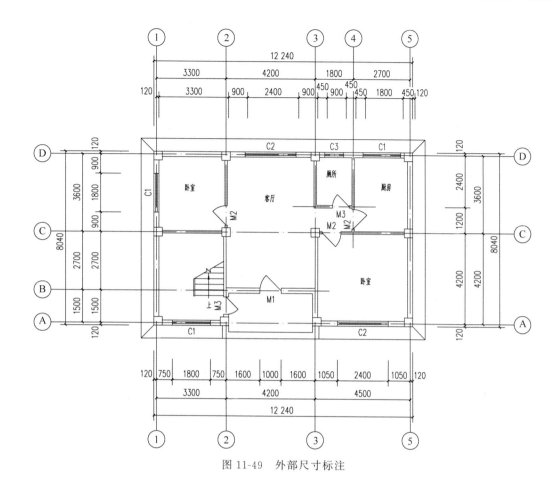

图 11-49　外部尺寸标注

4. 墙厚标注

在"尺寸标注"二级菜单中选择"墙厚标注"，或者直接在命令行输入天正快捷命令"QHBZ"进行操作，命令行的提示与操作如下：

直线第一点<退出>：　　　　　　　　　（单击墙体一侧一点）
直线第二点<退出>：　　　　　　　　　（单击墙体另一侧相对一点）

内墙厚度尺寸标注完毕，如图 11-50 所示。

5. 逐点标注

在"尺寸标注"二级菜单中选择"逐点标注"，或者直接在命令行输入天正快捷命令"ZDBZ"进行操作，可以根据需要在连续指定点之间实现尺寸标注，较为灵活。当其他标注功能难以实现时，可以采用本功能进行标注。命令行的提示与操作如下：

起点或［参考点(R)]<退出>：　　　　　　（单击目标对象标注起点）
第二点<退出>：　　　　　　　　　　　　（单击目标对象第二个标注点）
请点取尺寸线位置或［更正尺寸线方向(D)]<退出>：　（拖动尺寸线单击其插入位置）
请输入其他标注点或［撤销上一标注点(U)]<退出>：　（单击下一个标注点或按回车/空格键完成）

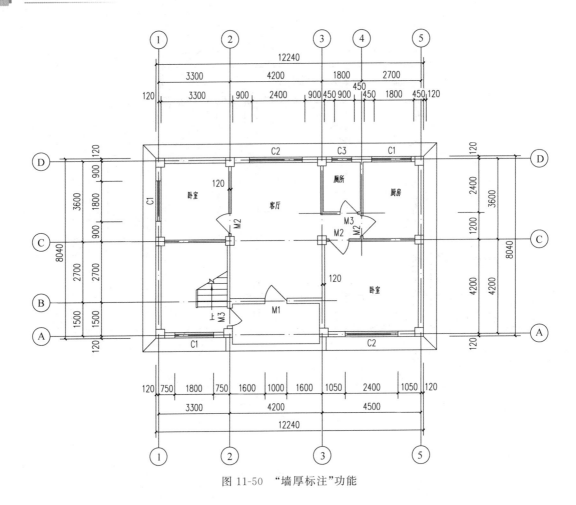

图 11-50 "墙厚标注"功能

如图 11-51 所示,采用"逐点标注"功能对入口台阶与散水进行标注。

6. 内门标注

在"尺寸标注"二级菜单中选择"内门标注",界面弹出"内门标注"对话框,如图 11-52 所示。该对话框为非模式对话框,也可以直接在命令行输入天正快捷命令"NMBZ"进行操作。可以选择不同定位方式,对内部门窗尺寸、定位尺寸或门垛尺寸进行标注。本例选择"垛宽定位"方式,命令行的提示与操作如下:

请用线选门窗,并且第二点作为尺寸线位置!
起点<退出>:   (单击门窗靠门垛一侧某点)
终点<退出>:   (穿过门窗在另一侧单击一点作为尺寸线位置)

所有内门标注完成,如图 11-53 所示。操作完毕单击"关闭"按钮或者按 Esc 键退出对话框。

除了天正屏幕菜单中的标注方式与编辑方法,也可以单击标注对象进行夹点编辑,或者双击标注对象进行在位编辑,此处不再赘述。

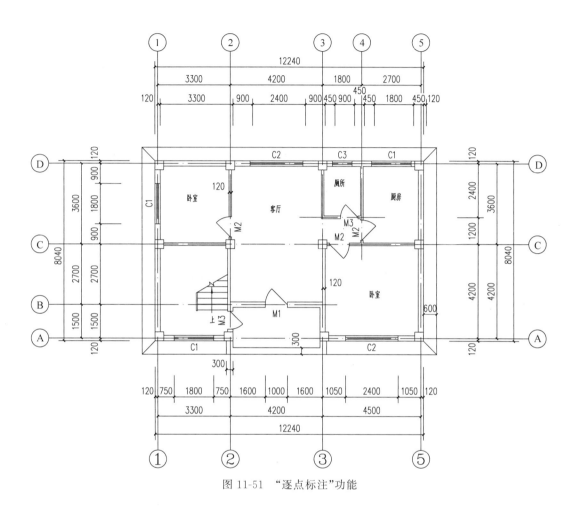

图 11-51　"逐点标注"功能

图 11-52　"内门标注"对话框

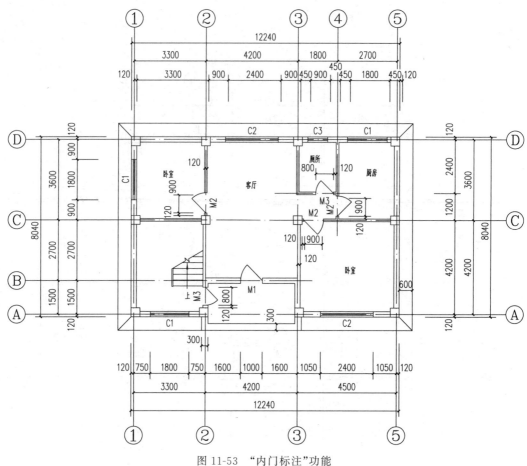

图 11-53 "内门标注"功能

11.6.3 符号标注

单击天正屏幕菜单"符号标注"选项,打开二级菜单,可以进行标高、指北针、图名等的标注,如图 11-54 所示。

1. 标高标注

选择"标高标注",界面弹出"标高标注"对话框,如图 11-55 所示,也可以直接在命令行输入天正快捷命令"BGBZ"打开该对话框。该对话框为非模式对话框,默认为"建筑"选项卡,其操作步骤和内容如下:

(1) 勾选"手工输入"复选框,在左侧"楼层标高"下方文本框中输入标高值;

(2) 单击对话框右侧 ▼ ◎ ◇ ◢ ◣ ◖ 不同按钮选择标高样式,分别为"三角形室外地坪标高""圆点室外地坪标高""普通标高""带基线""带引线""自动对齐";

(3) 选择是否勾选"文字齐线端""楼层标高自动加括号""标高说明自动加括号";

(4) 单击"文字样式""精度"右侧的下拉三角号进行选择;

(5) 可以直接输入"字高"数值,或者单击右侧的下拉三角号选择预设常用值,也可以从绘图区中直接量取;

图 11-54　"符号标注"二级菜单

图 11-55　"标高标注"对话框

（6）单击"多层标高"命令按钮打开"多层楼层标高编辑"对话框进一步编辑；

（7）无须退出对话框，直接在绘图区进行操作，插入完毕后，单击"关闭"按钮或者按 Esc 键退出对话框。

本例为平面图普通标高，首层室内标高 ±0.000、台阶标高 −0.020，室外地面标高 −0.320，据此反复进行对话框输入与绘图区操作的切换，命令行的提示与操作如下：

请点取标高点或 [参考标高(R)]<退出>：　　　　（单击确定标高插入点位置）
请点取标高方向<退出>：　　　　　　　　　　　（拖动光标确定标高方向）
下一点或 [第一点(F)]<退出>：　　　　　　　　（单击确定下一个标高插入点位置）

标高标注完毕，如图 11-56 所示。此外，也可以运用 AutoCAD 复制命令"COPY"，先复制已有标高，再双击标高对象更改标高数值，从而进行标高的快速创建和编辑。

2. 画指北针

单击"符号标注"二级菜单中"画指北针"选项，或者直接在命令行输入天正快捷命令"HZBZ"，创建如图 11-57 所示的指北针，命令行的提示与操作如下：

指北针位置<退出>：　　　　　　　　　　　　　（单击确定指北针插入点位置）
指北针方向< 90.0 >：　　　　　　　　　　　　（拖动光标或输入角度值确定指北针方向）

3. 图名标注

选择"图名标注"，界面弹出"图名标注"对话框，如图 11-58 所示，或者直接在命令行输入天正快捷命令"TMBZ"打开该对话框。此对话框也为非模式对话框，界面与"单行文字"对话框相似，其操作步骤和内容如下：

（1）在文本框中输入图名与比例，也可以单击文本框右侧的下拉三角号选择已有图名和预设常用比例值，默认比例为已设置的当前比例值；

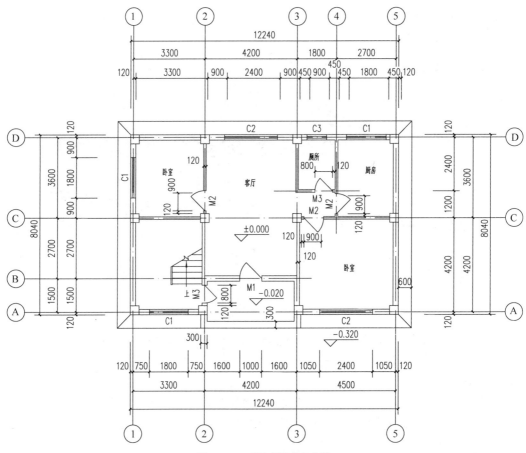

图 11-56　"标高标注"功能

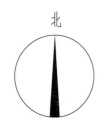

图 11-57　"画指北针"功能

图 11-58　"图名标注"对话框

（2）单击"文字样式"右侧的下拉三角号进行样式选择；

（3）直接输入"字高"数值，或者单击右侧的下拉三角号选择预设常用值，也可以从绘图区中直接量取；

（4）选择是否勾选"不显示"与"连续标注"；

（5）"传统"或"国标"图名标注效果的区别如图 11-59 所示；

图 11-59　"图名标注"功能

（6）单击对话框上方 O_2 m^2 $①$ $°$　$±$ $φ$ $%$　$Φ$ $Φ$ $Ⅲ$ $Ⅲ$ $ζ$ $词$ $□$ 不同按钮可以实现设置上下标、加圆圈、插入专业符号和特殊字符、打开专业词库、屏幕取词等功能；

（7）无须退出对话框，直接单击绘图区插入，插入完毕后单击"关闭"按钮或者按 Esc 键退出对话框。

其他如剖切符号、索引符号等的标注功能，此处不再赘述。

11.6.4　图框插入

单击天正屏幕菜单"文件布图"选项，打开二级菜单，选择"插入图框"，界面弹出"插入图框"对话框，如图 11-60 所示，或者直接在命令行输入天正快捷命令"CRTK"打开该对话框。

图 11-60　"插入图框"对话框

该对话框中包括预览、图幅、样式等部分，其操作步骤和内容如下：

（1）对话框上方左侧为图框预览图，供用户进行预览和观察；

（2）对话框上方右侧为图幅设置部分，用户可以单击选择 A0～A4 五种标准图幅大小和"横式""立式"两种图幅样式，或者直接输入"图长"和"图宽"，也可以单击"加长"和"自定义"右侧的下拉三角号进行选择；

（3）对话框下方左侧为"样式"部分，选择是否勾选"会签栏""附件栏""标准标题栏""通长标题栏""右对齐"，并单击右侧 □ 按钮打开天正图库管理系统选择会签栏、附件栏、标题栏的具体样式；

（4）选择是否勾选"直接插图框"与"图纸空间"，勾选"直接插图框"后单击右侧 □ 按钮打开天正图库管理系统，选择图框样式直接插入，勾选"图纸空间"进入图纸空间；

（5）默认"比例"为已设置的当前比例值，可以直接输入修改，或者单击右侧的下拉三角号选择常用比例值；

（6）设置完毕后，单击"插入"按钮，单击绘图区目标位置插入图框，本例绘图完成，如图 11-61 所示，可以根据需要进行图框样式或内容的进一步编辑。

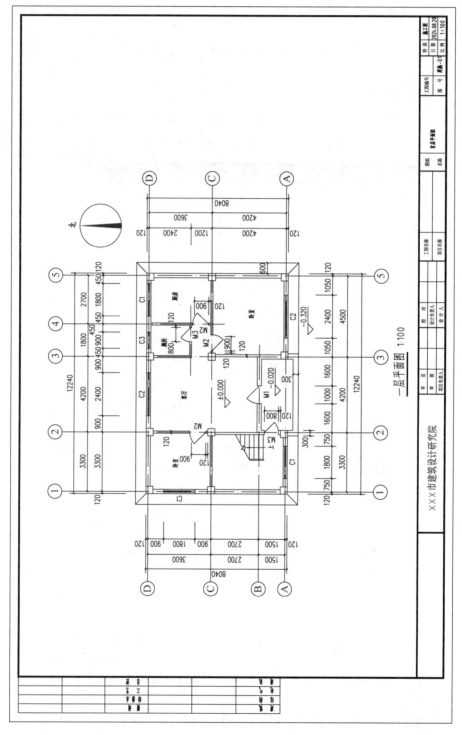

图 11-61 "图框插入"功能

11.7　习题

一、概念题

1．利用 TArch 20 V7.0 绘制建筑平面图,根据天正屏幕菜单的顺序,绘图步骤主要包括_____、_____、_____、_____、_____和标注六个部分。

2．"绘制轴网"对话框的"直线轴网"功能中,轴网上、下方的数据应设置_____与_____,左、右侧的数据应设置_____和_____。

3．操作时,可以在对话框参数设置与绘图区绘图操作之间任意切换而无须退出的对话框称为_____。

4．TArch 20 V7.0 对象的编辑可以采用_____、_____、_____、_____和_____等方法。

5．标高标注、指北针标注与图名标注都在天正屏幕菜单的_____二级菜单中。

二、操作题(操作视频请查阅电子教学资源库)

根据本章内容,熟悉运用 TArch 20 V7.0 绘制建筑平面图的一般方法和步骤,绘制如图 11-61 所示的某住宅一层平面图。

11-1　绘制某住宅一层平面图

第12章

建筑平面图的绘制详述

本书第 11 章以某住宅首层平面图为例,介绍了运用 TArch 20 V7.0 绘制建筑施工图,特别是平面图的基本操作与步骤方法。本章在第 11 章快速入门的基础上,详细介绍 TArch 20 V7.0 平面图绘制相关模块的操作,让读者更全面地掌握其方法和技巧,在面对实际工程的绘图工作时可以更加专业。在多种绘图操作方法中,本章主要介绍天正屏幕菜单的操作方法。

本章学习内容:

➢ 绘图前准备

➢ 轴网绘制

➢ 柱子布置

➢ 墙体绘制

➢ 门窗插入

➢ 室内外设施绘制

12.1 绘图前准备

在正式绘图之前,有必要进行天正环境设置与工程管理,以便对接下来建立的所有图形文件的绘图比例、文字标注、尺寸标注等作整体把握,方便对图纸进行集中管理,并实现后续三维模型自动生成、立面图与剖面图自动生成等功能。这与 AutoCAD 2022 的前期设置不谋而合,且更加方便、快捷、强大。

12.1.1 环境设置

环境设置主要包括天正屏幕菜单"设置"菜单下的"天正自定义""天正选项""文字样式""标注样式管理器""图层管理"等对话框,第 10 章中已进行详细介绍,可以在默认设置的基础上,根据绘图需要进行修改。

12.1.2 工程管理

单击天正屏幕菜单"文件布图"菜单下的"工程管理"选项,在界面弹出的"工程管理"对话框中进行工程项目的新建或打开,待绘制好各层平面图后,添加到该菜单界面"图纸"功能中,在"楼层"功能中建立楼层信息表,就可以实现自动生成建筑立面图与建筑剖面图的功能。具体内容见第 10 章。

12.2 轴网绘制

第 11 章已经介绍了轴网创建、轴网编辑、轴网标注、轴号编辑的最基本内容,在此基础上,本章继续介绍特殊轴网的创建与编辑、轴号的标注与编辑方法。

12.2.1 轴网的创建

1. 直线轴网

1)普通正交直线轴网

单击天正屏幕菜单"轴网柱子"选项,打开二级菜单,选择"绘制轴网",界面弹出"绘制轴网"对话框,默认为"直线轴网"选项卡,设置上下开间、左右进深数据后即可插入正交直线轴网,第 11 章已详细介绍具体操作,此处不再赘述,参数设置与生成轴网如图 12-1 所示。

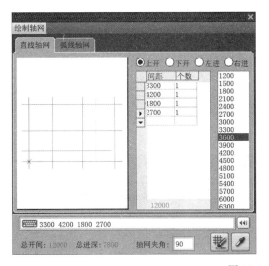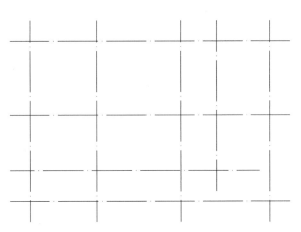

图 12-1 正交直线轴网

2)倾斜正交直线轴网

在插入上述正交直线轴网时输入指定角度,则可以实现倾斜,命令行的提示与操作如下:

请选择插入点[旋转 90 度(A)/
切换插入点(T)/左右翻转(S)/上下翻转(D)/改转角(R)] （输入"R",选择改转角操作）
请选择轴网旋转角度<退出>: （输入"30",回车或空格确认）
请选择插入点[旋转 90 度(A)/
切换插入点(T)/左右翻转(S)/上下翻转(D)/改转角(R)] （单击绘图区目标位置插入轴网）

如图 12-2 所示,轴网与水平方向夹角为 30°。

3）斜交直线轴网

"绘制轴网"对话框的"间距"与"个数"参数与上述直线轴网完全相同，"轴网夹角"输入75,轴网插入完毕后如图12-3所示,进深方向轴线与开间方向轴线的夹角为75°。在插入该轴网时,同样可以根据命令行的提示选择是否进行旋转操作。

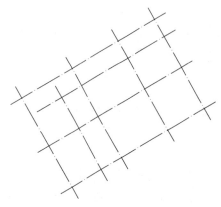

图 12-2　倾斜正交直线轴网

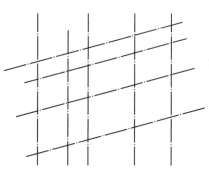

图 12-3　斜交直线轴网

4）单向直线轴网

在设置上述"绘制轴网"对话框时,选择"开间"或"进深"其中一种输入"间距"与"个数",插入轴网时指定其"单向轴线长度",则生成单向直线轴网,如图12-4所示。

2. 弧线轴网

弧线轴网由若干同心圆弧线和延长过圆心的径向辐射线组成,通常与直线轴网结合,共用两端或一端径向轴线。在"绘制轴网"对话框中选择"弧线轴网"选项卡,如图12-5所示。在该选项卡设置中:

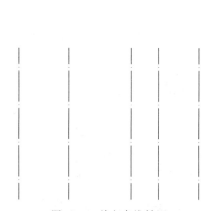

图 12-4　单向直线轴网

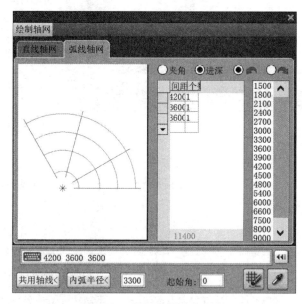

图 12-5　"圆弧轴网"选项卡

- "夹角"即圆心角,以度(°)为单位,由起始角起算,需设定"夹角"与"个数";
- "进深"即轴半径,以毫米(mm)为单位,由圆心起算,需设定"间距"与"个数";
- "逆时针"或"顺时针"为径向轴线的旋转方向;
- "共用轴线"表示与其他轴网共用某轴线,则该轴线不再重复绘制;
- "内弧半径"为最内侧圆弧半径,最小值为 0;
- "起始角"为起始径向轴线与 X 正方向的夹角,默认数值为 0°。

其内容和操作步骤如下:

(1) 单击选择"夹角"和"进深",设定"夹角"或"轴间距"及"个数",可以在单元格中手动输入或下拉选择,或者直接选择右侧预设常用值,也可以在下方的键入栏手动输入,其方法与"直线轴网"完全相同;

(2) 单击选择"逆时针"或"顺时针"确定径向轴线的旋转方向;

(3) 根据需要单击"共用轴线"按钮,在绘图区点选相应轴线;

(4) 根据需要输入"内弧半径"数值,或者单击"内弧半径"按钮直接在绘图区拾取;

(5) 根据需要直接输入"起始角"数值,默认值为 0;

(6) 根据需要进行"删除轴网"或"拾取轴网角度"操作。

参数设置完毕,在左侧轴网预览图中进行观察,确认无误后,直接单击绘图区目标位置,插入弧线轴网,如图 12-6 所示。最后单击"关闭"按钮或者按 Esc 键退出对话框。

3. 单轴绘制

"单轴绘制"功能可以根据指定轴线的起点和终点绘制直轴线,或者根据圆心、起点、端点、角度、弦长等参数绘制弧轴线,适用单根轴线的绘制。

单击天正屏幕菜单"轴网柱子"选项,打开二级菜单,选择"单轴绘制",界面弹出"单轴绘制"对话框,如图 12-7 所示。

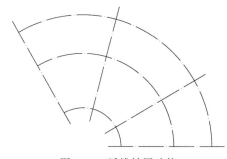

图 12-6 弧线轴网功能   图 12-7 "单轴绘制"对话框

4. 墙生轴网

作为以上几种预先创建轴网功能的补充,"墙生轴网"功能可以根据已绘墙体基线生成定位轴线,适用于设计中反复修改建筑方案的情况,更为方便。

单击天正屏幕菜单"轴网柱子"选项,打开二级菜单,选择"墙生轴网",操作效果如图 12-8 所示,命令行的提示与操作如下:

请选取要从中生成轴网的墙体: (选择墙体,回车或空格执行)

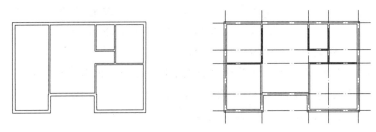

图 12-8　"墙生轴网"功能

12.2.2　轴网的编辑

第 11 章的轴网编辑功能中介绍了"轴改线型""轴线剪裁",以及 AutoCAD 基本编辑命令方法,除此以外,还可以进行"添加轴线"与"轴网合并"操作,现汇总介绍如下。

1. 添加轴线

"添加轴线"功能一般在轴网进行标注之后使用,参考已有的某一轴线添加新的轴线,并且自动进行轴号标注,并选择是否添加为附加定位轴线以及是否重排轴号。

单击天正屏幕菜单"轴网柱子"选项,打开二级菜单,选择"添加轴线",界面弹出"添加轴线"对话框,如图 12-9 所示,可以选择双侧或单侧显示轴号以及是否附加轴号、重排轴号,操作完毕单击"关闭"按钮或者按 Esc 键退出对话框。

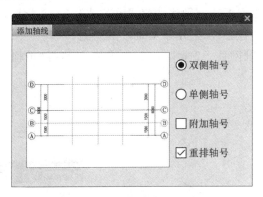

图 12-9　"添加轴线"对话框

如图 12-10(a)所示,欲在ⓒ轴与ⓓ轴之间添加一根距ⓓ轴 2400mm 的附加定位轴线,则选择"双侧轴号",勾选"附加轴号",结果如图 12-10(b)所示,命令行的提示与操作如下:

选择参考轴线 <退出>:　　　　　　　　(选择ⓓ轴线)
距参考轴线的距离<退出>:　　　　　　　(光标置于ⓒⓓ轴之间,输入"2400",回车或空格执行)

"添加轴线"功能不仅在添加轴线的同时进行轴号标注,还能自动调整轴线的尺寸标注。

2. 轴线裁剪

单击天正屏幕菜单"轴网柱子"选项,打开二级菜单,选择"轴线裁剪",可以将指定范围内的多余轴线裁去,第 11 章已举例详细介绍具体操作,此处不再赘述。

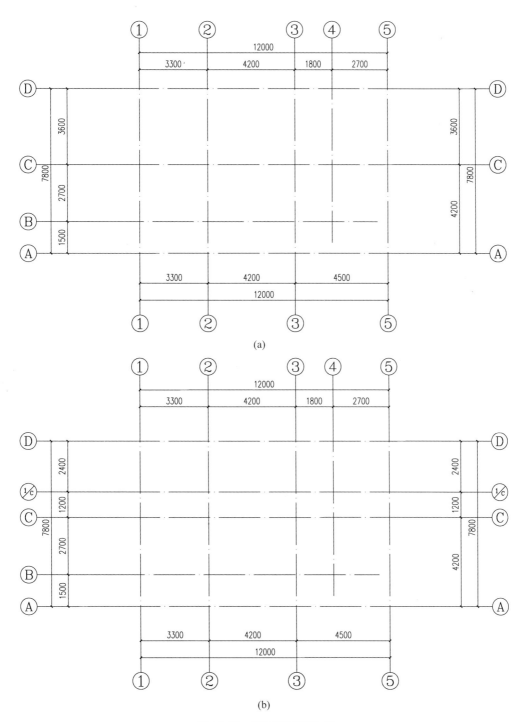

(a)

(b)

图 12-10 "添加轴线"功能

3. 轴网合并

"轴网合并"功能可以将多组轴网中的轴线进行合并与对齐，并且自动清除重合的轴网。单击天正屏幕菜单"轴网柱子"选项，打开二级菜单，选择"轴网合并"，操作过程如图 12-11

所示,命令行的提示与操作如下:

请选择需要合并对齐的轴线<退出>:　　　　　　（选择欲合并的轴网,回车或空格确认）
请选择对齐边界<退出>:　　　　　　　　　　（选择上方与左侧的紫色边界线）

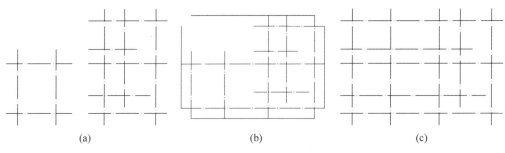

(a)　　　　　　　　　　　(b)　　　　　　　　　　(c)

图 12-11　"轴网合并"功能

4. 轴改线型

单击天正屏幕菜单"轴网柱子"选项,打开二级菜单,选择"轴改线型",可以将默认的细实线轴网改为细点画线显示,具体内容见第 11 章的介绍。

12.2.3　轴网的标注

创建轴网后,可以进行智能化的轴号标注和尺寸标注,第 11 章已经介绍了普通正交直线轴网的快速标注方法,本章补充如下。

1. 轴网标注

单击天正屏幕菜单"轴网柱子"选项,打开二级菜单,选择"轴网标注",界面弹出"轴网标注"对话框,默认为"多轴标注"选项卡,如图 12-12 所示。其操作步骤和内容如下:

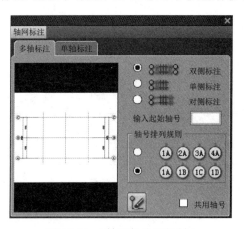

图 12-12　"轴网标注"对话框

（1）根据需要选择"双侧标注""单侧标注"或"对侧标注",其中"双侧标注"在所选取轴线的两端均进行轴号和尺寸标注,"单侧标注"只在所选取轴线的一端进行轴号和尺寸标注,"对侧标注"则在所选取轴线的一端进行轴号标注,另一端进行尺寸标注;

（2）输入起始轴号，若不输入，则竖直方向默认为数字 1，水平方向默认为字母 A；

（3）单击选择"轴号排列规则"，选择数字顺序排列或者字母顺序排列；

（4）选择是否勾选"共用轴线号"，若勾选，则起始轴号为所选已有轴号后继数字或字母；

（5）无须退出对话框，根据命令行的提示，直接在绘图区选择欲标注的轴线，标注完成后单击"关闭"按钮或者按 Esc 键退出对话框。

本功能既可以标注直线轴网，也可以标注弧线轴网，第 11 章已详细举例介绍标注直线轴网，此处不再赘述。弧线轴网单侧标注的效果如图 12-13 所示，命令行的提示与操作如下：

请选择起始轴线<退出>：　　　　　　　（圆心角方向选择下方轴线，进深方向选择左侧轴线）

请选择终止轴线<退出>：　　　　　　　（圆心角方向选择上方轴线，进深方向选择右侧轴线）

是否为按逆时针方向

排序编号？[是(Y)/否(N)]<Y>：　　　　（仅圆心角方向标注时，回车或空格默认"Y"）

请选择不需要标注的轴线：　　　　　　（回车或空格执行）

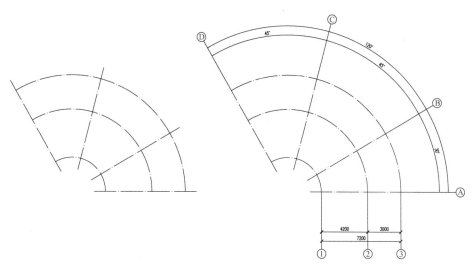

图 12-13　"轴网标注"功能

2. 单轴标注

"单轴标注"功能常用于立面图、剖面图、详图，可以逐个选择轴线进行编号，轴号间相互独立且不与已有轴号系统或尺寸标注系统相关联，包括单轴号标注、多轴号文字标注、多轴号图形标注和多轴号连续标注，如图 12-14 所示。

图 12-14　"单轴标注"功能

单击天正屏幕菜单"轴网柱子"选项，打开二级菜单，选择"单轴标注"，界面弹出"轴网标注"对话框,自动切换为"单轴标注"选项卡,如图 12-15 所示,选择轴号设置方式,输入轴号,设置引线长度,无须退出对话框,根据命令行的提示直接在绘图区选择欲标注的轴线,标注完成后单击"关闭"按钮或者按 Esc 键退出对话框,命令行的提示与操作如下:

点取待标注的轴线或[手工绘制(D)]<退出>: （选择目标轴线待标注一侧）

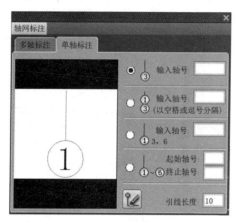

图 12-15 "单轴标注"对话框

12.2.4 轴号的编辑

对于轴网标注功能自动生成的轴号,可以进行多种方式的轴号编辑。

1. 添补轴号

"添补轴号"功能可以为已有轴网中新添加的轴线添加轴号,且新添加的轴号与原有轴号自动关联,须注意原有尺寸标注并不会自动更新。

单击天正屏幕菜单"轴网柱子"选项,打开二级菜单,选择"添补轴号",界面弹出"添补轴号"对话框,如图 12-16 所示,可以选择双侧、单侧或对侧显示轴号,以及是否附加轴号、重排轴号,操作完毕单击"关闭"按钮或者按 Esc 键退出对话框。

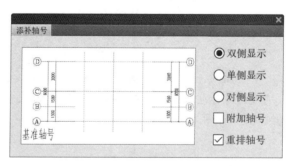

图 12-16 "添补轴号"对话框

如图 12-17(a)所示,欲为Ⓒ①轴间新加的轴线添加附加定位轴线编号,则选择"双侧显示",勾选"附加轴号",结果如图 12-17(b)所示,命令行的提示与操作如下:

请选择轴号对象<退出>：　　　　　　　　　　　　　　（单击选择已有轴号对象）
请点取新轴号的位置或［参考点（R）］<退出>：　　　（单击新添轴线的一侧）

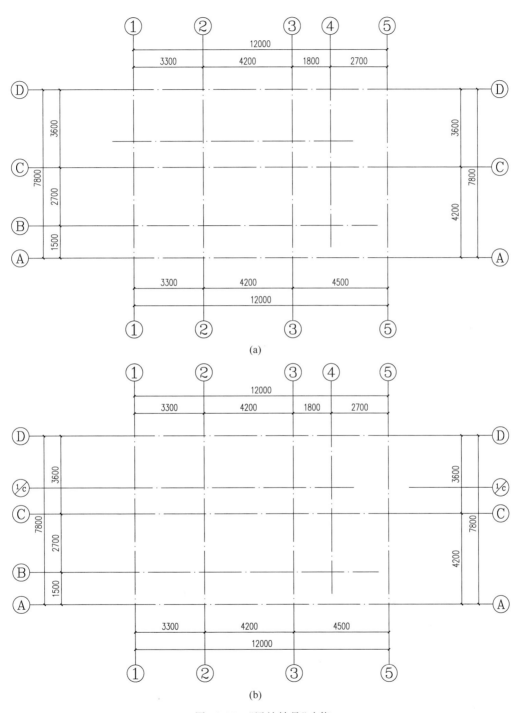

图 12-17　"添补轴号"功能

2. 删除轴号

"删除轴号"功能可以根据需要删除已有轴网中不需要的轴号。

单击天正屏幕菜单"轴网柱子"选项,打开二级菜单,选择"删除轴号",命令行的提示与操作如下:

请框选轴号对象<退出>:　　　　　　　　　(框选目标轴号对象,回车或空格确认)
是否重排轴号?[是(Y)/否(N)]<Y>:　　　　(根据需要输入"Y"或"N",回车或空格执行)

3. 一轴多号

"一轴多号"功能可以令一根轴线有多个轴号,轴号相同且并排,如图 12-18 所示。

单击天正屏幕菜单"轴网柱子"选项,打开二级菜单,选择"一轴多号",界面弹出"一轴多号"对话框,如图 12-19 所示,可以选择整体或局部、单侧或双侧创建,以及设置复制排数、是否忽略附加轴号,操作完毕后单击"关闭"按钮或者按 Esc 键退出对话框。

命令行的提示与操作如下:

请选择已有轴号<退出>:　　　　　　　　　(框选已有轴号对象,回车或空格确认)

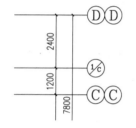

图 12-18　"一轴多号"功能　　　　　　　图 12-19　"一轴多号"对话框

4. 轴号隐现

"轴号隐现"功能可以将已显示的轴号进行隐藏,或将未显示的轴号显示出来,在操作过程中,未显示的轴号会以虚线方式出现。

单击天正屏幕菜单"轴网柱子"选项,打开二级菜单,选择"轴号隐现",界面弹出"轴号隐现"对话框,如图 12-20 所示,可以选择隐藏轴号、显示轴号、自动隐现,以及是否双侧操作,操作完毕后单击"关闭"按钮或者按 Esc 键退出对话框。命令行的提示与操作如下:

请选择需要隐藏或显示的轴号<退出>:　　　　(框选轴号对象,回车或空格执行)

5. 主附转换

"主附转换"功能可以将主轴与附轴进行转换,并自动进行轴号的重新排列。

单击天正屏幕菜单"轴网柱子"选项,打开二级菜单,选择"主附转换",界面弹出"主附转换"对话框,如图 12-21 所示,可以选择主号变附、附号变主、自动转换,以及是否重排轴号,操作完毕后单击"关闭"按钮或者按 Esc 键退出对话框。命令行的提示与操作如下:

请选择需要主附转换的轴号<退出>:　　　　　(直接框选轴号对象)

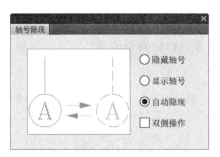

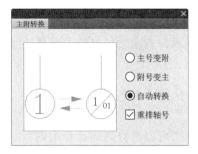

图 12-20　"轴号隐现"对话框　　　　图 12-21　"主附转换"对话框

6. 轴号组合

"轴号组合"功能可以选择基准轴号进行轴号的组合。

单击天正屏幕菜单"轴网柱子"选项,打开二级菜单,选择"轴号组合",命令行的提示与操作如下:

选择基准轴号<退出>:　　　　　　　(单击选择基准轴号对象)
请选择需要组合的轴号<退出>:　　　(选择目标轴号对象,回车或空格执行)

7. 重排轴号

"重排轴号"功能可以实现由所选定的轴号开始,水平方向从左往右、竖直方向从下往上,重新进行轴号排序。

选择并右击轴号对象,界面弹出如图 12-22 所示轴号编辑右键菜单,选择"重排轴号"。操作前后如图 12-23 所示,命令行的提示与操作如下:

请选择需重排的第一根轴号<退出>:　　(单击选择附加定位轴线编号)
请输入新的轴号(.空号)< 1/C >:　　　(输入"D",回车或空格执行)

图 12-22　轴号编
辑右键菜单

8. 倒排轴号

"倒排轴号"功能可以实现将所选定的轴号进行逆向排序。

选择并右击轴号对象,界面弹出轴号编辑右键菜单,选择"倒排轴号",操作效果如图 12-24 所示。

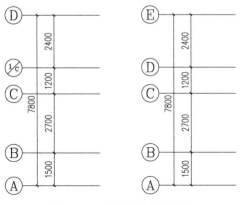

图 12-23　"重排轴号"功能

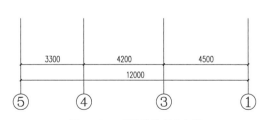

图 12-24　"倒排轴号"功能

9. 对象编辑

选择并右击轴号对象界面弹出轴号编辑右键菜单,选择"对象编辑",也可以直接双击轴号圆圈,则命令行提示:

选择[变标注侧(M)/单轴变标注侧(S)/添补轴号(A)/删除轴号(D)/单轴变号(N)/重排轴号(R)/轴圈半径(Z)]<退出>:

除了可以进行前述已介绍的"添补轴号""删除轴号""重排轴号"等操作以外,"对象编辑"还可以实现以下功能:

- 变标注侧:全部轴号实现一侧标注、对侧标注、双侧标注的切换;
- 单轴变标注侧:指定轴号实现双侧隐藏、一侧标注、对侧标注、双侧标注的切换;
- 单轴变号:对指定轴号进行更改,并选择是否进行重排轴号;
- 更改轴圈半径:更改轴号圆圈纸面上的半径。

10. 在位编辑

选择并右击轴号对象界面弹出轴号编辑右键菜单,选择"在位编辑",也可以直接双击轴号数字,则轴号上出现编辑框,可以直接修改轴号。

11. 夹点编辑

单击轴号对象,显示蓝色夹点,将光标靠在夹点上,夹点变红并显示功能提示,如图 12-25 所示,分别为"轴号偏移""改单轴引线长度""改单侧引线长度""轴号横纵移动(Ctrl-单轴横纵移动)"。通过拖动夹点,可以方便地实现相应的编辑功能。

图 12-25 夹点编辑功能

注意

所有天正对象的编辑都可以采用如下任一方法进行:

(1)单击天正屏幕菜单,选择相应功能,根据命令行的提示进行操作,也可以直接在命令行输入相关天正快捷命令进行操作;

(2)选择并右击对象弹出右键菜单,选择相应功能进行操作;

(3)单击对象,通过夹点编辑进行操作;

(4)双击对象进行操作。

12.3 柱子布置

柱子的布置可以在轴网绘制之后、墙体绘制之前进行,也可以在墙体绘制完成之后进行,无论选择哪一种,墙段都会自动在柱子处断开,对已插入的柱子进行编辑,连接的墙段也会自动进行更新。

12.3.1 柱子的创建

1. 标准柱

单击天正屏幕菜单"轴网柱子"选项,打开二级菜单,选择"标准柱",界面弹出"标准柱/异形柱"对话框,设置偏心、尺寸、柱高、材料、转角,选择插入方式,即可插入矩形、圆形、多边形标准柱,第 11 章中已详细介绍具体操作,此处不再赘述,"标准柱/异形柱"对话框及其创建效果如图 12-26 所示。

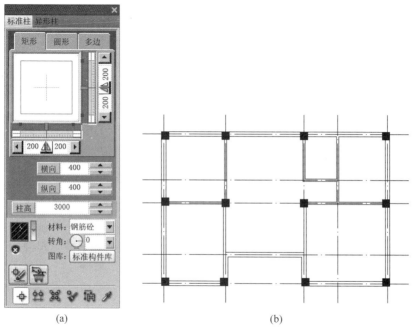

(a)   (b)

图 12-26 "标准柱"的创建

2. 异形柱

在"标准柱/异形柱"对话框中选择"异形柱"选项,同样设置偏心、尺寸、柱高、材料、转角,选择插入方式,即可插入 H 形、工字形等异形柱。对话框参数如图 12-27 所示,操作步骤和内容与标准柱相似。

3. 角柱

"角柱"功能可以在墙体转角处创建与墙体形状一致的 L 形、T 形或十字形柱子。

单击天正屏幕菜单"轴网柱子"选项,打开二级菜单,选择"角柱",命令行的提示与操作如下:

请选取墙角或［参考点(R)]<退出>:　　　　　　　　　　　（单击选择目标墙角）

界面弹出"转角柱参数"对话框,如图 12-28 所示,创建角柱的操作步骤和内容如下:

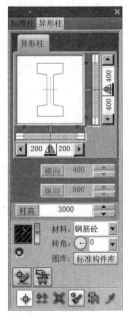

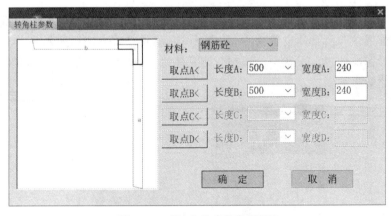

图 12-27 "异形柱"对话框　　　　　　　图 12-28 "转角柱参数"对话框

（1）单击"材料"右侧的下拉三角号，选择材料类型；

（2）输入各边"长度"和"宽度"，或者直接在绘图区拾取；

（3）单击"确定"按钮，则在指定墙角完成角柱创建，如图 12-29 所示。

4. 构造柱

"构造柱"功能可以在墙体转角或墙体内创建与墙体平行的矩形柱，该柱只起构造作用。

单击天正屏幕菜单"轴网柱子"选项，打开二级菜单，选择"构造柱"，命令行的提示与操作如下：

请选取墙角或［参考点(R)］<退出>：　　　　　　　　　（单击选择目标墙角）

界面弹出如图 12-30 所示"构造柱参数"对话框，创建构造柱的操作步骤和内容如下：

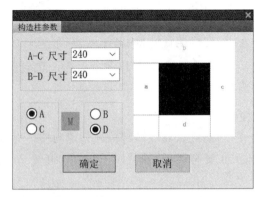

图 12-29 "角柱"功能　　　　　　　图 12-30 "构造柱参数"对话框

（1）输入构造柱两边的尺寸，或单击尺寸框右侧下拉三角号选择预设常用值；

（2）单击"A"或"C"、"B"或"D"互锁选项选择柱子对齐哪一侧墙边，"M"按钮为对中按钮；

（3）单击"确定"按钮，则在指定墙位完成构造柱创建，如图 12-31 所示。

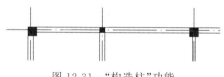

图 12-31　"构造柱"功能

12.3.2　柱子的编辑

1. 柱齐墙边

"柱齐墙边"功能可以将指定的柱子与墙体进行边线对齐。

单击天正屏幕菜单"轴网柱子"选项，打开二级菜单，选择"柱齐墙边"。操作前、后如图 12-32 所示，所有边柱实现与外墙边对齐，命令行的提示与操作如下：

请点取墙边<退出>：　　　　　　　　　　　（单击目标墙边）

选择对齐方式相同的多个柱子<退出>：　　　（选择需要对齐的柱子，回车或空格确认）

请点取柱边<退出>：　　　　　　　　　　　（单击需要对齐的柱边）

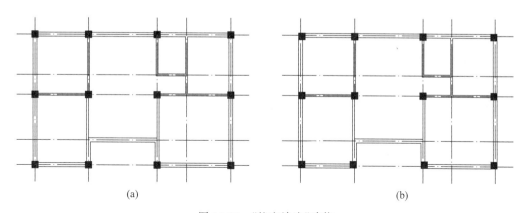

(a)　　　　　　　　　　　　　　　　　　(b)

图 12-32　"柱齐墙边"功能

2. 替换柱子

单击天正屏幕菜单"轴网柱子"选项，打开二级菜单，选择"标准柱"，界面弹出"标准柱"对话框，设置好偏心、尺寸、柱高、材料、转角等参数，在插入方式按钮行中单击"替换图中已插入的柱子"按钮 ，命令行的提示与操作如下：

选择被替换的柱子：　　　　　　　　　　　（选择需要替换的柱子，回车或空格执行）

3. 对象编辑

选择并右击柱子对象，界面弹出如图 12-33 所示柱子编辑右键菜单，选择"对象编辑"，也可以直接双击需要编辑的柱子，弹出"标准柱"或"异形柱"对话框，如图 12-34 所示，可以根据需要进行参数修改。

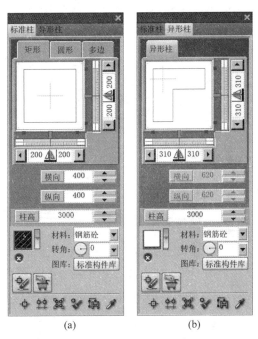

图 12-33　柱子编辑右键菜单　　　　　　　　图 12-34　对象编辑功能

4. 夹点编辑

单击柱子对象,显示蓝色夹点,将光标靠在夹点上,夹点变红并显示功能提示,如图 12-35 所示,分别为"中心旋转(Ctrl-移动)""移动顶点""移动边"。通过拖动夹点,可以方便地实现相应的编辑功能。

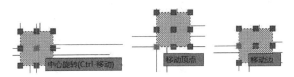

图 12-35　夹点编辑功能

12.4　墙体绘制

第 11 章举例介绍了"绘制墙体"和"边线对齐",本章继续进行补充和汇总。

12.4.1　墙体的创建

1. 绘制墙体

单击天正屏幕菜单"墙体"选项,打开二级菜单,选择"绘制墙体",界面弹出"绘制墙体/玻璃幕墙"对话框,设置左宽、右宽、墙高、底高、材料、用途、防火等,选择绘墙方式,即可绘制墙体,第 11 章已详细介绍具体操作,此处不再赘述。绘制"墙体/玻璃幕墙"对话框及墙体创建效果如图 12-36 所示。

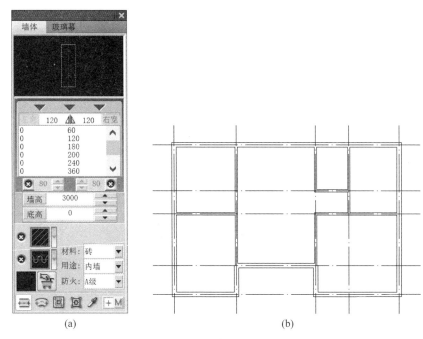

图 12-36　绘制"墙体/玻璃幕墙"功能

2. 墙体切割

"墙体切割"功能可以将目标墙段在指定位置进行分割，使其变为两个独立的墙段。

单击天正屏幕菜单"墙体"选项，打开二级菜单，选择"墙体切割"，命令行的提示与操作如下：

请选择要斩断的墙　　　　　　　　　　　　　　　　（单击选择目标墙段的切割位置）

3. 等分加墙

"等分加墙"功能可以等分目标墙段，并在两个墙段之间生成若干段相同的隔墙。

单击天正屏幕菜单"墙体"选项，打开二级菜单，选择"等分加墙"，命令行的提示与操作如下：

选择等分所参照的墙段<退出>：　　　　　　　　　　（选择欲被等分的一侧墙段）

界面弹出"等分加墙"对话框，如图 12-37 所示，设置"等分数""墙厚""材料""用途"等参数，继续根据命令行的提示进行操作：

选择作为另一边界的墙段<退出>：　　　　　　　　　（选择另一侧墙段）

等分加墙操作完毕，如图 12-38 所示，左侧大房间被等分为三个相互平行的小房间。

4. 单线变墙

"单线变墙"功能可以将 AutoCAD 由"LINE""ARC""PLINE"等命令绘制的单线或者 TArch 创建的轴线变换为墙体，墙体基线与原有单线或轴线重合。该功能适用于方案设计阶段的单线草图的深化。

单击天正屏幕菜单"墙体"选项，打开二级菜单，选择"单线变墙"，界面弹出"单线变墙"

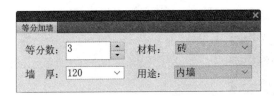

图 12-37　"等分加墙"对话框

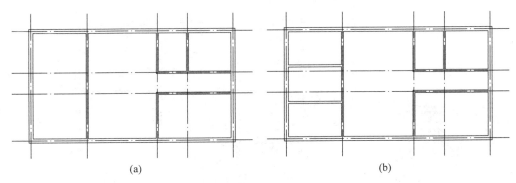

(a)　　　　　　　　　　　　　　　　　(b)

图 12-38　"等分加墙"功能

对话框,如图 12-39 所示。

　　根据需要设置与墙宽有关的外墙"外侧宽"、外墙"内侧宽"与"内墙宽",以及与墙参数有关的"高度""底高""材料",选择"多轴生墙""轴网生墙"或"单线变墙",无须退出对话框,根据命令行的提示,直接在绘图区选择欲变墙的单线或轴线,操作效果如图 12-40 所示,命令行的提示与操作如下:

　　选择要变成墙体的直线、圆弧或多段线:　　　　　　(选择目标对象,回车或空格执行)

图 12-39　"单线变墙"对话框

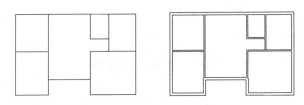

图 12-40　"单线变墙"功能

5. 墙体分段

"墙体分段"功能可以将某个墙段根据指定起点和终点进行分段,各分段设置不同参数。

单击天正屏幕菜单"墙体"选项,打开二级菜单,选择"墙体分段",界面弹出"墙体分段设置"对话框,如图 12-41 所示。

图 12-41　"墙体分段设置"对话框

根据需要设置"左宽""右宽""高度""底高""材料""用途"和"保温层",反复进行对话框设置与绘图区操作,命令行的提示与操作如下:

请选择一段墙 <退出>:　　　　　　　　　　　　(选择目标墙体)
选择起点<返回>:　　　　　　　　　　　　　　(单击选择分段起点位置)
选择终点<返回>:　　　　　　　　　　　　　　(单击选择分段终点位置)

6. 幕墙转换

"幕墙转换"功能可以将墙体转换为玻璃幕墙,或者将玻璃幕墙转换为填充墙、轻质隔墙、砖墙、石材墙、钢筋混凝土墙等。

单击天正屏幕菜单"墙体"选项,打开二级菜单,选择"幕墙转换",命令行的提示与操作如下:

请选择要转换为玻璃幕墙的墙或[幕墙转墙(Q)]<退出>:(选择目标墙体,回车或空格执行)

12.4.2　墙体的编辑

通过 TArch 20 V7.0 创建的墙体,可以使用 AutoCAD 的绝大部分编辑命令进行修改,如"ERASE""COPYMOVE""OFFSET""TRIM""EXTEND""SCALE"等,操作之后,墙段一般会自动进行修正和更新,也可以使用天正特有的编辑功能,现汇总介绍如下。

1. 倒墙角

"倒墙角"功能可以对墙体对象进行倒圆角,操作方法与 AutoCAD 的"FILLET"命令相似。

单击天正屏幕菜单"墙体"选项,打开二级菜单,选择"倒墙角",命令行的提示与操作如下:

选择第一段墙或 [设圆角半径(R),当前＝0]<退出>:(选择第一个目标墙段,或设置圆角半径)
选择另一段墙<退出>:　　　　　　　　　　　(选择第二个目标墙段)

注意设置圆角半径时,若半径为 0,可用于不平行的两个墙段的连接,墙端厚度与样式可以不同,若半径不为 0,则只能在墙端厚度与样式相同的两个墙段之间进行倒圆角。

2. 倒斜角

"倒斜角"功能可以对不平行的墙体对象进行斜角连接处理,操作方法与 AutoCAD 的"CHAMFER"命令相似。

单击天正屏幕菜单"墙体"选项,打开二级菜单,选择"倒斜角",命令行的提示与操作如下:

```
选择第一段直墙或
[设距离(D),当前距离 1=0,距离 2=0]<退出>:     (选择第一个目标墙段,或设置倒角距离)
选择另一段直墙<退出>:                          (选择第二个目标墙段)
```

3. 修墙角

"修墙角"功能可以对交汇处异常的墙体对象进行处理,去除多余墙线,修正交汇处。

单击天正屏幕菜单"墙体"选项,打开二级菜单,选择"修墙角",命令行的提示与操作如下:

```
请框选需要处理的墙角、柱子或墙体造型
请点取第一个角点或 [参考点(R)]<退出>:          (单击选择框的第一个角点)
点取另一个角点<退出>:                          (单击选择框的另一个角点)
```

4. 基线对齐

"基线对齐"功能可以对基线错位导致交汇处异常的墙体对象进行处理,对齐基线,从而修正交汇处。

单击天正屏幕菜单"墙体"选项,打开二级菜单,选择"基线对齐",T 形墙的操作效果如图 12-42 所示,命令行的提示与操作如下:

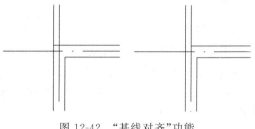

图 12-42　"基线对齐"功能

```
请点取墙基线的新端点或新连接点或 [参考点(R)]<退出>:     (单击基线对齐位置点)
请选择墙体(注意:相连墙体的基线会自动联动!)<退出>:     (选择墙体,回车或空格执行)
```

5. 边线对齐

"边线对齐"功能可以在墙宽和基线位置不变的前提下对齐墙体边线,该功能通常用来对齐墙体与柱子或者内墙与外墙边线。

单击天正屏幕菜单"墙体"选项,打开二级菜单,选择"边线对齐",命令行的提示与操作如下:

```
请点取墙边应通过的点或 [参考点(R)]<退出>:       (单击墙体对齐线要通过的点)
请点取一段墙<退出>:                            (单击要对齐的墙体)
```

6. 净距偏移

"净距偏移"功能可以根据指定的距离创建与指定墙体平行的墙体,操作方法与AutoCAD 的"OFFSET"命令相似。

单击天正屏幕菜单"墙体"选项,打开二级菜单,选择"净距偏移",命令行的提示与操作如下:

```
输入偏移距离< 4000 >:                          (输入需要偏移的净距离)
请点取墙体一侧<退出>:                          (点取目标墙体偏移方向的一侧)
```

7. 墙柱保温

"墙柱保温"功能可以在墙体一侧加上或删去保温层,墙段上有门时,保温层线将自动打断,遇窗时,则自动加厚。

单击天正屏幕菜单"墙体"选项,打开二级菜单,选择"墙柱保温",命令行的提示与操作如下:

指定墙、柱、墙体造型保温一侧或[内保温(I)/
外保温(E)/消保温层(D)/保温层厚(当前=80)(T)]<退出>:(点取目标墙体欲加保温层的一侧)

8. 墙体造型

"墙体造型"功能可以根据指定轮廓在墙体一侧生成外凸或内凹的墙垛、烟道、壁炉等。

单击天正屏幕菜单"墙体"选项,打开二级菜单,选择"墙体造型",操作前后如图 12-43 所示,根据指定矩形框生成墙垛造型,命令行的提示与操作如下:

选择[外凸造型(T)/内凹造型(A)]<外凸造型>:　　　(回车或空格默认"外凸造型")
墙体造型轮廓起点或
[点取图中曲线(P)/点取参考点(R)]<退出>:　　　（输入"P"）
选择一曲线(LINE/ARC/PLINE):　　　（选择已有矩形框）

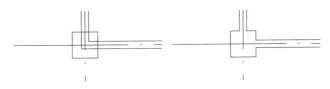

图 12-43　"墙体造型"功能

9. 墙齐屋顶

"墙齐屋顶"功能可以将坡屋顶两侧原本水平的墙体向上延伸,使墙体与屋顶在立面上统一。

单击天正屏幕菜单"墙体"选项,打开二级菜单,选择"墙齐屋顶",命令行的提示与操作如下:

请选择屋顶:
输入偏移距离<4000>:　　　（在平面图中选择坡屋顶）
请选择墙:　　　（选择目标山墙）

10. 对象编辑

选择并右击墙段对象,界面弹出如图 12-44 所示墙体编辑右键菜单,选择"对象编辑",也可以直接双击需要编辑的墙段,界面弹出如图 12-45 所示"墙体"对象编辑对话框,可以根据需要进行参数修改。

11. 夹点编辑

单击墙段对象,显示蓝色夹点,将光标靠在夹点上,夹点变红并显示功能提示,如图 12-46 所示,分别为"移动墙体""改变起点位置""改变终点位置"。通过拖动夹点,可以方便地实现相应的编辑功能。

图 12-44　墙体编辑右键菜单　　　　图 12-45　"墙体"对象编辑对话框

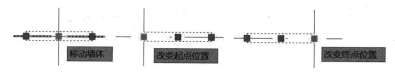

图 12-46　夹点编辑功能

12.4.3　墙体工具

对于墙体的批量编辑,可以使用墙体工具,单击天正屏幕菜单"墙体"选项,打开二级菜单,选择"墙体工具",打开三级菜单,如图 12-47 所示。

1. 改墙厚

图 12-47　"墙体工具"三级菜单

"改墙厚"功能可以批量更改指定墙体的厚度,且一律改为中线定位,因此该功能不适用于偏心墙体的墙厚修改。

选择"墙体工具"三级菜单中的"改墙厚",命令行的提示与操作如下:

选择墙体:　　　　　(选择目标墙体,回车或空格确认)
新的墙宽<240>:　　(输入新的墙宽,回车或空格执行)

2. 改外墙厚

"改外墙厚"功能可以批量更改指定外墙的厚度,使用该功能之前,必须进行内、外墙识别。

选择"墙体工具"三级菜单中的"改外墙厚",命令行的提示与操作如下:

请选择外墙:　　　　　　　　(选择目标外墙,回车或空格确认)
内侧宽<120>:　　　　　　　(输入新的内侧宽度,回车或空格确认)
外侧宽<240>:　　　　　　　(输入新的外侧宽度,回车或空格执行)

3. 改高度

"改高度"功能可以批量更改指定墙体、柱子或墙体造型的高度和底部标高。

选择"墙体工具"三级菜单中的"改高度",命令行的提示与操作如下:

请选择墙体、柱子或墙体造型:　　　　　　　(选择目标对象,回车或空格确认)
新的高度<3000>:　　　　　　　　　　　　(输入新的高度,回车或空格确认)
新的标高<0>:　　　　　　　　　　　　　　(输入新的底部标高,回车或空格确认)
是否维持窗墙底部间距不变?[是(Y)/否(N)]<N>:　(输入"Y"或"N"执行)

4. 改外墙高

"改外墙高"功能与"改高度"功能相似,但只对外墙有效。

5. 平行生线

"平行生线"功能可以在墙体或柱子的一侧根据指定距离偏移生成平行的线或弧,该功能可以用于创建粉刷线或勒脚线,如图 12-48 所示。

选择"墙体工具"三级菜单中的"平行生线",命令行的提示与操作如下:

请点取墙边或柱子<退出>:　　(选择目标墙体或柱子的一侧)
输入偏移距离<100>:　　　　(输入偏移距离,回车或空格执行)

6. 墙端封口

"墙端封口"功能可以打开或闭合显示墙体的端部。

选择"墙体工具"三级菜单中的"墙端封口",操作前、后如图 12-49 所示,命令行的提示与操作如下:

选择墙体:　　　　　　　　　　　　　　　(选择目标外墙,回车或空格执行)

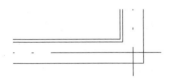

图 12-48　"平行生线"功能　　　　　　　　　　图 12-49　"墙端封口"功能

12.4.4　墙体立面

墙体立面功能可以在进行平面图绘制时,就为立面或三维建模做好准备。单击天正屏幕菜单"墙体"选项,打开二级菜单,选择"墙体立面",打开三级菜单,如图 12-50 所示。

墙面 UCS
异形立面
矩形立面

图 12-50　"墙体
立面"三级菜单

1. 墙面 UCS

"墙面 UCS"功能可以定义一个临时的基于所选墙面分侧的 UCS 用户坐标系,在指定视口转为立面显示,从而可以在墙体立面上进行定位和操作。

选择"墙体立面"三级菜单中的"墙面 UCS",操作效果如图 12-51 所示,命令行的提示与操作如下:

请点取墙体一侧<退出>: 　　　　　　　　　　　(点取目标墙体一侧)

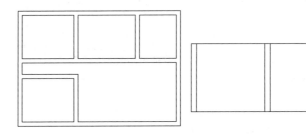

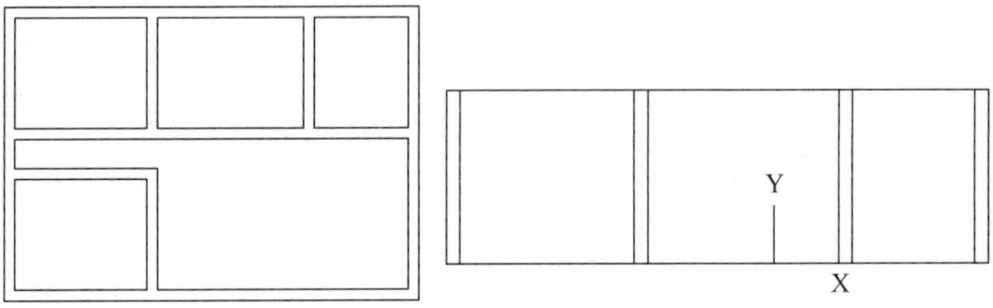

图 12-51　"墙面 UCS"功能

2. 异形立面

"异形立面"功能可以在立面显示状态,将墙体根据给定的轮廓线切割成非矩形。

选择"墙体立面"三级菜单中的"异形立面",其操作效果如图 12-52 所示,命令行的提示与操作如下:

选择定制墙立面形状的不闭合多段线<退出>: 　　(在立面视口中选择切割轮廓线)
选择墙体: 　　　　　　　　　　　　　　　　　　(选择目标墙体,回车或空格执行)

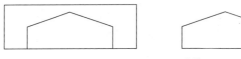

图 12-52　"异形立面"功能

3. 矩形立面

"矩形立面"功能可以在立面显示状态,将墙体非矩形的部分删除从而恢复成矩形,此为"异形立面"功能的逆操作。

选择"墙体立面"三级菜单中的"矩形立面",命令行的提示与操作如下:

选择墙体: 　　　　　　　　　　　　　　　　　　(选择目标对象,回车或空格执行)

12.4.5　识别内外

单击天正屏幕菜单"墙体"选项,打开二级菜单,选择"识别内外",打开三级菜单,如图 12-53 所示。

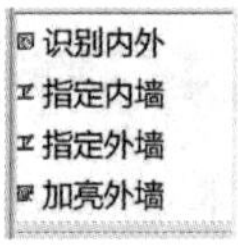

"识别内外"功能可以自动识别内墙与外墙,此功能适用于一般情况。

图 12-53　"识别内外"三级菜单

选择"识别内外"三级菜单中的"识别内外",命令行的提示与操作如下:

请选择一栋建筑物的所有墙体(或门窗):　　　　　　(选择目标对象,回车或空格执行)

识别出的外墙用红色的虚线示意(图 12-54)。

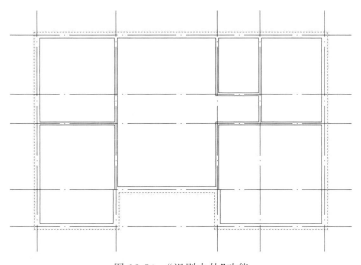

图 12-54　"识别内外"功能

1．指定内墙

"指定内墙"功能可以人工识别内墙,该功能适用于存在内天井、庭院等局部无法自动识别情况。

选择"识别内外"三级菜单中的"指定内墙",命令行的提示与操作如下:

选择墙体:　　　　　　　　　　　　　　　(选择目标墙体,回车或空格执行)

2．指定外墙

"指定外墙"功能可以人工识别外墙,其操作与"指定内墙"功能相似。

选择"识别内外"三级菜单中的"指定外墙",命令行的提示与操作如下:

请点取墙体外皮<退出>:　　　　　　　　(单击目标墙体外侧)

3．加亮外墙

"加亮外墙"功能可以将所有外墙边线用红色的虚线进行亮显,便于绘图操作中观察。

12.5　门窗插入

第 11 章举例介绍了普通门窗的创建与编辑,本章继续进行补充与汇总。

12.5.1　门窗的创建

1．常规门窗

单击天正屏幕菜单"门窗"选项,打开二级菜单,选择"门窗",界面弹出"门"对话框,单击

对话框下方右侧 不同按钮,可以选择插入不同对象,分别为"插门""插窗""插门连窗""插子母门""插弧窗""插凸窗""插矩形洞"和"标准构件库"。

1) 普通门

在如图 12-55 所示默认的"门"对话框中选择插入方式、平面和立面样式,设置编号、类型、尺寸参数、个数等,即可进行普通门的插入。

图 12-55 "门"对话框

2) 普通窗

单击"插窗"按钮 ,将对话框切换至如图 12-56 所示"窗"对话框,选择插入方式、平面和立面样式,设置编号、类型、尺寸参数、个数等,即可进行普通窗的插入。

图 12-56 "窗"对话框

3) 门连窗

单击"插门连窗"按钮 ,将对话框切换至如图 12-57 所示"门联窗"对话框,选择插入方式、门与窗的立面样式,设置编号和尺寸参数,即可进行门连窗的插入。

图 12-57 "门连窗"对话框

4) 子母门

单击"插子母门"按钮 ,将对话框切换至如图 12-58 所示"子母门"对话框,选择插入方式、大门与小门的立面样式,设置编号和尺寸参数,即可进行子母门的插入。

5) 弧窗

单击"插弧窗"按钮 ,将对话框切换到如图 12-59 所示"弧窗"对话框,选择插入方式,设置编号、类型、是否高窗、尺寸参数、个数等,即可进行弧窗的插入。

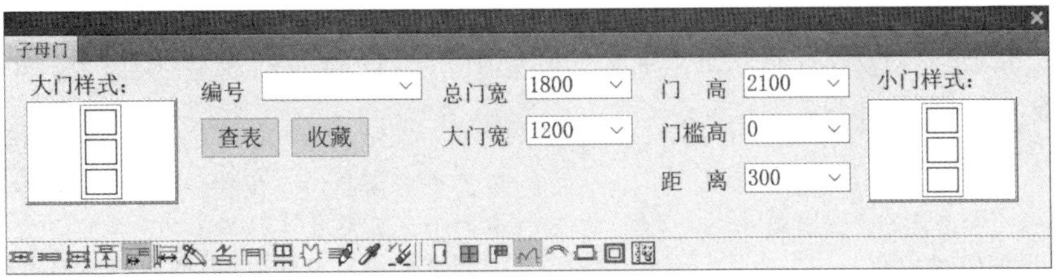

图 12-58 "子母门"对话框

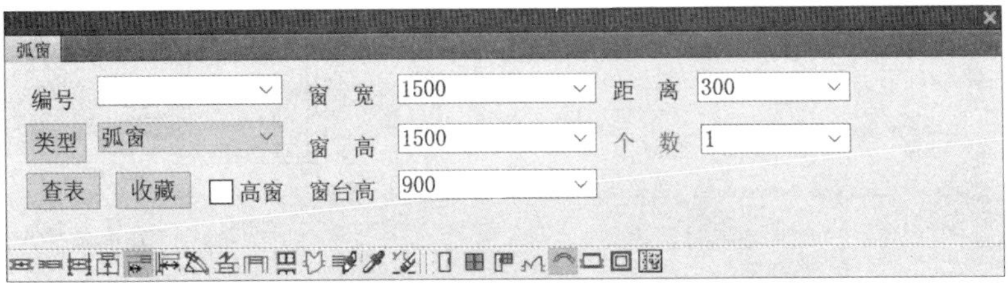

图 12-59 "弧窗"对话框

6）凸窗

单击"插凸窗"按钮 ▢，将对话框切换至如图 12-60 所示"凸窗"对话框，选择插入方式，设置编号、型式、尺寸参数、有无左右侧挡板等，即可进行凸窗的插入。

图 12-60 "凸窗"对话框

7）洞口

单击"洞口"按钮 ▣，将对话框切换至如图 12-61 所示"洞口"对话框，选择插入方式，设置编号、型式、尺寸参数、是否穿透墙体等，即可进行矩形或圆形洞口的插入。

图 12-61 "洞口"对话框

2. 带形窗

"带形窗"功能可以在一段或连续多段墙体上插入带状的窗户，该窗户可以绕过柱子或墙体造型，按一个门窗进行编号。

单击天正屏幕菜单"门窗"选项,打开二级菜单,选择"带形窗",界面弹出"带形窗"对话框,如图 12-62 所示,根据需要设置"编号""窗户高""窗台高",创建如图 12-63 所示带形窗,命令行的提示与操作如下:

起始点或［参考点(R)］<退出>:　　　　　　　　（单击带形窗起始点位置）
终止点或［参考点(R)］<退出>:　　　　　　　　（单击带形窗终止点位置）
选择带形窗经过的墙:　　　　　　　　　　　　（选择带形窗经过的墙段,回车或空格执行）

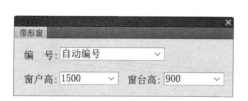

图 12-62　"带形窗"对话框

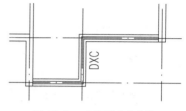

图 12-63　"带形窗"功能

3. 转角窗

"转角窗"功能可以在墙角处插入普通转角窗或转角凸窗,该窗户按一个门窗进行编号。

单击天正屏幕菜单"门窗"选项,打开二级菜单,选择"转角窗",界面弹出"绘制角窗"对话框,若勾选"凸窗",并单击右下角 ■ 按钮,对话框展开显示转角凸窗参数,如图 12-64 所示。

图 12-64　"绘制角窗"对话框

在第一个对话框中设置"编号""窗高""窗台高"等参数,用户可以绘制普通转角窗。在第二个对话框中选择是否落地、有无挡板,设置"编号""窗高""窗台高""出挑长 1""出挑长 2""延伸 1""延伸 2""玻璃内凹""挡板厚"等参数,用户可以绘制转角凸窗。操作效果分别为如图 12-65 所示的 ZJC1 和 ZJC2,命令行的提示与操作如下:

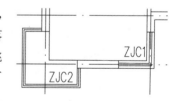

图 12-65　"转角窗"功能

请选取墙角<退出>:　　　　　　　　（单击目标墙角位置）
转角距离 1<1000>:　　　　　　　　（输入一侧转角距离,回车或空格确认）
转角距离 2<1000>:　　　　　　　　（输入另一侧转角距离,回车或空格执行）

4. 异形洞

"异形洞"功能可以在立面显示状态,根据给定的封闭的 PLINE 线轮廓,在指定墙面上生成任意深度的洞口。

单击天正屏幕菜单"门窗"选项,打开二级菜单,选择"异形洞",命令行的提示与操作如下:

请点取墙体一侧<退出>:　　　　　　　　(在平面视口中单击墙段欲开洞的一侧)
选择墙面上洞口轮廓线的封闭多段线:　　　(在立面视口中选择开洞轮廓线)

界面弹出如图 12-66 所示"异形洞"对话框,选择是否"穿透墙体",设置"编号""洞身",单击右侧预览图切换异形洞"表示方法",单击"确定"按钮,即可创建异形洞。如图 12-67 所示,分别为洞深与墙厚相同的五边形洞口和洞深小于墙厚的矩形洞口。

图 12-66　"异形洞"对话框

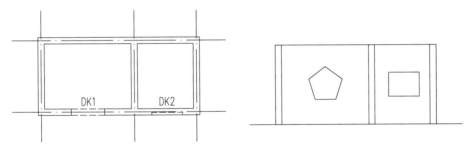

图 12-67　"异形洞"功能

12.5.2　门窗的编号

由上述介绍可知,在创建门窗的同时,可以自动进行门窗编号,因此 TArch 20 V7.0 提供了有关门窗编号与门窗表的相关功能。

1. 编号设置

单击天正屏幕菜单"门窗"选项,打开二级菜单,选择"编号设置",界面弹出"编号设置"对话框,如图 12-68 所示,通过该对话框,可以根据不同"门窗类别"更改"类型"与"编号",选择编号规则为"按尺寸"或"按顺序",设置是否"四舍五入"和"添加连字符"。

2. 门窗编号

"门窗编号"功能可以对已经创建的门窗进行编号或者修改编号。

单击天正屏幕菜单"门窗"选项,打开二级菜单,选择"门窗编号",命令行的提示与操作如下:

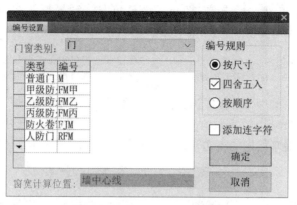

图 12-68　"编号设置"对话框

请选择需要改编号的门窗的范围<退出>:　　　　　　（选择目标门窗,回车或空格确认）
请输入新的门窗编号或[删除编号(E)]< C2415 >:　　（可以输入新编号、删除编号、自动编号）

3. 门窗检查

"门窗检查"功能可以对图中已经创建的门窗进行数据检查,并以电子表格的方式显示。

单击天正屏幕菜单"门窗"选项,打开二级菜单,选择"门窗检查",界面弹出如图 12-69 所示"门窗检查"对话框,选择"更新原图""提取图纸""选取范围"等功能,进行门窗平面、立面样式预览,查看门窗编号与尺寸参数表,观察有无数据冲突。

单击对话框左上角"设置"按钮,打开如图 12-70 所示"设置"对话框,可以对检查具体内容和显示参数进行设置。

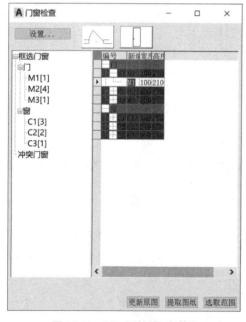

图 12-69　"门窗检查"对话框

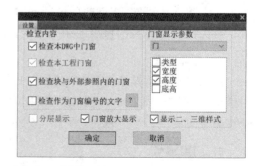

图 12-70　"设置"对话框

4. 门窗表

"门窗表"功能可以统计当前图纸中的门窗参数,检查后生成相应门窗表。

单击天正屏幕菜单"门窗"选项,打开二级菜单,选择"门窗表",命令行的提示与操作如下:

请选择门窗或[设置(S)]<退出>:　　　　　　　　　　　(框选需要统计的门窗)
请点取门窗表位置(左上角点)<退出>:　　　　　　　　(单击目标位置插入门窗表)

插入如图 12-71 所示门窗表,可以根据需要进行表格样式或内容的编辑。

5. 门窗总表

"门窗总表"功能可以统计某个工程多张图纸的门窗参数,检查后生成相应门窗表。

本功能应在设置"工程管理"功能的基础上进行,单击天正屏幕菜单"门窗"选项,打开二级菜单,选择"门窗总表",插入如图 12-72 所示门窗总表,命令行的提示与操作如下:

请点取门窗表位置(左上角点)或[设置(S)]<退出>:　　　(单击目标位置插入门窗表)

门窗表

类型	设计编号	洞口尺寸(mmXmm)	数量	图集名称	页次	选用型号	备注
普通门	M1	1000X2100	1				
	M2	800X2100	4				
	M3	800X2100	1				
普通窗	C1	1800X1500	3				
	C2	2400X1500	2				
	C3	900X1500	1				

图 12-71　"门窗表"功能

门窗表

类型	设计编号	洞口尺寸(mmXmm)	数量			图集选用			备注
			1	2	合计	图集名称	页次	选用型号	
普通门	M1	1000X2100	1	1	2				
	M2	800X2100	4	4	8				
	M3	800X2100	1	1	2				
普通窗	C1	1800X1500	3	3	6				
	C2	2400X1500	2	2	4				
	C3	900X1500	1	1	2				

图 12-72　"门窗总表"功能

12.5.3　门窗的编辑

第 11 章的门窗编辑功能仅随例介绍了"内外翻转"和"左右翻转",本章继续补充汇总。

1. 替换门窗

"替换门窗"功能可以对已有的门窗进行更替。

单击天正屏幕菜单"门窗"选项,打开二级菜单,选择"门窗",界面弹出创建常规门窗的对话框,在插入方式按钮行中单击"替换图中已经插入的门窗"按钮 ,设置样式、编号、类型、尺寸等参数,命令行的提示与操作如下:

选择被替换的门窗!
选择对象: (选择需要替换的门窗,回车或空格执行)

2. 组合门窗

"组合门窗"功能可以将同一个墙段上由"门窗"功能创建的多个门窗组合为具有同一编号的单个门窗。

单击天正屏幕菜单"门窗"选项,打开二级菜单,选择"组合门窗",命令行的提示与操作如下:

选择需要组合的门窗和编号文字: (选择目标门窗,回车或空格确认)
输入编号: (输入新的门窗编号,回车执行)

3. 门窗归整

"门窗归整"功能可以将门窗根据指定的距离或方式进行调整。

单击天正屏幕菜单"门窗"选项,打开二级菜单,选择"门窗归整",弹出如图 12-73 所示"门窗归整"对话框,选择按照垛宽、轴距或墙柱边的方式,设置垛宽或距离参数,命令行的提示与操作如下:

请选择需归整的门窗<退出>: (选择目标门窗执行归整命令)

图 12-73 "门窗规整"对话框

4. 门窗填墙

"门窗填墙"功能可以删除门窗,并以不同材料进行填充与显示。

图 12-74 "门窗填墙"功能

单击天正屏幕菜单"门窗"选项,打开二级菜单,选择"门窗填墙",填充墙操作效果如图 12-74 所示,命令行的提示与操作如下:

请选择需删除的门窗<退出>: (选择门窗,回车或空格确认)
请选择需填补的墙体材料:[填充墙(0)/
加气块(1)/空心砖(2)/砖墙(3)/耐火砖(4)/无(5)]<0>: (输入相应数字执行)

5. 内外翻转

"内外翻转"功能可以对指定门窗以墙体中线为轴线进行翻转。

单击天正屏幕菜单"门窗"选项,打开二级菜单,选择"内外翻转",命令行的提示与操作如下:

选择待翻转的门窗:　　　　　　　　　　　　　　　　　（选择目标门窗,回车或空格执行）

6. 左右翻转

"左右翻转"功能可以对指定门窗以垂直平分线为轴线进行翻转。

单击天正屏幕菜单"门窗"选项,打开二级菜单,选择"左右翻转",命令行的提示与操作如下:

选择待翻转的门窗:　　　　　　　　　　　　　　　　　（选择目标门窗,回车或空格执行）

7. 对象编辑

选择并右击门窗对象,界面弹出如图 12-75 所示门窗编辑右键菜单,选择"对象编辑",也可以直接双击需要编辑的门窗,则界面弹出相应的门窗对象编辑对话框。以门为例,界面弹出如图 12-76 所示"门"对话框,可以根据需要进行参数修改。

图 12-75　门窗编辑右键菜单

图 12-76　"门"对话框

8. 在位编辑

选择并右击门窗对象,界面弹出门窗编辑右键菜单,选择"在位编辑",也可以直接双击门窗编号,则编号上出现编辑框,可以直接修改编号。

9. 夹点编辑

单击门窗对象,显示蓝色夹点,将光标靠在夹点上,夹点变红,并显示功能提示。以普通门为例,如图 12-77 所示,分别为"改变编号位置""移动门窗""改变开启方向""单侧改宽(Ctrl-移动门窗)""移动门窗(Ctrl-单侧改宽)"。通过拖动夹点,可以方便地实现相应的编辑功能。

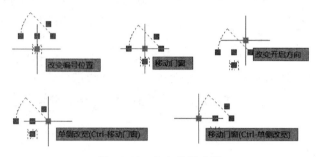

图 12-77　夹点编辑功能

12.5.4　门窗工具

单击天正屏幕菜单"门窗"选项,打开二级菜单,选择"门窗工具",打开三级菜单,如图 12-78 所示。

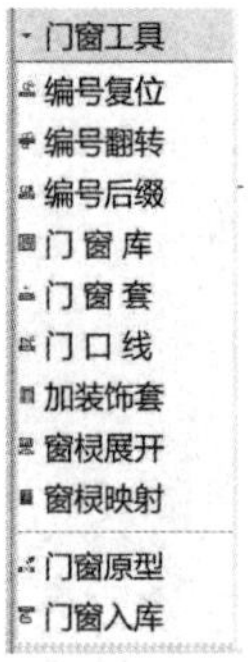

1. 编号复位

"编号复位"功能可以将经过移动的门窗编号恢复到默认位置。

选择"门窗工具"三级菜单中的"编号复位",命令行的提示与操作如下:

选择编号待复位的门窗:　　　　　　　　　(选择目标编号,回车或空格执行)

图 12-78　"门窗工具"三级菜单

2. 编号翻转

"编号翻转"功能可以将原本在门窗内侧(或外侧)位置的门窗编号更换为外侧(或内侧)显示,与门窗的翻转功能相似。

选择"门窗工具"三级菜单中的"编号翻转",命令行的提示与操作如下:

请选择要翻转编号的门窗<退出>:　　　　　　　　　(选择目标编号,回车或空格执行)

3. 编号后缀

"编号后缀"功能可以批量为指定门窗的编号添加后缀,添加编号后缀后与原编号门窗互相独立。

选择"门窗工具"三级菜单中的"编号后缀",命令行的提示与操作如下:

选择需要加编号后缀的门窗:　　　　　　　　(选择目标门窗,回车或空格确认)
请输入需要加的门窗编号后缀<反>:　　　　　　(输入后缀,回车执行)

4. 门窗库

"门窗库"功能可以打开"常用门窗库"对话框进行操作。

选择"门窗工具"三级菜单中的"门窗库",界面弹出"常用门窗库"对话框,如

图 12-79 所示,可以查看、修改不同参数的各类门窗,还可以进行预览、上移、下移、删除、清空、导出、导入等操作。单击平面或立面样式预览图,可以打开"天正图库管理系统",如图 12-80 所示。

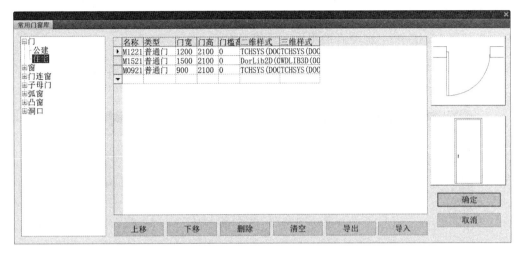

图 12-79 "常用门窗库"对话框

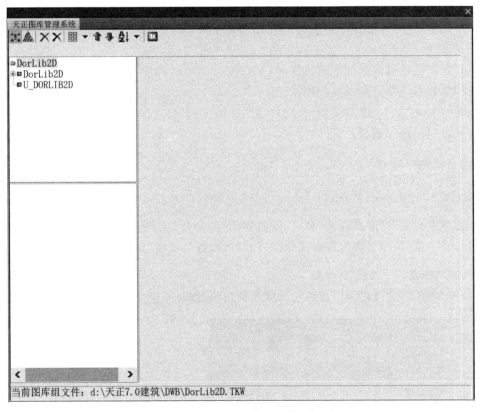

图 12-80 "天正图库管理系统"对话框

5. 门窗套

"门窗套"功能可以在门窗四周添加框套。

选择"门窗工具"三级菜单中的"门窗套",界面弹出"门窗套"对话框,如图 12-81 所示,选择"加门窗套"或"消门窗套",前者需设置"材料""伸出墙长度 A""门窗套宽度 W",添加窗套效果如图 12-82 所示,命令行的提示与操作如下:

请选择外墙上的门窗:　　　　　　　　　　　(选择目标对象,回车或空格确认)
点取窗套所在的一侧:　　　　　　　　　　　(单击欲添加门窗套的一侧)

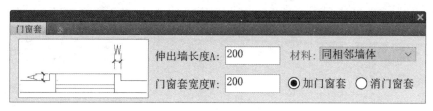

图 12-81　"门窗套"对话框

图 12-82　添加窗套效果

6. 门口线

"门口线"功能可以添加或删除属于门对象的门口线,用于表示有无门槛或者门两侧标高是否相同。

图 12-83　"门口线"功能

选择"门窗工具"三级菜单中的"门口线",添加单侧门口线的操作效果如图 12-83 所示,命令行的提示与操作如下:

请选择要加减门口线
的门窗或[高级模式(Q)]<退出>:　　　　(选择目标门对象,回车或空格确认)
请点取门口线所在的一侧<退出>:　　　　　(单击欲添加门口线的一侧,执行完毕按 Esc 键退出)

若在命令行输入"高级模式(Q)",界面弹出"门口线"对话框,如图 12-84 所示,可以选择"加门口线"或"消门口线",前者需选择"门口线位置",设置"偏移距离"。

7. 加装饰套

"加装饰套"功能可以为门窗添加三维装饰门窗套线,平面效果如图 12-85 所示。

图 12-84　"门口线"对话框

图 12-85　"加装饰套"效果

选择"门窗工具"三级菜单中的"加装饰套",界面弹出"门窗套设计"对话框,可以选择默认"门窗套"选项板或切换到"窗台/檐板"选项板进行详细参数设置,如图 12-86 所示,设置完毕后,单击"确定"按钮,命令行的提示与操作如下:

选择需要加门窗套的门窗:　　　　　　　　　(选择目标对象,回车或空格确认)
点取室内一侧<退出>:　　　　　　　　　　　(单击室内一侧)

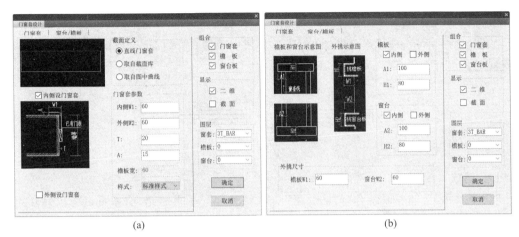

(a)　　　　　　　　　　　　　　　　　　(b)

图 12-86　"门窗套设计"对话框

8. 窗棂展开

"窗棂展开"功能可以将窗立面在平面上展开,以便进行窗棂划分。

选择"门窗工具"三级菜单中的"窗棂展开",转角窗展开效果如图 12-87 所示,命令行的提示与操作如下:

选择窗:　　　　　　　　　　　　　　　　(选择需要展开的窗,回车或空格确认)
展开到位置<退出>:　　　　　　　　　　　(单击展开图欲插入的位置)

9. 窗棂映射

"窗棂映射"功能可以将在"窗棂展开"功能生成的立面展开图中划分的窗棂映射回窗立面。

在 0 图层上以直线或圆弧对图 12-87 的窗立面图进行窗棂划分,如图 12-88 所示。选择"门窗工具"三级菜单中的"窗棂映射",命令行的提示与操作如下:

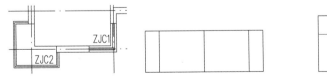

图 12-87　"窗棂展开"功能

图 12-88　"窗棂映射"功能

选择待映射的窗:　　　　　　　　　　　　(选择需要映射的窗,回车或空格确认)
提示:空选择则恢复原始默认的窗框!
选择待映射的棱线:　　　　　　　　　　　(选择需要映射的棱线,回车或空格确认)
基点<退出>:　　　　　　　　　　　　　　(单击选择窗棂展开的基点)

10. 门窗原型

"门窗原型"功能可以指定已有门窗分解为基本对象,作为新门窗改绘的样板原型,并构造门窗制作的二维或三维环境,直到"门窗入库",或放弃门窗制作。

选择"门窗工具"三级菜单中的"门窗原型",命令行的提示与操作如下:

选择图中的门窗:　　　　　　　　　　(选择欲作为原型的门窗对象)

如图 12-89 所示,选择平面图中的 C1 作为门窗原型,进入门窗制作的二维环境,可以根据需要对其进行编辑。

图 12-89　"门窗原型"功能

11. 门窗入库

"门窗入库"功能可以结合"门窗原型"功能实现门窗库的扩充,前者可以将已制作好的二维或三维门窗块放入门窗库中,并对块进行命名。

选择"门窗工具"三级菜单中的"门窗入库",界面弹出"天正图库管理系统"对话框,如图 12-90 所示,可以对已入库自动命名的图块进行重命名、删除等操作。

图 12-90　"天正图库管理系统"对话框

12.6　室内外设施绘制

第 11 章中举例介绍了楼梯、台阶、散水等室内外设施的绘制,本章继续进行补充和汇总。

12.6.1　房间的查询与布置

房间是室内空间由墙体分隔而形成的功能分区,是非常重要的建筑概念,继轴网绘制、柱子布置、墙体绘制、门窗插入之后,TArch 20 V7.0提供了有关房间查询与布置的功能。

单击天正屏幕菜单"房间屋顶"选项,打开二级菜单,如图 12-91 所示,包括有关房间和屋顶菜单选项。

图 12-91　"房间屋顶"二级菜单

1. 房间的查询

1) 搜索房间

"搜索房间"功能可以搜索并批量创建或者更新房间与建筑面积的标注对象。

单击天正屏幕菜单"房间屋顶"选项,打开二级菜单,选择"搜索房间",界面弹出"搜索房间"对话框,如图 12-92 所示,可以根据需要设置是否"显示房间名称""显示房间编号""标注面积"等,输入"板厚""起始编号"等参数。命令行的提示与操作如下:

请选择构成一完整建筑物的所有墙体(或门窗)<退出>:　(选择所有墙体,回车或空格确认)
请点取建筑面积的标注位置<退出>:　(单击目标位置或退出)

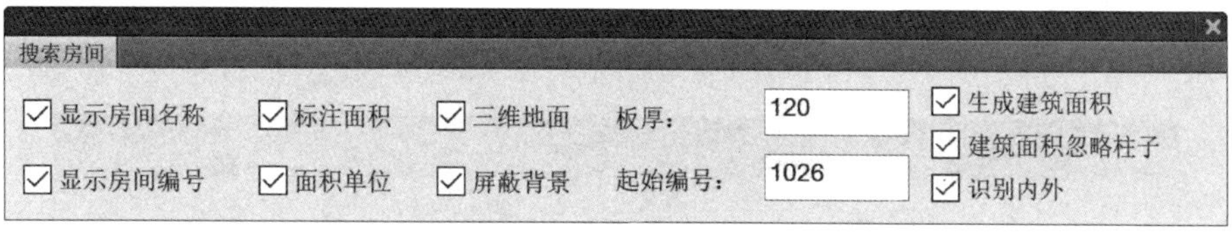

图 12-92　"搜索房间"对话框

其操作效果如图 12-93 所示,显示各房间文字与面积标注、建筑面积标注。可以双击文字或数字进行编辑,也可以选择对象后再右击并选择"对象编辑",或者直接双击进行对象编辑,"编辑房间"对话框如图 12-94 所示。此外,还可以单击图中夹点进行夹点编辑。

2) 查询面积

"查询面积"功能可以查询指定房间、阳台或封闭区域的面积并进行文本标注。

单击天正屏幕菜单"房间屋顶"选项,打开二级菜单,选择"查询面积",界面弹出"查询面积"对话框,如图 12-95 所示。单击对话框左侧下方 不同按钮,根据需要选择"房间面积查询""封闭曲线面积查询""阳台面积查询""绘制任意多边形面积查询",根据需要选择和设置各项参数。

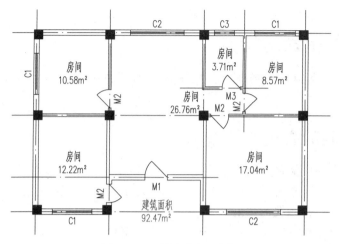

图 12-93 "搜索房间"功能

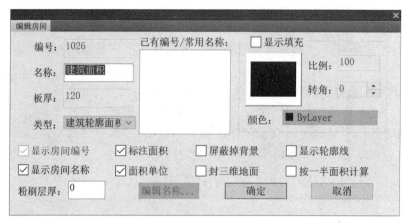

图 12-94 "编辑房间"对话框

图 12-95 "查询面积"对话框

（1）选择"房间面积查询"，命令行的提示与操作如下：

请选择查询面积的范围：　　　　　　　　　　　　　（选择查询范围，回车或空格确认）
请在屏幕上点取一点<返回>：　　　　　　　　　　　（单击标注的插入位置）

（2）选择"封闭曲线面积查询"，命令行的提示与操作如下：

选择闭合多段线或圆<退出>：　　　　　　　　　　（选择欲查询面积的封闭多段线或圆）
请点取面积标注位置<中心>：　　　　　　　　　　（单击标注的插入位置）

（3）选择"阳台面积查询"，命令行的提示与操作如下：

选择阳台<退出>：　　　　　　　　　　　　　　　（选择目标阳台对象）
请点取面积标注位置<中心>：　　　　　　　　　　（单击标注的插入位置）

（4）选择"绘制任意多边形面积查询"，命令行的提示与操作如下：

多边形起点<退出>：　　　　　　　　　　（单击多边形的起点位置）
直段下一点或［弧段（A）/回退（U）］<结束>：　　（依次单击多边形各角点，回车或空格确认结束）
请点取面积标注位置<中心>：　　　　　　（单击标注的插入位置）

3）房间轮廓

"房间轮廓"功能可以创建沿房间内侧的轮廓线，用于构造踢脚线等。

单击天正屏幕菜单"房间屋顶"选项，打开二级菜单，选择"房间轮廓"，命令行的提示与操作如下：

请指定房间内一点或［参考点（R）］<退出>：　　　　（单击房间内某点）
是否生成封闭的多段线？［是（Y）/否（N）］< Y >：　　（输入"Y"或"N"执行）

4）楼板洞口

"楼板洞口"功能可以为房间对象或防火分区对象添加洞口并自动进行标注，也可以删除已有洞口。

单击天正屏幕菜单"房间屋顶"选项，打开二级菜单，选择"楼板洞口"，命令行的提示与操作如下：

请选择房间\防火分区对象<退出>：（选择房间或防火分区对象）
请选择洞口边界线（闭合多段线
或圆）或［删除洞口（Q）］<退出>：　　（选择边界线，回车或空格确认，也可输入"Q"切换为删除洞口）

5）套内面积

"套内面积"功能可以按照相关规范计算住宅单元的套内建筑面积，并自动进行标注。

单击天正屏幕菜单"房间屋顶"选项，打开二级菜单，选择"套内面积"，界面弹出"套内面积"对话框，如图 12-96 所示，根据需要设置"户号""套型编号""标注面积"等参数，标注效果如图 12-97 所示，命令行的提示与操作如下：

请选择同属一套住宅的
所有房间面积对象与阳台面积对象：　　　　（选择套内所有房间，回车或空格确认）
请点取面积标注位置<中心>：　　　　　　（单击标注的插入位置）

6）公摊面积

"公摊面积"功能可以定义要公摊到各户的公共面积。

单击天正屏幕菜单"房间屋顶"选项，打开二级菜单，选择"公摊面积"，可以将指定面积归入公摊面积，以备后续面积统计，命令行的提示与操作如下：

请选择房间面积对象<退出>：　　　　　　　　　　（选择房间面积对象，回车或空格执行）

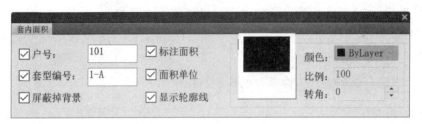

图 12-96 "套内面积"对话框

1－A户型
101室
87.30m²

图 12-97 "套内面积"标注功能

7）面积计算

"面积计算"功能可以对指定的房间进行面积求和或求差计算，并进行标注。

单击天正屏幕菜单"房间屋顶"选项，打开二级菜单，选择"面积计算"，界面弹出"面积计算"对话框，如图 12-98 所示，可以根据需要设置参数，进行求和或求差计算，命令行的提示与操作如下：

请选择求和的对象或[高级模式（Q）]<退出>：　　　（选择房间面积对象，回车或空格确认）
点取面积标注位置<退出>：　　　（单击标注的插入位置）

使用"面积计算"功能时，也可以根据命令行的提示，输入"Q"选择"高级模式"，界面弹出"面积计算"对话框高级模式，如图 12-99 所示。

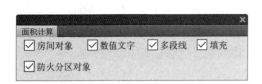

图 12-98 "面积计算"对话框

图 12-99 "面积计算"对话框高级模式

8）面积统计

"面积统计"功能可以对各户分摊后的建筑面积进行最终统计。

单击天正屏幕菜单"房间屋顶"选项，打开二级菜单，选择"面积统计"，界面弹出"面积统计"对话框，如图 12-100 所示。若选择"标准层面积统计"，命令行的提示与操作如下：

请选择需要统计的标准层房间/面积对象<返回>：　　　（选择房间面积对象，回车或空格确认）

单击"开始统计"按钮，弹出"统计结果"对话框，如图 12-101 所示，包括"建筑面积统计表""房产套型统计表""住宅套型统计表""住宅套型分析表"等选项板。

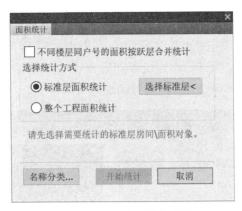

图 12-100 "面积统计"对话框

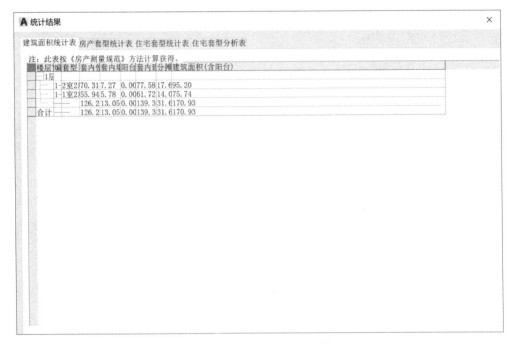

图 12-101 "统计结果"对话框

若要选择"整个工程面积统计"进行操作,则应先设置"工程管理"功能,具体操作见第 10 章"工程管理"部分,此处不再赘述。

2. 房间的布置

单击天正屏幕菜单"房间屋顶"选项,打开二级菜单,选择"房间布置",打开三级菜单,如图 12-102 所示。

1)加踢脚线

"加踢脚线"功能可以添加或删除室内的三维踢脚线。

选择"房间布置"三级菜单中的"加踢脚线"选项,界面弹出"踢脚线生成"对话框,如图 12-103 所示。在该对话框中,可以从图中点取某曲线

图 12-102 "房间布置"三级菜单

作为踢脚线截面,也可以从天正图库管理系统中选择踢脚线截面样式,根据需要设置相关参数,单击"拾取房间内部点"按钮 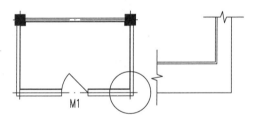,命令行的提示与操作如下:

请指定房间内一点或[参考点(R)]<退出>:　　　　　(单击目标房间内一点,回车或空格确认)

返回对话框,单击"确定"按钮,踢脚线添加完毕,平面效果如图 12-104 所示,可见沿房间内部四周一圈并在门和洞口处自动断开的细线即为踢脚线。

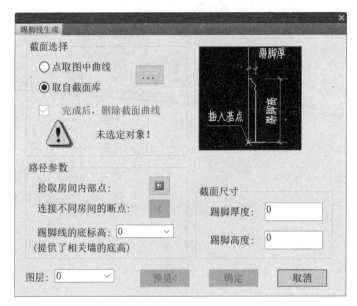

图 12-103　"踢脚线生成"对话框

图 12-104　"加踢脚线"功能

2)房间分格

"房间分格"功能可以将地面、天花板或吊顶平面按照指定宽度以奇数、偶数或任意进行分格绘制,其中奇数分格将在中心位置出现对称轴。

选择"房间布置"三级菜单中的"房间分格",界面弹出如图 12-105 所示的"房间分格"对话框,选择"定距分格"或"定数分格"并设置相关参数,单击对话框左侧下方 不同按钮,选择"奇数分格""偶数分格""任意分格"方式进行房间分格。

以"奇数分格"方式为例,操作效果如图 12-106 所示,命令行的提示与操作如下:

请点取要分格四边形的第一个角点<退出>:　　　　　(单击四边形的第一个角点)
第二个角点<退出>:　　　　　(单击四边形的第二个角点)
第三个角点<退出>:　　　　　(单击四边形的第三个角点)

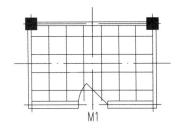

图 12-105　"房间分格"对话框 图 12-106　"房间分格"功能

3）布置洁具

"布置洁具"功能可以为卫生间或浴室布置卫生洁具。

选择"房间布置"三级菜单中的"布置洁具"，界面弹出"天正洁具"对话框，如图 12-107 所示，单击左侧树型目录选择洁具种类，双击右侧相应预览图界面弹出相应洁具的参数对话框，如图 12-108 所示，可以根据需要进行设置，依据命令行的提示进行操作，即可完成洁具布置。

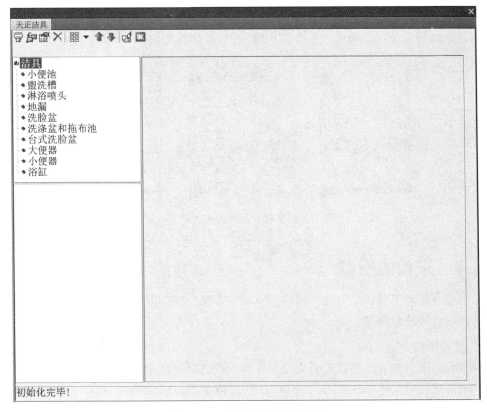

图 12-107　"天正洁具"对话框

4）布置隔断

"布置隔断"功能可以为已经布置洁具的卫生间布置隔断。

选择"房间布置"三级菜单中的"布置隔断"，命令行的提示与操作如下：

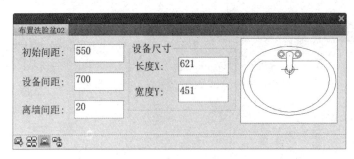

图 12-108　某洁具参数对话框

输入一直线来选洁具！
起点：　　　　　　　　　　　　　　　　　　　（单击欲布置隔断的一端外侧）
终点：　　　　　　　　　　　　　　　　　　　（单击欲布置隔断的另一端外侧）
隔板长度<1200>：　　　　　　　　　　　　　（输入数值，回车确认）
隔断门宽<600>：　　　　　　　　　　　　　　（输入数值，回车执行）

5）布置隔板

"布置隔板"功能可以为已经布置洁具的卫生间布置隔板。

选择"房间布置"三级菜单中的"布置隔板"，其操作与"布置隔断"功能相似。以在坐便器间布置隔断和在小便器间进一步布置隔板为例，操作效果如图 12-109 所示。

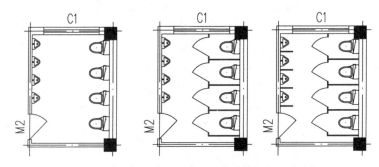

图 12-109　"布置洁具""布置隔断""布置隔板"功能

12.6.2　屋顶的绘制

屋顶是建筑物不可缺少的围护构件，TArch 20 V7.0 提供了不同形式屋顶的创建功能以及屋顶附属构件的添加功能。

1. 搜屋顶线

"搜屋顶线"功能可以在建筑物外墙线外侧生成屋顶平面轮廓线，以便绘制屋顶平面图。

单击天正屏幕菜单"房间屋顶"选项，打开二级菜单，选择"搜屋顶线"，操作完毕后，如图 12-110 所示，命令行的提示与操作如下：

请选择构成一完整建筑物的所有墙体（或门窗）：　　（选择所有墙体，回车或空格确认）
偏移外皮距离<600>：　　　　　　　　　　　　　　　（输入出檐长度数值，回车执行）

2. 任意坡顶

"任意坡顶"功能可以由任意形状的封闭多段线生成屋顶，指定坡度，并进行各坡度

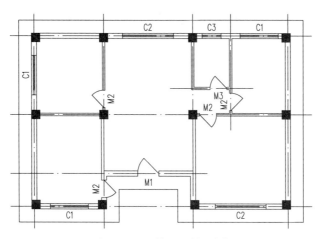

图 12-110　"搜屋顶线"功能

编辑。

单击天正屏幕菜单"房间屋顶"选项，打开二级菜单，选择"任意坡顶"，操作完毕后如图 12-111 所示，命令行的提示与操作如下：

选择一封闭的多段线<退出>：　　　　　　　　　（选择屋顶平面轮廓线）
请输入坡度角＜30＞：　　　　　　　　　　　　（输入坡度角数值，回车确认）
出檐长＜600＞：　　　　　　　　　　　　　　（输入出檐长度数值，回车执行）

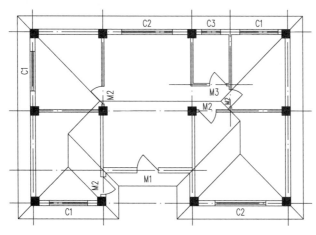

图 12-111　"任意坡顶"功能

由本功能生成的任意坡顶，可以选择对象后再右击并选择"对象编辑"，也可以直接双击，界面弹出如图 12-112 所示的"任意坡顶"对话框以进行对象编辑，也可以单击夹点进行夹点编辑。

3．人字坡顶

"人字坡顶"功能可以由任意形状的封闭多段线生成双坡或单坡屋顶，可以指定坡度，并进行编辑。

单击天正屏幕菜单"房间屋顶"选项，打开二级菜单，选择"人字坡顶"，命令行的提示与

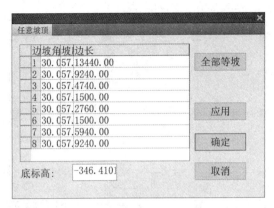

图 12-112 "任意坡顶"对话框

操作如下：

请选择一封闭的多段线<退出>：　　　　　　　　（选择屋顶平面轮廓线）
请输入屋脊线的起点<退出>：　　　　　　　　　　（单击屋脊线起点位置）
请输入屋脊线的终点<退出>：　　　　　　　　　　（单击屋脊线终点位置）

　　界面弹出如图 12-113 所示"人字坡顶"参数对话框，可以根据需要进行选择与设置，预览无误后，完成人字坡顶创建，如图 12-114 所示，生成的人字坡顶同样可以进行对象编辑与夹点编辑。

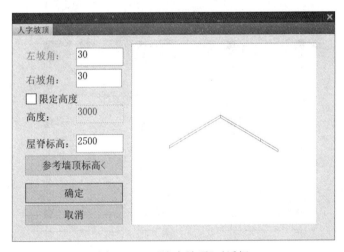

图 12-113 "人字坡顶"对话框

4. 攒尖屋顶

"攒尖屋顶"功能可以生成对称的正多边锥形攒尖屋顶，考虑出挑长度。

　　单击天正屏幕菜单"房间屋顶"选项，打开二级菜单，选择"攒尖屋顶"，界面弹出"攒尖屋顶"对话框，如图 12-115 所示，可以根据需要设置相关参数，操作效果如图 12-116 所示，命令行的提示与操作如下：

请输入屋顶中心位置<退出>：　　　　　　　　　　（单击屋顶中心位置）
获得第二个点：　　　　　　　　　　　　　　　　　（单击屋顶与墙柱交点位置）

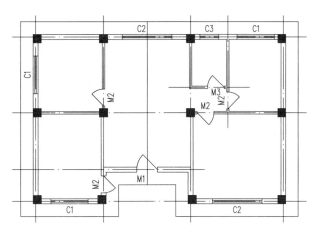

图 12-114　"人字坡顶"功能

图 12-115　"攒尖屋顶"对话框

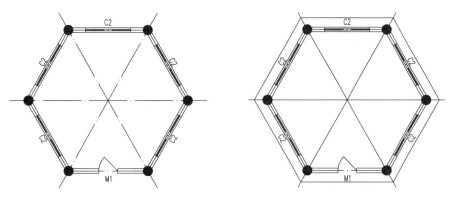

图 12-116　"攒尖屋顶"功能

5．矩形屋顶

"矩形屋顶"功能可以根据三点定义矩形，并生成指定坡度和顶高的矩形屋顶。

单击天正屏幕菜单"房间屋顶"选项，打开二级菜单，选择"矩形屋顶"，界面弹出"矩形屋顶"对话框，如图 12-117 所示。

图 12-117　"矩形屋顶"对话框

可以根据需要选择矩形屋顶"类型"并设置相关参数,操作效果如图 12-118 所示,命令行的提示与操作如下:

点取主坡墙外皮的左下角点<退出>: 　　　　　　　　(单击矩形左下角点)
点取主坡墙外皮的右下角点<返回>: 　　　　　　　　(单击矩形右下角点)
点取主坡墙外皮的右上角点<返回>: 　　　　　　　　(单击矩形右上角点)

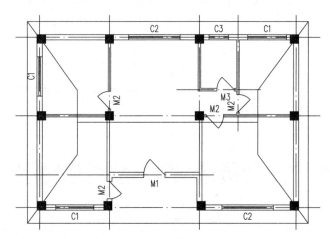

图 12-118　"矩形屋顶"功能

6. 屋面排水

"屋面排水"功能可以在屋顶平面图中添加屋顶分水线和坡度箭头。

单击天正屏幕菜单"房间屋顶"选项,打开二级菜单,选择"屋面排水",界面弹出"屋面排水"对话框,如图 12-119 所示。

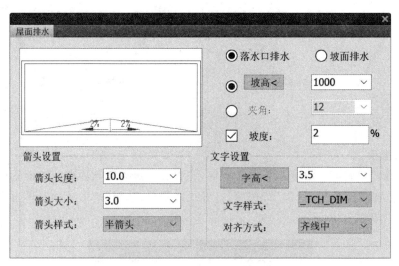

图 12-119　"屋面排水"对话框

可以根据需要选择"落水口排水"或"坡面排水",设置相关参数,操作效果如图 12-120所示。

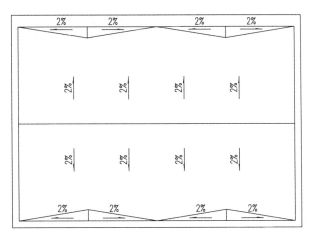

图 12-120 "屋面排水"功能

"落水口排水"命令行的提示与操作如下：

请点取分水线的起始点<退出>:   （单击分水线起始位置）
请点取分水线的下一点或[翻转到
另一侧(F)/中间结束(J)]<退出>:   （单击分水线下一点位置,回车或空格退出）

"坡面排水"命令行的提示与操作如下：

请点取第一个坡度箭头的位置<退出>:   （单击坡度箭头起始位置）
请点取布置方向或[翻转到另一侧(F)]<退出>:   （单击坡度箭头端点位置,回车或空格退出）

7．加老虎窗

"加老虎窗"功能可以在屋顶平面图中添加各种形式的三维老虎窗。

单击天正屏幕菜单"房间屋顶"选项,打开二级菜单,选择"加老虎窗",命令行的提示与操作如下：

请选择屋顶: （选择目标屋顶平面,回车或空格确认）

界面弹出"加老虎窗"对话框,如图 12-121 所示,选择老虎窗"型式"、设置"编号"与其他参数,单击"确定"按钮,在指定位置创建如图 12-122 所示的老虎窗,命令行的提示与操作如下：

请点取插入点或 [修改参数(S)]<退出>:   （单击插入点位置,添加完毕回车或空格退出）

8．加雨水管

"加雨水管"功能可以在屋顶平面图中添加穿过女儿墙或檐板的雨水管。

单击天正屏幕菜单"房间屋顶"选项,打开二级菜单,选择"加雨水管",操作效果如图 12-123 所示,命令行的提示与操作如下：

请给出雨水管入水洞口的起始点[参考点(R)/管径(D)/洞口宽(W)]<退出>:（单击起始点位置）
出水口结束点[管径(D)/洞口宽(W)]<退出>:   （单击结束点位置）

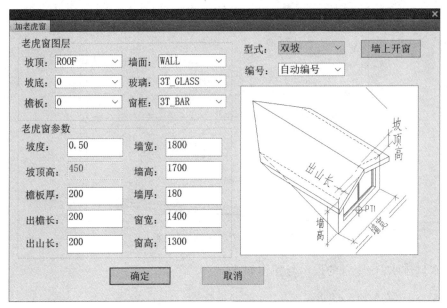

图 12-121   "加老虎窗"对话框

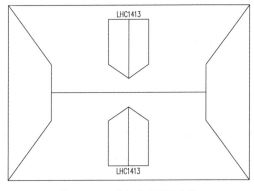

图 12-122   "加老虎窗"功能

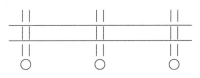

图 12-123   "加雨水管"功能

12.6.3   楼梯和电梯的绘制

1. 梯段与扶手

第 11 章中举例介绍了"双跑楼梯",本章继续进行补充和汇总。

1) 直线梯段

"直线梯段"功能可以根据梯段参数绘制直线梯段,也可以用于组合复杂楼梯。

单击天正屏幕菜单"楼梯其他"选项,打开二级菜单,选择"直线梯段",界面弹出"直线梯段"对话框,如图 12-124 所示,根据需要设置相关参数,即可在指定位置创建直线梯段,命令行的提示与操作如下:

点取位置或 [转 90 度(A)/左右翻(S)/
上下翻(D)/对齐(F)/改转角(R)/改基点(T)]<退出>:   (单击插入点位置)

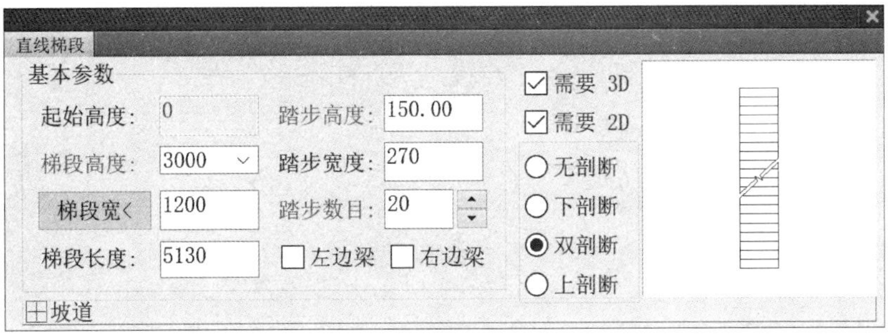

图 12-124　"直线梯段"对话框

2）圆弧梯段

"圆弧梯段"功能可以根据梯段参数绘制圆弧梯段,也可以用于组合复杂楼梯。

单击天正屏幕菜单"楼梯其他"选项,打开二级菜单,选择"圆弧梯段",界面弹出"圆弧梯段"对话框,如图 12-125 所示,根据需要设置相关参数,即可在指定位置创建圆弧梯段,命令行的提示与操作如下:

点取位置或［转 90 度(A)/左右翻(S)/
上下翻(D)/对齐(F)/改转角(R)/改基点(T)］<退出>:　　　　(单击插入点位置)

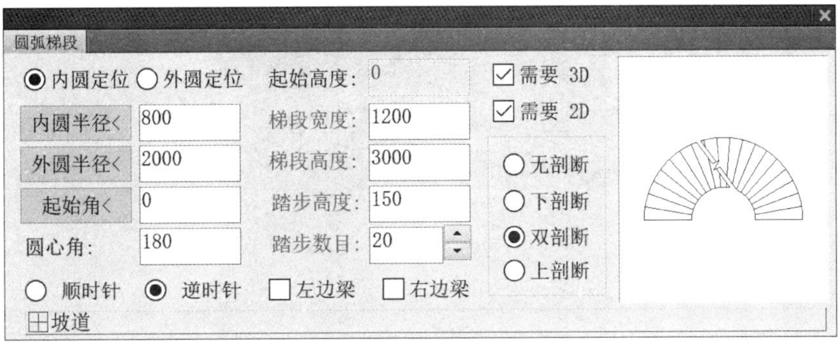

图 12-125　"圆弧梯段"对话框

3）任意梯段

"任意梯段"功能可以选择图中已有的直线或圆弧作为梯段边界线,从而绘制楼梯梯段。

单击天正屏幕菜单"楼梯其他"选项,打开二级菜单,选择"任意梯段",命令行的提示与操作如下:

请点取梯段左侧边线(LINE/ARC):　　　　　　(选择直线或圆弧作为梯段左侧边线)
请点取梯段右侧边线(LINE/ARC):　　　　　　(选择直线或圆弧作为梯段右侧边线)

此时,界面弹出"任意梯段"对话框,如图 12-126 所示,根据需要设置相关参数,单击"确定"按钮,即可以选定的直线或圆弧为边线创建梯段。

4）添加扶手

"添加扶手"功能可以沿楼梯梯段或以多段线路径为基线创建楼梯扶手。

单击天正屏幕菜单"楼梯其他"选项,打开二级菜单,选择"添加扶手",命令行的提示与

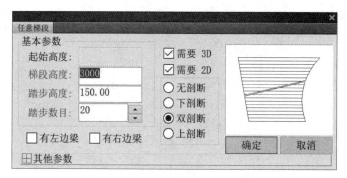

图 12-126 "任意梯段"对话框

操作如下:

请选择梯段或作为路径的曲线(线/弧/圆/多段线): (选择目标梯段或曲线)
扶手宽度< 60 >: (输入扶手宽度数值,回车确认)
扶手顶面高度< 900 >: (输入扶手顶面高度数值,回车确认)
输入对齐方式[中间对齐(M)/
左边对齐(L)/右边对齐(R)]< M >: (输入对齐方式)

对于创建好的扶手,同样可以进行夹点编辑或对象编辑,对象编辑功能的"扶手"对话框如图 12-127 所示。

图 12-127 "扶手"对话框

5)连接扶手

"连接扶手"功能可以将相邻两个梯段的扶手进行连接。

单击天正屏幕菜单"楼梯其他"选项,打开二级菜单,选择"连接扶手",命令行的提示与操作如下:

选择待连接的扶手(注意与顶点顺序一致): (选择待连接的扶手,回车或空格执行)

2. 楼梯

1)双跑楼梯

"双跑楼梯"功能可以根据楼梯参数直接绘制双跑楼梯。

单击天正屏幕菜单"楼梯其他"选项,打开二级菜单,选择"双跑楼梯",界面弹出"双跑楼梯"对话框,如图 12-128 所示,命令行的提示与操作如下:

点取位置或 [转 90 度(A)/左右翻(S)/
上下翻(D)/对齐(F)/改转角(R)/改基点(T)]<退出>:　　　(单击插入点位置)

图 12-128　"双跑楼梯"对话框

进行梯段、踏步、休息平台、扶手等相关参数设置,根据命令行的提示进行操作,创建的楼梯即为经典双跑楼梯,第 11 章中已举例详细介绍具体操作。

2) 多跑楼梯

"多跑楼梯"功能可以根据楼梯参数与指定的关键点绘制多跑楼梯。

单击天正屏幕菜单"楼梯其他"选项,打开二级菜单,选择"多跑楼梯",界面弹出"多跑楼梯"对话框,如图 12-129 所示,根据需要设置或选择相关参数,即可创建任意形式的多跑楼梯,命令行的提示与操作如下:

起点<退出>:　　　　　　　　　　　　　　　　　　　(单击起点位置)
输入下一点或 [路径切换到右侧(Q)]<退出>:　　　　　　　(依次单击各段平台或梯段关键点)

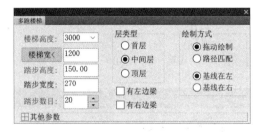

图 12-129　"多跑楼梯"对话框

常见多跑楼梯如图 12-130 所示,分别为一字形、L 形、Z 形、U 形楼梯。

3) 双分平行

"双分平行"功能可以根据楼梯参数直接绘制双分平行楼梯。

单击天正屏幕菜单"楼梯其他"选项,打开二级菜单,选择"双分平行",界面弹出"双分平行楼梯"对话框,如图 12-131 所示,根据需要设置或选择相关参数,预览无误后单击"确定"按钮,即可在指定位置创建双分平行楼梯,命令行的提示与操作如下:

点取位置或 [转 90 度(A)/左右翻(S)/
上下翻(D)/对齐(F)/改转角(R)/改基点(T)]<退出>:　　　(单击插入点位置)

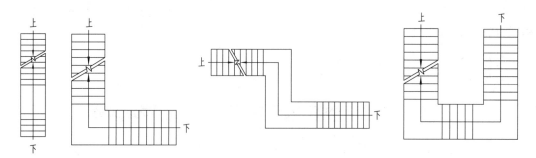

图 12-130 "多跑楼梯"功能

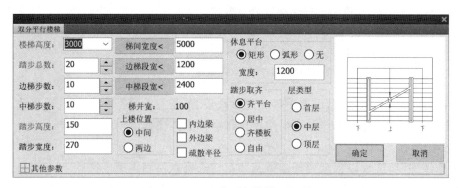

图 12-131 "双分平行楼梯"对话框

4）双分转角

"双分转角"功能可以根据楼梯参数直接绘制双分转角楼梯。

单击天正屏幕菜单"楼梯其他"选项，打开二级菜单，选择"双分转角"，界面弹出"双分转角楼梯"对话框，如图 12-132 所示，根据需要设置或选择相关参数，预览无误后单击"确定"按钮，即可在指定位置创建双分转角楼梯，命令行的提示与操作如下：

点取位置或 [转 90 度(A)/左右翻(S)/
上下翻(D)/对齐(F)/改转角(R)/改基点(T)]<退出>：　　　(单击插入点位置)

图 12-132 "双分转角楼梯"对话框

5）双分三跑

"双分三跑"功能可以根据楼梯参数直接绘制双分三跑楼梯。

单击天正屏幕菜单"楼梯其他"选项，打开二级菜单，选择"双分三跑"，界面弹出"双分三跑楼梯"对话框,如图 12-133 所示,根据需要设置或选择相关参数,预览无误后单击"确定"按钮,即可在指定位置创建双分三跑楼梯,命令行的提示与操作如下:

　　点取位置或 [转 90 度(A)/左右翻(S)/
　　上下翻(D)/对齐(F)/改转角(R)/改基点(T)]<退出>:　　　　(单击插入点位置)

图 12-133　"双分三跑楼梯"对话框

6) 交叉楼梯

"交叉楼梯"功能可以根据楼梯参数直接绘制交叉楼梯。

　　单击天正屏幕菜单"楼梯其他"选项,打开二级菜单,选择"交叉楼梯",界面弹出"交叉楼梯"对话框,如图 12-134 所示,根据需要设置参数,预览无误后单击"确定"按钮,即可在指定位置创建交叉楼梯,命令行的提示与操作如下:

　　点取位置或 [转 90 度(A)/左右翻(S)/
　　上下翻(D)/对齐(F)/改转角(R)/改基点(T)]<退出>:　　　　(单击插入点位置)

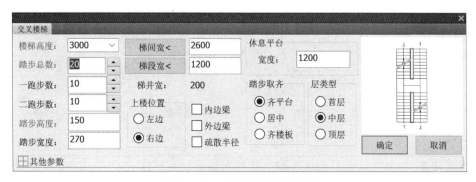

图 12-134　"交叉楼梯"对话框

7) 剪刀楼梯

"剪刀楼梯"功能可以根据楼梯参数直接绘制剪刀楼梯。

　　单击天正屏幕菜单"楼梯其他"选项,打开二级菜单,选择"剪刀楼梯",界面弹出"剪刀楼梯"对话框,如图 12-135 所示,根据需要设置参数,预览无误后单击"确定"按钮,即可在指定位置创建剪刀楼梯,命令行的提示与操作如下:

　　点取位置或 [转 90 度(A)/左右翻(S)/
　　上下翻(D)/对齐(F)/改转角(R)/改基点(T)]<退出>:　　　　(单击插入点位置)

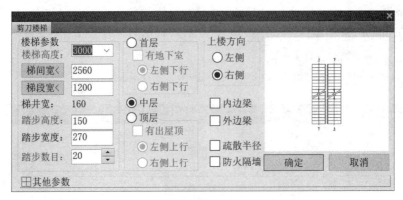

图 12-135　"剪刀楼梯"对话框

8）三角楼梯

"三角楼梯"功能可以根据楼梯参数直接绘制三角楼梯。

单击天正屏幕菜单"楼梯其他"选项,打开二级菜单,选择"三角楼梯",界面弹出"三角楼梯"对话框,如图 12-136 所示,根据需要设置参数,预览无误后单击"确定"按钮,即可在指定位置创建三角楼梯,命令行的提示与操作如下:

点取位置或［转 90 度(A)/左右翻(S)/
上下翻(D)/对齐(F)/改转角(R)/改基点(T)]<退出>:　　（单击插入点位置）

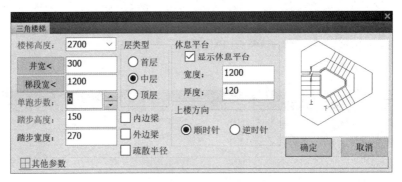

图 12-136　"三角楼梯"对话框

9）矩形转角

"矩形转角"功能可以根据楼梯参数直接绘制矩形转角楼梯。

单击天正屏幕菜单"楼梯其他"选项,打开二级菜单,选择"矩形转角",界面弹出"矩形转角楼梯"对话框,如图 12-137 所示,根据需要设置或选择相关参数,预览无误后单击"确定"按钮,即可在指定位置创建矩形转角楼梯,命令行的提示与操作如下:

点取位置或［转 90 度(A)/左右翻(S)/
上下翻(D)/对齐(F)/改转角(R)/改基点(T)]<退出>:　　（单击插入点位置）

3. 电梯与自动扶梯

1）电梯

"电梯"功能可以根据电梯参数直接绘制各种类型的电梯。

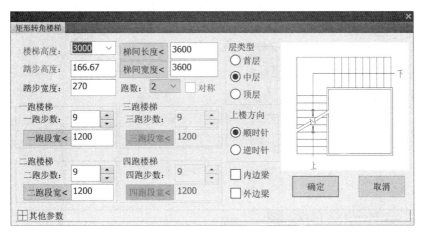

图 12-137　"矩形转角楼梯"对话框

单击天正屏幕菜单"楼梯其他"选项,打开二级菜单,选择"电梯",界面弹出"电梯参数"对话框,如图 12-138 所示,根据需要选择"电梯类别",设置相关参数并进行预览,即可在指定位置创建电梯,命令行的提示与操作如下:

请给出电梯间的一个角点或 [参考点(R)]<退出>:　　　　　(单击电梯间的一个角点)
再给出上一角点的对角点:　　　　　　　　　　　　　(单击对角点)
请点取开电梯门的墙线<退出>:　　　　　　　　　　　(单击电梯门所在墙体)
请点取平衡块所在的一侧<退出>:　　　　　　　　　　(单击平衡块所在一侧)

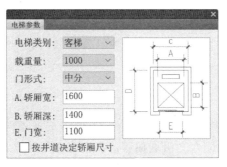

图 12-138　"电梯参数"对话框

2)自动扶梯

"自动扶梯"功能可以根据扶梯参数直接绘制单排或双排自动扶梯。

单击天正屏幕菜单"楼梯其他"选项,打开二级菜单,选择"自动扶梯",界面弹出"自动扶梯"对话框,如图 12-139 所示,根据需要设置参数,预览无误后单击"确定"按钮,即可在指定位置创建自动扶梯,命令行的提示与操作如下:

点取位置或 [转 90 度(A)/左右翻(S)/
上下翻(D)/对齐(F)/改转角(R)/改基点(T)]<退出>:　　　(单击插入点位置)

图 12-139　"自动扶梯"对话框

12.6.4　室外设施的绘制

第 11 章中举例介绍了"台阶"与"散水"绘制方法,本章继续对室外设施绘制功能进行补充和汇总。

1. 阳台

"阳台"功能可以绘制阳台,或者将已有多段线转成阳台。

单击天正屏幕菜单"楼梯其他"选项,打开二级菜单,选择"阳台",界面弹出"绘制阳台"对话框,如图 12-140 所示。

图 12-140　"绘制阳台"对话框

单击对话框左侧下方 ▭▭▭◿◢◿ 不同按钮,可以选择不同方式绘制阳台,分别为"凹阳台""矩形三面阳台""阴角阳台""沿墙偏移绘制""任意绘制""选择已有路径生成",设置栏板、地面、伸出距离等参数,即可进行阳台的创建。以"矩形三面阳台"方式为例,创建效果如图 12-141 所示,命令行的提示与操作如下:

```
阳台起点<退出>:                    (单击阳台起点位置)
阳台终点或［翻转到另一侧(F)］<取消>:   (单击阳台终点位置)
```

由本功能生成的阳台,可以选择对象后再右击并选择"对象编辑",或者直接双击以进行对象编辑,也可以单击夹点进行夹点编辑。

2. 台阶

"台阶"功能可以绘制台阶,或者将已有多段线转成台阶。

单击天正屏幕菜单"楼梯其他"选项,打开二级菜单,选择"台阶",界面弹出"台阶"对话框,如图 12-142 所示,选择绘制方式并设置相关参数,根据命令行的提示进行操作,即可创建台阶,第 11 章已举例详细介绍具体操作。

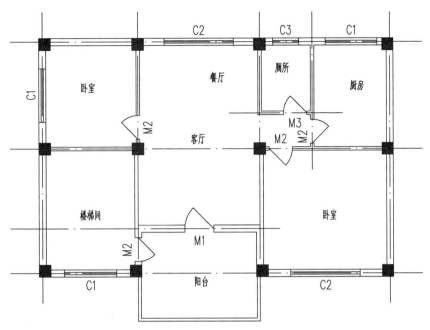

图 12-141　"阳台"功能

图 12-142　"台阶"对话框

3. 坡道

"坡道"功能可以根据参数直接绘制室外坡道。

单击天正屏幕菜单"楼梯其他"选项,打开二级菜单,选择"坡道",界面弹出"坡道"对话框,如图 12-143 所示,根据需要设置和选择相关参数并进行预览,即可在指定位置创建坡道,命令行的提示与操作如下:

点取位置或［转 90 度(A)/左右翻(S)/
上下翻(D)/对齐(F)/改转角(R)/改基点(T)］<退出>:　　(单击插入点位置)

4. 散水

"散水"功能可以通过搜索外墙线、任意绘制或选择已有路径等方式创建散水,阳台、台阶、坡道等对象会自动遮挡散水。

单击天正屏幕菜单"楼梯其他"选项,打开二级菜单,选择"散水",界面弹出"散水"对话框,如图 12-144 所示,选择绘制方式并设置相关参数,根据命令行的提示进行操作即可创建散水,第 11 章已举例详细介绍具体操作。

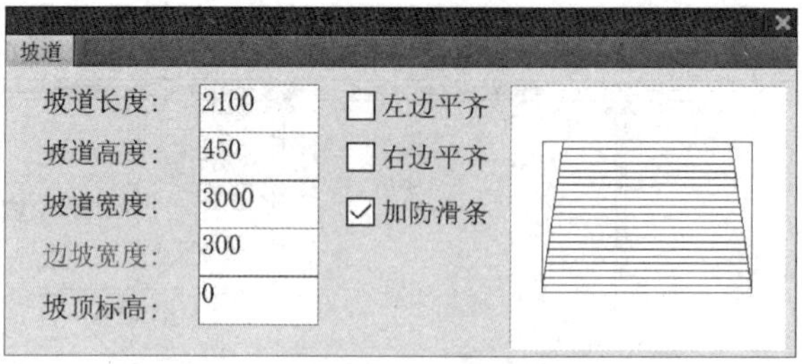

图 12-143 "坡道"对话框

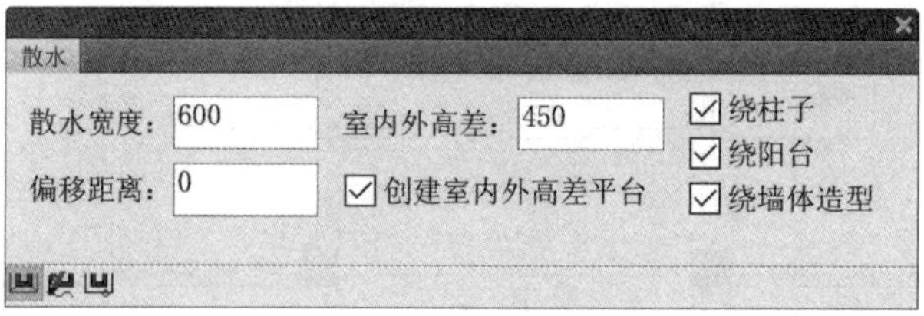

图 12-144 "散水"对话框

12.7 习题

一、概念题

1. 在利用 TArch 20 V7.0 绘制建筑施工图之前,有必要对软件进行_____和_____设置,以便对所有图形进行整体把握,对所有图纸进行集中管理。

2. 使用"绘制轴网"功能可以实现直线轴网和_____的创建,前者又包括普通正交直线轴网、_____、_____和_____。

3. 使用_____功能可以将指定的柱子与墙体进行边线对齐。

4. 使用_____功能可以将 AutoCAD 的单线或者 TArch 的轴线变换为墙体,原单线或轴线与墙体基线重合。

5. 运用"门窗"功能可以实现_____、_____、_____、_____、_____、_____和矩形洞的创建。

6. 在天正屏幕菜单的_____二级菜单中打开_____三级菜单并选择相关功能,可以为房间添加踢脚线,为天花板或地面板进行分隔,或者为已经布置洁具的卫生间布置隔断和隔板。

二、操作题(操作视频请查阅电子教学资源库)

运用本章与第 11 章所学内容,绘制如图 12-145 所示的某科研楼建筑平面图,其中柱子尺寸为 400mm×400mm,并插入如图 12-146 所示的门窗表。

12-1 绘制某科研楼建筑平面图

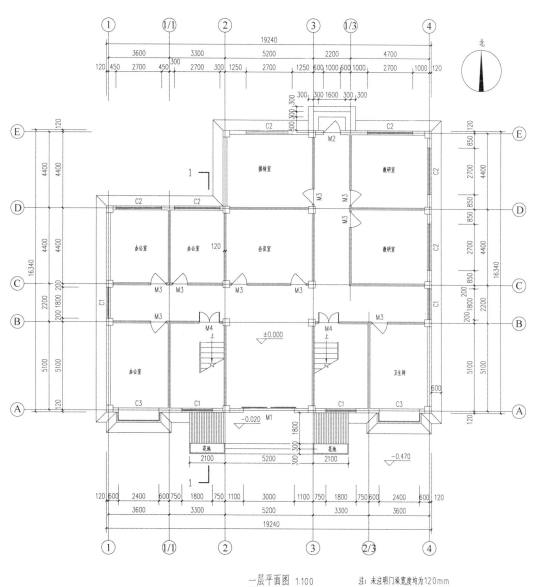

一层平面图 1:100　　　注：未注明门梁宽度均为120mm

图 12-145 某科研楼建筑平面图

门窗表

类型	设计编号	洞口尺寸(mmXmm)	数量	图集名称	页次	选用型号	备注
普通门	M1	3000X2100	1				
	M2	1000X2100	1				
	M3	900X2100	9				
	M4	1200X2100	2				
普通窗	C1	1800X1500	4				
	C2	2700X1500	6				
凸窗	C3	2400X1500	2				

图 12-146　门窗表

第13章

建筑立面图的绘制

建筑立面图用来表达房屋建筑的外部造型与立面构造，作为建筑施工图的主要图样之一，其绘制一般继建筑平面图之后进行，TArch 20 V7.0 同样提供了有效而便捷的立面图绘制功能。本章在第 11 章某住宅建筑平面图的基础上，继续举例介绍运用 TArch 20 V7.0 绘制立面图的基本方法和步骤，绘制效果如图 13-1 所示。用户可以在学习第 11 章首层平面图快速绘制，以及运用第 12 章内容进行标准层、顶层、屋顶平面图详细绘制之后，进行本章的学习。

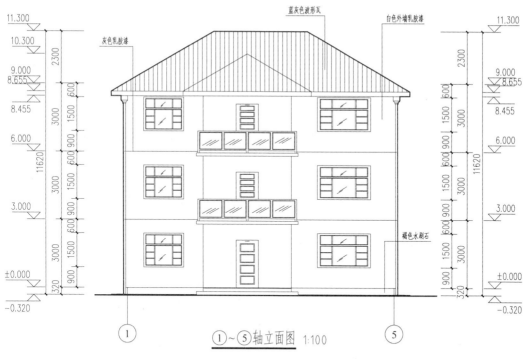

图 13-1　某住宅建筑立面图

本章学习内容:

➢ 立面图的生成

➢ 立面图的修改与细化

➢ 立面图的标注与其他

13.1 立面图的生成

TArch 20 V7.0 提供了自动生成建筑立面图功能,该功能的实现需要结合"工程管理"功能建立楼层信息表,并添加相应的建筑平面图。

13.1.1 平面图的准备

1. 新建工程

在自动生成建筑立面图之前,需要先运用"工程管理"功能打开或新建工程项目,否则直接使用"建筑立面"功能时,界面会弹出如图 13-2 所示的提示对话框。

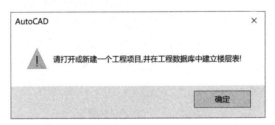

图 13-2 打开或新建工程项目提示对话框

单击天正屏幕菜单"文件布图"菜单下的"工程管理",在弹出的"工程管理"菜单界面进行工程项目的新建或打开,具体操作见第 10 章"工程管理"部分,此处不再赘述。

2. 添加图纸

打开或新建工程项目后,就可以将绘制好的各层平面图添加到当前工程中,具体操作见第 10 章"图纸管理"部分,此处不再赘述。需要注意以下几点:

- 各层平面图可以绘制在不同的 DWG 文件中,需要添加多张图纸,此时必须保证所有平面图的对齐点的坐标都相同。例如,所有图纸的开间方向①轴线与进深方向Ⓐ轴线的交点都在坐标原点。
- 各层平面图也可以绘制在同一个 DWG 文件中,只需要添加一张图纸,在建立楼层信息表时通过框选绘图区指定各层平面图,同时指定对齐点即可。

本例的一层平面图即第 11 章图 11-1 的某住宅一层平面图。

为保证对齐点相同,在一层平面图的基础上进行修改,删除台阶、散水、指北针,添加阳台,修改楼梯间、标高、图名等,保存为如图 13-3 所示的标准层平面图。继续进行修改,保存为屋顶平面图,如图 13-4 所示。依次将以上平面图添加完毕,如图 13-5 所示。

3. 建立楼层信息表

在"楼层"功能中建立楼层信息表,才可以实现自动生成建筑立面功能,具体操作见第 10 章"楼层管理"部分,此处不再赘述。需要注意的是,某一张平面图既可以代表一个自然楼层,也可以代表多个在平面布局上相同的楼层,如图 13-6 所示,第二层与第三层都使用"标准层平面图"。

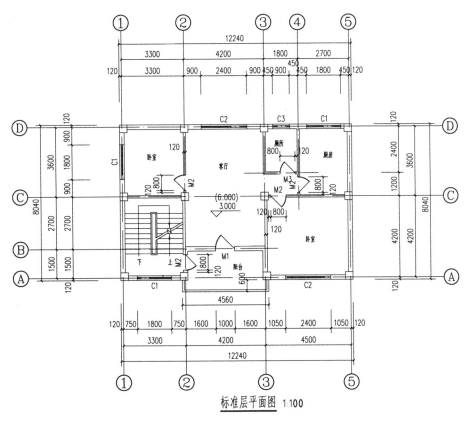

标准层平面图 1:100

图 13-3　某住宅标准层平面图

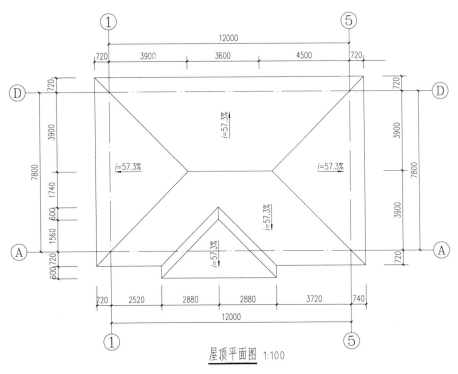

屋顶平面图 1:100

图 13-4　某住宅屋顶平面图

图 13-5　平面图添加

图 13-6　楼层信息表

- 若各层平面图绘制在不同的 DWG 文件中而需要分别选择多张图纸时，可以单击表格上方的"选择标准层文件" 📁 按钮，也可以单击"文件"单元格后再单击右侧"选择楼层文件" ▣ 按钮进行操作；

- 若各层平面图绘制在同一个 DWG 文件中而只需要在一张图纸中进行选择时，单击表格上方的"在当前图中框选楼层范围" ▣ 按钮进行操作。

13.1.2　建筑立面

"建筑立面"功能可以根据已经建立的楼层信息表数据，自动生成多层建筑立面。

单击天正屏幕菜单"立面"选项，打开二级菜单，如图 13-7 所示，选择"建筑立面"，也可以直接单击"工程管理"对话框中"楼层"功能的"建筑立面" ▣ 按钮，命令行的提示与操作如下：

请输入立面方向或[正立面(F)/
背立面(B)/左立面(L)/右立面(R)]<退出>：　　　　　　（输入"F"）
请选择要出现在立面图上的轴线：　　　　　　（选择①⑤轴线，回车或空格确认）

界面弹出"立面生成设置"对话框，如图 13-8 所示，包括"基本设置"和"标注"两个部分，可以根据需要进行参数设置：

图 13-7　"立面"二级菜单

图 13-8　"立面生成设置"对话框

（1）选择"多层消隐（质量优化）"或"单层消隐（速度优化）"，前者考虑相邻楼层间的消隐，精度较好，但速度较慢，后者则相反；

（2）勾选"忽略栏杆以提高速度"，可以优化立面生成速度；

（3）选择是否勾选"左侧标注""右侧标注""绘层间线"，即选择是否进行左侧或右侧标高标注与尺寸标注、是否绘制楼层间水平横线；

（4）输入"内外高差"与"出图比例"，前者为一层室内地面与室外地坪的高差，后者为立面图打印出图比例，默认与平面图比例相同；

（5）单击"生成立面"按钮，界面弹出"输入要生成的文件"对话框，如图 13-9 所示。

图 13-9 "输入要生成的文件"对话框

输入文件名，单击"保存"按钮，则创建并自动打开立面图 DWG 文件，如图 13-10 所示。

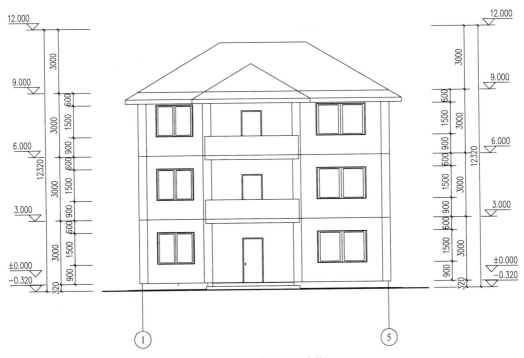

图 13-10 建筑立面功能

13.1.3　构件立面

"构件立面"功能可以生成当前标准层、某些局部构件或者三维图块对象在指定方向的立面图或顶视图。

单击天正屏幕菜单"立面"选项,打开二级菜单,选择"构件立面",命令行的提示与操作如下:

请输入立面方向或[正立面(F)/背立面(B)/
左立面(L)/右立面(R)/顶视图(T)]<退出>:　　　(输入选项字母)
请选择要生成立面的建筑构件:　　　(选择目标平面构件,回车或空格确认)
请点取放置位置:　　　(单击绘图区目标位置插入构件立面图)

以楼梯构件为例,根据首层楼梯平面图创建楼梯正立面图与左侧立面图,如图 13-11所示。

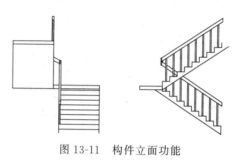

图 13-11　构件立面功能

13.2　立面图的修改与细化

利用上述立面图自动生成功能创建的立面图,很可能存在局部多余、内容遗漏等错误,有必要进行修改与细化,TArch 20 V7.0 提供了相关功能,供门窗、阳台、屋顶、雨水管、柱子等进行立面替换或添加。

13.2.1　立面门窗

1. 立面门窗

"立面门窗"功能可以替换或添加已有的立面门窗,也可以进行立面门窗库的维护。

单击天正屏幕菜单"立面"选项,打开二级菜单,选择"立面门窗",界面弹出"天正图库管理系统"对话框,如图 13-12 所示,单击左侧树形目录展开欧式门窗、立面窗、立面门、门联窗等相应种类,在右侧预览图中单击相应图形进行选择。

1) 替换已有门窗

在上述对话框中选中目标门窗以后,单击对话框上方工具栏右侧的"替换" 按钮,命令行的提示与操作如下:

选择图中将要被替换的图块!

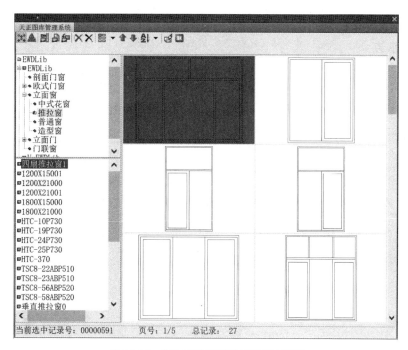

图 13-12　"天正图库管理系统"对话框

选择对象:　　　　　　　　　　　　　　　(选择需要被替换的门窗,回车或空格执行)

2）添加新门窗

在上述对话框中选中目标门窗以后,单击对话框上方工具栏右侧的"确定" OK 按钮,也可以直接双击目标门窗预览图,界面弹出"图块编辑"对话框,如图 13-13 所示,根据需要输入门窗尺寸或比例并设置其他参数,命令行的提示与操作如下:

点取插入点[转 90(A)/左右(S)/上下(D)/
对齐(F)/外框(E)/转角(R)/基点(T)/更换(C)]<退出>:　(单击绘图区目标位置插入新门窗)

图 13-13　"图块编辑"对话框

2. 门窗参数

"门窗参数"功能可以修改立面门窗的尺寸和位置。

单击天正屏幕菜单"立面"选项,打开二级菜单,选择"门窗参数",命令行的提示与操作如下:

选择立面门窗:　　　(选择目标门窗,回车或空格确认)
底标高< 6900 >:　　(输入数值,回车确认)
高度< 1500 >:　　　(输入数值,回车确认)

宽度<2400>：　　　　　　　（输入数值，回车执行）

3．立面窗套

"立面窗套"功能可以为已有立面窗创建全包窗套，也可以创建窗户上沿线和下沿线。

单击天正屏幕菜单"立面"选项，打开二级菜单，选择"立面窗套"，命令行的提示与操作如下：

请指定窗套的左下角点 <退出>：　　　　　　　　　　（单击目标窗户左下角点）
请指定窗套的右上角点 <推出>：　　　　　　　　　　（单击目标窗户右上角点）

界面弹出"窗套参数"对话框，如图 13-14 所示，可以根据需要选择"全包 A"或"上下 B"，并设置相关参数，单击"确定"按钮，则自动为目标窗户添加窗套。

图 13-14　"窗套参数"对话框

13.2.2　立面阳台

"立面阳台"功能可以替换或添加已有的立面阳台，也可以进行立面阳台库的维护。

单击天正屏幕菜单"立面"选项，打开二级菜单，选择"立面阳台"，界面弹出"天正图库管理系统"对话框，如图 13-15 所示，单击左侧树形目录展开不同种类立面阳台，在右侧预览图中单击相应图形进行选择，预览图分为"正立面""侧立面""半侧立面"等。

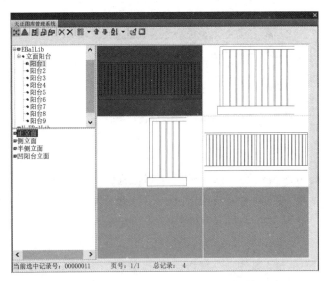

图 13-15　"天正图库管理系统"对话框

1. 替换已有阳台

在上述对话框中选中目标阳台以后，单击对话框上方工具栏右侧的"替换" 按钮，界面弹出"替换选项"对话框，如图 13-16 所示，选择"替换规则"，命令行的提示与操作如下：

选择图中将要被替换的图块！

选择对象：　　　　　　　　　　　　　　　　　　（选择需要被替换的阳台，回车或空格执行）

图 13-16　"替换选项"对话框

2. 添加新阳台

在上述对话框中选中目标阳台以后，单击对话框上方工具栏右侧的"确定" 按钮，也可以直接双击目标阳台预览图，界面弹出"图块编辑"对话框，如图 13-17 所示，可以根据需要输入阳台尺寸或比例并设置其他参数，命令行的提示与操作如下：

点取插入点［转 90(A)/左右(S)/上下(D)/

对齐(F)/外框(E)/转角(R)/基点(T)/更换(C)］＜退出＞：　（单击绘图区目标位置插入新阳台）

图 13-17　"图块编辑"对话框

13.2.3　立面屋顶

"立面屋顶"功能可以创建包括平屋顶、单坡屋顶、双坡屋顶、四坡屋顶、歇山屋顶在内的多种屋顶的正立面和侧立面，也可以进行组合屋顶的立面设计。

单击天正屏幕菜单"立面"选项，打开二级菜单，选择"立面屋顶"，界面弹出"立面屋顶参数"对话框，如图 13-18 所示，根据需要选择"坡顶类型"，设置"屋顶参数"与"出檐参数"，选择"屋顶特性"与是否绘制"瓦楞线"等选项。

相关参数设置完毕后，在右侧的屋顶立面预览图中进行观察，确认无误后，单击"定位点PT1-2＜"按钮，命令行的提示与操作如下：

请点取墙顶角点 PT1 ＜返回＞：　　　　　　　　　（单击屋顶与墙体的第一个交点）

请点取墙顶另一角点 PT2 ＜返回＞：　　　　　　　（单击屋顶与墙体的第二个交点）

返回"立面屋顶参数"对话框，单击"确定"按钮，即可在目标位置完成立面屋顶的创建。

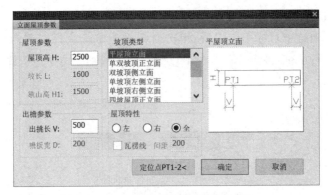

图 13-18　"立面屋顶参数"对话框

13.2.4　雨水管线

"雨水管线"功能可以在指定位置创建立面雨水管。

单击天正屏幕菜单"立面"选项,打开二级菜单,选择"雨水管线",命令行的提示与操作如下:

```
当前管径为 100
请指定雨水管的起点[参考点(R)/管径(D)]<退出>:        (单击雨水管的起点位置)
请指定雨水管的下一点[管径(D)/回退(U)]<退出>:        (单击雨水管下一点,回车或空格结束)
```

13.2.5　柱立面线

"柱立面线"功能可以创建圆柱在立面投影方向的过渡线从而构造其立体感。

单击天正屏幕菜单"立面"选项,打开二级菜单,选择"柱立面线",创建如图 13-19 所示的圆柱立面投影线,命令行的提示与操作如下:

```
输入起始角<180>:              (输入数值,回车确认)
输入包含角<180>:              (输入数值,回车确认)
输入立面线数目<12>:            (输入数值,回车确认)
输入矩形边界的第一个角点<选择边界>:  (单击柱立面边界的第一个角点)
输入矩形边界的第二个角点<退出>:     (单击对角点)
```

图 13-19　"柱立面线"功能

本例中,在自动生成的建筑立面图基础上,完成立面门窗替换、立面阳台替换、立面屋顶绘制、雨水管线绘制等操作,删去外墙多余柱线,并进行适当调整,如图 13-20 所示。

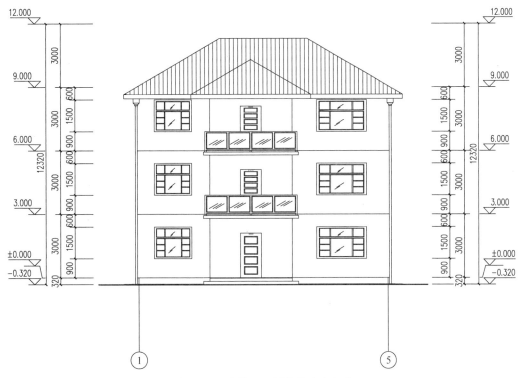

图 13-20 建筑立面图的修改与细化

13.3 立面图的标注与其他

除上述立面图主要内容的修改与细化之外,还应进行图形裁剪、立面轮廓、立面标注等操作。

13.3.1 图形裁剪

"图形裁剪"功能可以根据选定边界对立面门窗、立面阳台等构件之间的遮挡实现裁剪。

单击天正屏幕菜单"立面"选项,打开二级菜单,选择"图形裁剪",命令行的提示与操作如下:

请选择被裁剪的对象: (选择目标对象,回车或空格确认)
矩形的第一个角点或〔多边形裁剪(P)/
多段线定边界(L)/图块定边界(B)〕<退出>:   (单击裁剪边界的第一个角点)
另一个角点<退出>:   (单击对角点)

本例中,应对层间线越过阳台的部分进行裁剪,操作效果如图 13-21 所示。

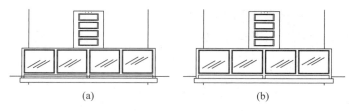

图 13-21　"图形裁剪"功能

13.3.2　立面轮廓

"立面轮廓"功能可以自动搜索除地坪线以外的建筑立面外轮廓,并进行加粗。

单击天正屏幕菜单"立面"选项,打开二级菜单,选择"立面轮廓",本例操作结果如图 13-22 所示,命令行的提示与操作如下:

选择二维对象:　　　　　　　　　　　　　　　（选择立面建筑对象,回车或空格确认）
请输入轮廓线宽度（按模型空间的尺寸）<0>:　　（输入数值,回车执行）
成功生成了轮廓线!

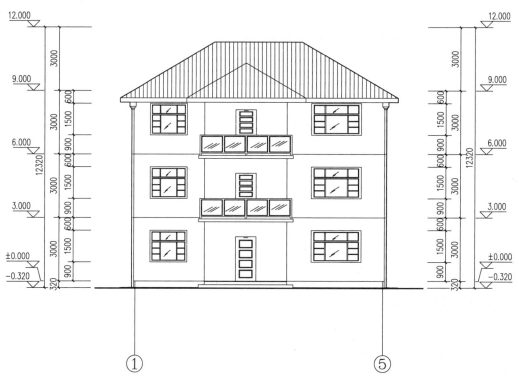

图 13-22　"立面轮廓"功能

13.3.3　立面标注

相比平面标注而言,自动生成的建筑立面图已经包含了主要的尺寸标注和标高标注,只需要在此基础上进行调整,并添加其他符号标注,本节继续结合案例进行介绍。

1. 尺寸标注

采用夹点编辑方法,将坡屋顶的顶部高度调整至屋脊处,变更为 2300,总高变更为 11620。

2. 标高标注

采用 AutoCAD 移动命令"MOVE",将坡屋顶的顶部标高调整至屋脊处,变更为 11.300。

采用 AutoCAD 镜像命令"MIRROR",将室外地坪标高改为倒置,避免重叠。

采用"标高标注"功能,增加阳台处屋顶、檐板上沿与檐板下沿的标高标注,分别为 10.300、8.655、8.455,第 11 章已详细举例介绍具体操作,此处不再赘述。

调整尺寸标注与标高标注完毕,如图 13-23 所示。

图 13-23　调整尺寸标注与标高标注

3. 引出标注

单击天正屏幕菜单"符号标注"选项,打开二级菜单,选择"引出标注",可以进行外立面做法的标注。如图 13-24 所示,界面弹出"引出标注"对话框。

在文字标注框中输入文字,选择"文字样式""箭头样式""文字相对基线对齐方式",设置"字高""箭头大小",可以根据需要选择是否勾选"固定角度""多点共线""引线平行",单击对话框上方 O₂ m² ① ° ± φ % Φ Ⅰ Ⅱ Ⅲ ζ 词 🖳 不同按钮可以实现设置上下标、加圆圈、插入专业符号和特殊字符、打开专业词库、屏幕取词等功能。命令行的提示与操作如下:

请给出标注第一点<退出>:　　　　　　　　　　(单击引线起始点位置)
输入引线位置或 [更改箭头型式(A)]<退出>:　　　(单击引线终止点与基线起始点位置)

图 13-24 "引出标注"对话框

点取文字基线位置<退出>: (单击基线终止点位置)

输入其他的标注点<结束>: (回车或空格结束)

外立面做法标注完毕,如图 13-25 所示。

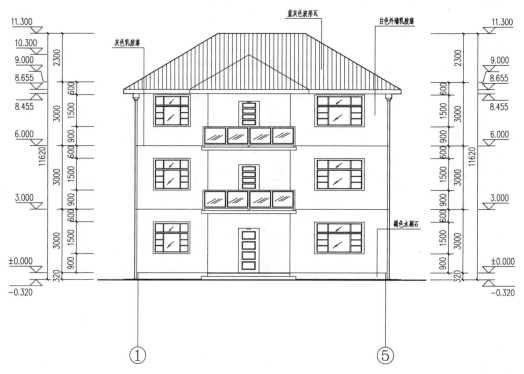

图 13-25 "引出标注"功能

4. 图名标注

单击天正屏幕菜单"符号标注"选项,打开二级菜单,选择"图名标注",即可对立面图进行图名标注,第 11 章已详细举例介绍具体操作,此处不再赘述。

5. 图框插入

单击天正屏幕菜单"文件布图"选项,打开二级菜单,选择"插入图框",即可对立面图进行图框插入,第 11 章已详细举例介绍具体操作,此处不再赘述。

图名标注与图框插入操作,也可以采用 AutoCAD 复制命令"COPY",将已经绘制完毕的平面图的图名及图框复制到立面图中,再双击进行文字修改。

调整轴号标注线长度,本例绘图完成,如图 13-26 所示。

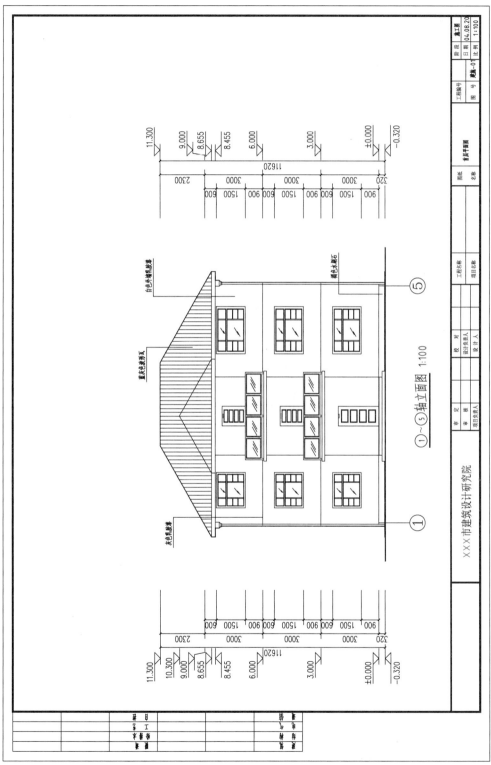

图 13-26　"图名标注"与"图框插入"功能

13.4　习题

一、概念题

1. 在自动生成建筑立面图之前，需要使用_____功能打开或新建工程项目，并添加图纸。

2. 自动生成的立面图可能存在较多错误，需要进行修改与细化，使用_____功能可以进行门窗的替换或添加。

3. 使用_____功能可以根据指定边界对立面构件之间的遮挡实现裁剪。

4. 使用_____功能可以自动搜索不包括地坪线在内的建筑立面外轮廓，并进行加粗。

5. 使用天正屏幕菜单_____二级菜单中的_____功能可以进行外立面做法的标注。

二、操作题（操作视频请查阅电子教学资源库）

运用本章所学内容，绘制如图 13-27 所示的某科研楼建筑立面图，该图为第 12 章图 12-145 某科研楼建筑平面图的正立面图。

13-1　绘制某科研楼建筑立面图

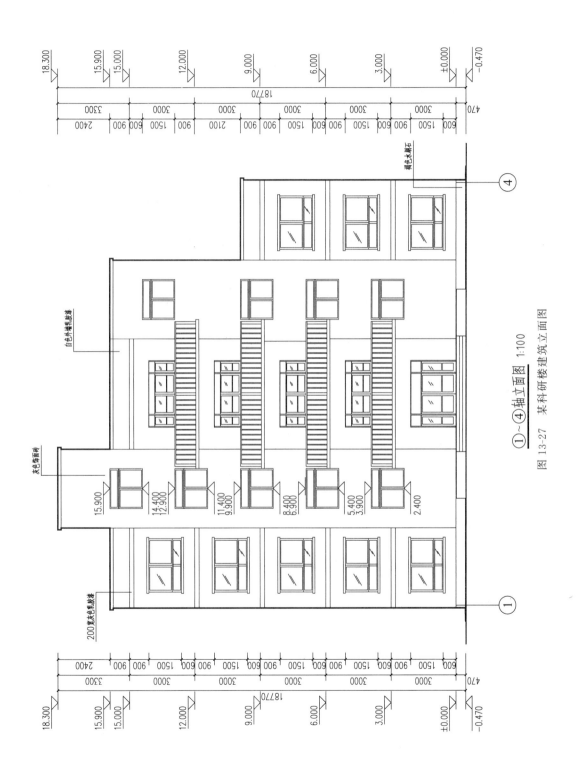

①~④轴立面图 1:100

图 13-27　某科研楼建筑立面图

第14章

建筑剖面图的绘制

　　建筑剖面图用来表达房屋建筑沿竖直方向的内部分层情况和构造做法，与建筑平面图、建筑立面图等都为建筑施工图的主要图样。与建筑立面图相似，建筑剖面图也可以由建筑平面图直接生成，TArch 20 V7.0亦提供了有效而便捷的剖面图绘制功能。本章在第11章某住宅建筑平面图的基础上，继续举例介绍运用 TArch 20 V7.0 绘制建筑剖面图的基本方法和步骤，绘制效果如图14-1所示。

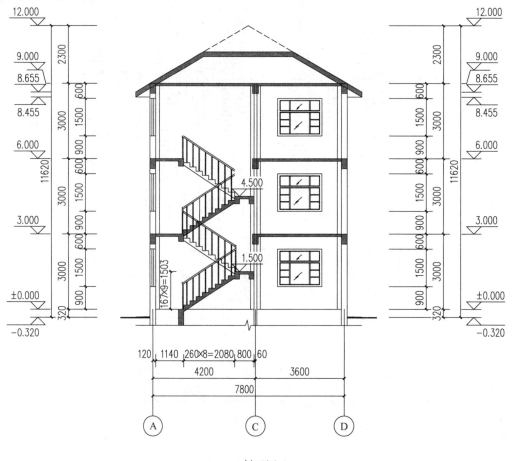

$$1—1剖面图 \quad 1:100$$

图14-1　某住宅建筑剖面图

本章学习内容：

➤ 剖面图的生成

➤ 剖面图的修改与细化

➤ 剖面图的标注与其他

14.1 剖面图的生成

TArch 20 V7.0 提供了自动生成建筑剖面图功能，需要事先进行平面图的剖面符号标注，并结合"工程管理"功能实现。

14.1.1 平面图准备

1. 剖面标注

在自动生成建筑剖面图之前，需要先运用"剖切符号"功能确定房屋建筑的剖切位置，一般选择楼梯处等房屋内部复杂部位，并通过门窗洞。

单击天正屏幕菜单"符号标注"选项，打开二级菜单，选择"剖切符号"，界面弹出"剖切符号"对话框，如图 14-2 所示。

图 14-2 "剖切符号"对话框

设置"剖切编号""文字样式""字高"，根据需要选择是否勾选"剖面图号"，并进行其他相关设置，单击对话框左下方 不同按钮可以选择正交剖切、正交转折剖切、非正交转折剖切、断面剖切等功能。单击 按钮选择"正交剖切"方式进行全剖剖面符号的标注，命令行的提示与操作如下：

点取第一个剖切点<退出>：   （单击剖切位置的第一个点）
点取第二个剖切点<退出>：   （单击剖切位置的第二个点）
点取剖视方向<当前>：   （向左拖动光标，单击确定剖视方向）

在本例的一层平面图中完成 1—1 剖面的剖切符号标注，如图 14-3 所示。

2. 新建工程

与建筑立面图相似，在自动生成建筑剖面图之前，也需要运用"工程管理"功能打开或新建工程项目，否则直接使用"建筑剖面"功能时，界面会弹出如图 14-4 所示的提示对话框。

单击天正屏幕菜单"文件布图"菜单下的"工程管理"选项，在弹出的"工程管理"菜单界面新建或打开工程项目，具体操作见第 10 章"工程管理"部分，此处不再赘述。

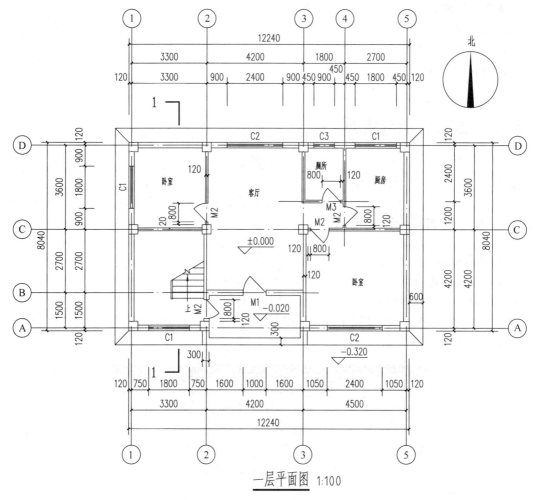

一层平面图 1:100

图 14-3 "剖切符号"功能

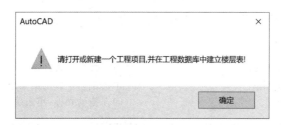

图 14-4 打开或新建工程项目提示对话框

3. 添加图纸

待打开或新建工程项目后,就可以将绘制好的各层平面图添加到当前工程中,具体操作见第 10 章"图纸管理"部分,此处不再赘述。与建筑立面图相似,需要注意以下几点:

- 各层平面图可以绘制在不同的 DWG 文件中,需要添加多张图纸,此时必须保证所有平面图的对齐点坐标都相同,例如,所有图纸的开间方向①轴线与进深方向Ⓐ轴线的交点都在坐标原点;

- 各层平面图也可以绘制在同一个 DWG 文件中,只需要添加一张图纸,在建立楼层信息表时通过框选绘图区指定各层平面图,同时指定对齐点即可。

本例的标准层平面图如图 14-5 所示,屋顶平面图如图 14-6 所示。

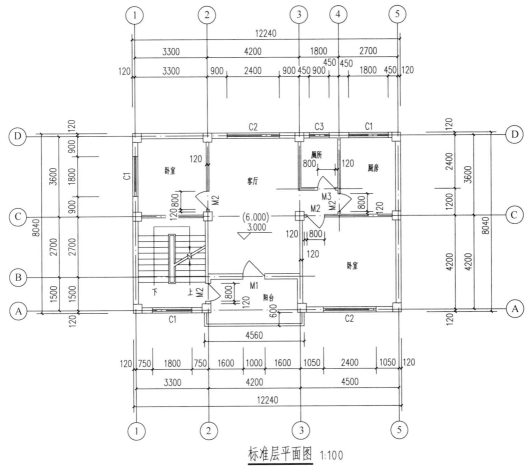

标准层平面图 1:100

图 14-5　某住宅标准层平面图

依次将所有平面图添加完毕,如图 14-7 所示。为了方便在生成剖面图时指定剖切线,需要事先打开剖面标注符号所在的一层平面图。

4. 建立楼层信息表

在"楼层"功能中建立楼层信息表,才可以实现自动生成建筑立面图功能,具体操作见第 10 章"楼层管理"部分,此处不再赘述。楼层信息表建立完毕如图 14-8 所示。与建筑立面图相似,需要注意以下几点:

- 若各层平面图绘制在不同的 DWG 文件中而需要分别选择多张图纸时,可以单击表格上方的"选择标准层文件"按钮 📂 ,也可以单击"文件"单元格后再单击右侧"选择楼层文件"按钮 ▨ 进行操作;
- 若各层平面图绘制在同一个 DWG 文件中而只需要在一张图纸中进行选择时,单击表格上方的"在当前图中框选楼层范围"按钮 ▨ 进行操作;

- 某一张平面图既可以代表一个自然楼层,也可以代表多个在平面布局上相同的楼层。

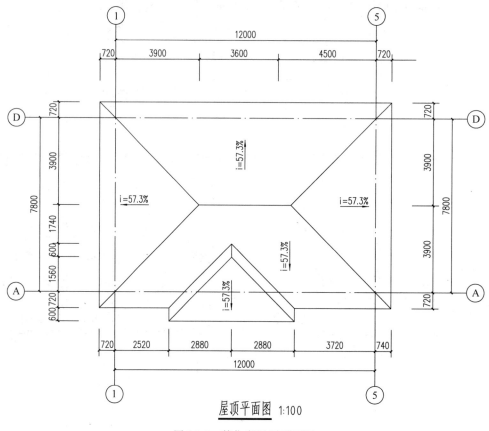

屋顶平面图 1:100

图 14-6 某住宅屋顶平面图

图 14-7 平面图添加

图 14-8 楼层信息表

14.1.2 建筑剖面

"建筑剖面"功能可以根据已经建立的楼层信息表数据,自动生成多层建筑剖面。

单击天正屏幕菜单"剖面"选项,打开二级菜单,如图 14-9 所示,选择"建筑剖面",也可以直接单击"工程管理"对话框中"楼层"功能的"建筑剖面"按钮 <u>田</u>,命令行的提示与操作如下:

请选择一剖切线: (选择一层平面图中的 1—1 剖切线)
请选择要出现在剖面图上的轴线: (选择Ⓐ©Ⓓ轴线,回车或空格确认)

界面弹出"剖面生成设置"对话框,如图 14-10 所示,与"立面生成设置"对话框相似,包括"基本设置"与"标注"两个部分,可以根据需要进行参数设置。

图 14-9 "剖面"二级菜单

图 14-10 "剖面生成设置"对话框

(1) 选择"多层消隐(质量优化)"或"单层消隐(速度优化)",前者考虑相邻楼层间的消隐,精度较好但速度较慢,后者则相反;

(2) 勾选"忽略栏杆以提高速度",可以优化立面生成速度;

(3) 选择是否勾选"左侧标注""右侧标注""绘层间线",即选择是否进行左侧或右侧标高标注与尺寸标注、是否绘制楼层间水平横线;

(4) 输入"内外高差"和"出图比例",前者为一层室内地面与室外地坪的高差,后者为立面图打印出图比例,默认与平面图比例相同;

(5) 单击"生成剖面"按钮,界面弹出"输入要生成的文件"对话框,如图 14-11 所示。

输入文件名,单击"保存"按钮,则创建并自动打开 1—1 剖面图 DWG 文件,如图 14-12 所示。

14.1.3 构件剖面

"构件剖面"功能可以生成当前标准层、某些局部构件或者三维图块对象在指定方向上的剖面图。

单击天正屏幕菜单"剖面"选项,打开二级菜单,选择"构件剖面",命令行的提示与操作如下:

图 14-11 "输入要生成的文件"对话框

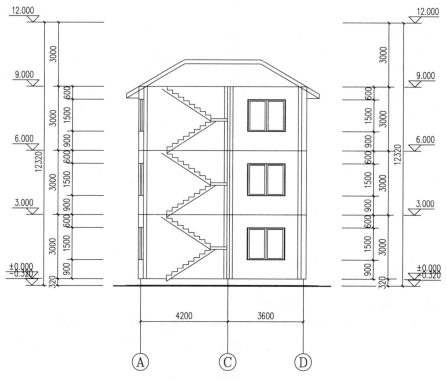

图 14-12 建筑剖面功能

请选择一剖切线:　　　　　　　　　(选择平面图中的剖切线)
请选择需要剖切的建筑构件:　　　　(选择目标平面构件,回车或空格确认)
请点取放置位置:　　　　　　　　　(单击绘图区目标位置插入构件剖面图)

以楼梯构件为例,根据首层楼梯平面图创建楼梯剖面图,如图 14-13 所示。

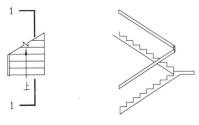

图 14-13　构件剖面功能

14.2　剖面图的修改与细化

　　与建筑立面图相似,利用上述剖面图自动生成功能创建的剖面图,很明显存在局部多余和内容遗漏,有必要进行修改与细化,TArch 20 V7.0 提供了相关功能,供墙、楼板、梁、门窗、檐口、楼梯等进行剖面替换或添加。

14.2.1　剖面墙

　　"画剖面墙"功能可以直接绘制剖面的双线直墙或圆弧墙。

　　单击天正屏幕菜单"剖面"选项,打开二级菜单,选择"画剖面墙",命令行的提示与操作如下:

　　请点取墙的起点
　　(圆弧墙宜逆时针绘制)[取参照点(F)单段(D)]<退出>:　　(单击墙的起点位置)
　　墙厚当前值:左墙 120,右墙 240。　　　　　　　　　(显示当前墙厚数值,可以进行修改)
　　请点取直墙的下一点[弧墙(A)/
　　墙厚(W)/取参照点(F)/回退(U)]<结束>:　　　　　　(单击墙的下一点,回车或空格结束)

　　由于Ⓐ①轴处外墙与Ⓒ轴处内墙的剖断线已自动生成,本例无须进行剖面墙的绘制。

14.2.2　剖面楼板与剖断梁

1. 双线楼板

　　"双线楼板"功能可以绘制剖面双线现浇楼板。

　　单击天正屏幕菜单"剖面"选项,打开二级菜单,选择"双线楼板",命令行的提示与操作如下:

　　请输入楼板的起始点 <退出>:　　　　　　　　　　(单击楼板的起点位置)
　　结束点 <退出>:　　　　　　　　　　　　　　　　(单击楼板的终止位置)
　　楼板顶面标高 <3000>:　　　　　　　　　　　　　(回车默认楼板顶面标高值)
　　楼板的厚度(向上加厚输负值)<200>:　　　　　　　(输入板厚数值,回车执行)

　　本例中,在自动生成的建筑剖面图基础上删去单线表示的楼板,并进行双线楼板绘制,如图 14-14 所示。

2. 预制楼板

　　"预制楼板"功能可以绘制剖面预制楼板。

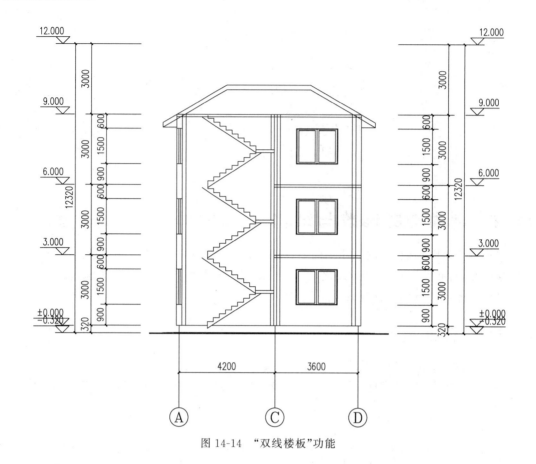

图 14-14 "双线楼板"功能

单击天正屏幕菜单"剖面"选项,打开二级菜单,选择"预制楼板",界面弹出"剖面楼板参数"对话框,如图 14-15 所示,根据需要选择"楼板类型"、设置"楼板参数",进行"基点定位"与"基点选择"等,相关参数设置完毕后,在左侧的预制楼板剖面预览图中观察,确认无误后,单击"确定"按钮,即可在目标位置完成剖面预制楼板的创建,命令行的提示与操作如下:

请给出楼板的插入点 <退出>:   (单击楼板的插入点位置)
再给出插入方向 <退出>:   (拖动光标,单击确定插入方向)

3. 加剖断梁

"加剖断梁"功能可以绘制楼板或休息平台板下的梁剖面,并自动实现楼板底线的裁剪。

单击天正屏幕菜单"剖面"选项,打开二级菜单,选择"加剖断梁",命令行的提示与操作如下:

请输入剖面梁的参照点 <退出>:   (单击轴线与楼板顶面交点处作为参照点)
梁左侧边到参照点的距离 <100>:   (输入数值,回车确认)
梁右侧边到参照点的距离 <100>:   (输入数值,回车确认)
梁底边到参照点的距离 <300>:   (输入数值,回车执行)

在本例的各层双线楼板支承处绘制剖断梁,如图 14-16 所示。

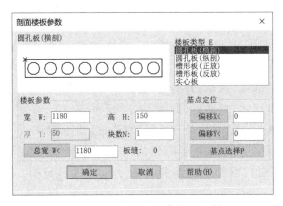

图 14-15 "剖面楼板参数"对话框

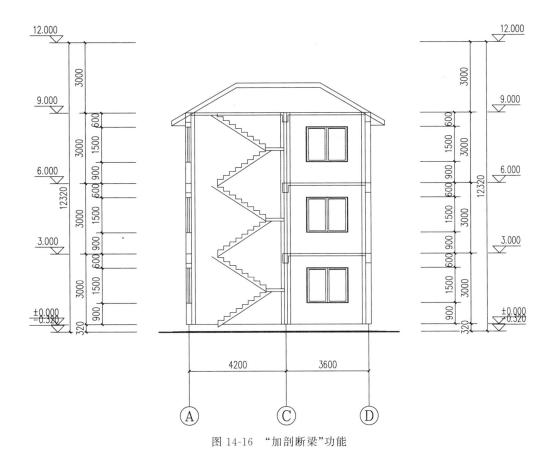

图 14-16 "加剖断梁"功能

14.2.3 剖面门窗与门窗过梁

1. 剖面门窗

"剖面门窗"功能可以在剖面墙上插入、替换或修改剖面门窗。

单击天正屏幕菜单"剖面"选项,打开二级菜单,选择"剖面门窗",界面弹出"剖面门窗样式"对话框,如图 14-17 所示。

单击预览图,界面弹出"天正图库管理系统"对话框,如图 14-18 所示,单击左侧树形目录展开不同类型剖面门窗,在右侧预览图中双击相应门窗进行剖面门窗样式的选择。命令行的提示与操作如下:

图 14-17 "剖面门窗样式"对话框

请点取剖面墙线下端或 [选择剖面门窗样式(S)/
替换剖面门窗(R)/改窗台高(E)/改窗高(H)]<退出>:(单击目标剖面墙线的下端进行选择)
门窗下口到墙下端距离<900>: (输入数值,回车确认)
门窗的高度<1500>: (输入数值,回车执行完毕,按 Esc 键退出)

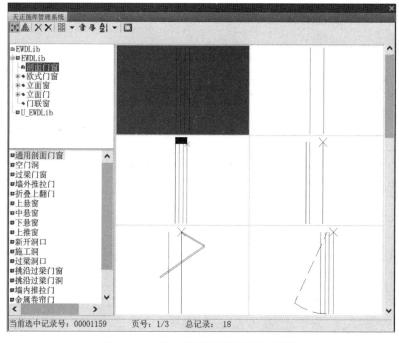

图 14-18 "天正图库管理系统"对话框

插入剖面窗或剖面门,如图 14-19 所示。还可以使用"剖面门窗"功能进行已有剖面门窗的替换或参数修改。

2. 门窗过梁

"门窗过梁"功能可以在已有剖面门窗上添加过梁,并自动进行填充。

单击天正屏幕菜单"剖面"选项,打开二级菜单,选择"门窗过梁",创建效果如图 14-20

所示,命令行的提示与操作如下:

选择需加过梁的剖面门窗:　　　　　　　　(选择目标剖面门窗,回车或空格确认)
输入梁高<200>:　　　　　　　　　　　　(输入数值,回车执行)

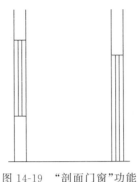

图 14-19　"剖面门窗"功能　　　　　　　　图 14-20　"门窗过梁"功能

14.2.4　剖面檐口

"剖面檐口"功能可以根据参数绘制剖面女儿墙或挑檐。

单击天正屏幕菜单"剖面"选项,打开二级菜单,选择"剖面檐口",界面弹出"剖面檐口参数"对话框,如图 14-21 所示。根据需要选择"檐口类型"、设置"檐口参数",选择是否"左右翻转",进行"基点定位"与"基点选择"等,相关参数设置完毕后,在左侧的剖面檐口预览图中进行观察,确认无误后单击"确定"按钮,即可在指定位置创建剖面檐口,命令行的提示与操作如下:

请给出剖面檐口的插入点 <退出>:　　　　　　　　(单击绘图区目标位置插入剖面檐口)

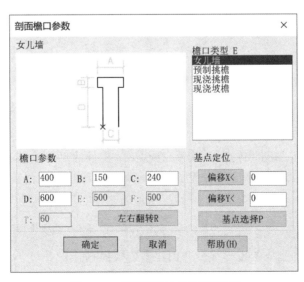

图 14-21　"剖面檐口参数"对话框

14.2.5 剖面楼梯

1. 参数楼梯

"参数楼梯"功能可以根据楼梯参数直接绘制楼梯的剖切部分或可见部分。

单击天正屏幕菜单"剖面"选项,打开二级菜单,选择"参数楼梯",界面弹出"参数楼梯"对话框,如图 14-22 所示,单击"详细参数"按钮,展开详细参数界面,如图 14-23 所示。

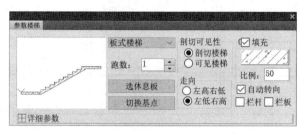

图 14-22 "参数楼梯"对话框

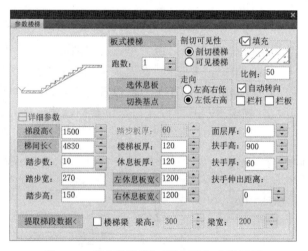

图 14-23 "参数楼梯"对话框详细参数界面

根据楼梯处的剖切位置与剖视方向,选择楼梯类型,设置"跑数""选休息板""切换基点",勾选"剖切可见性""走向",勾选是否"填充""自动转向"和绘制"栏杆""栏板",设置"比例",并进行梯段、梯间、踏步、休息板、扶手、楼梯梁等构件的尺寸设定,在左侧的预览图中进行观察,确认无误后,即可在指定位置完成剖切段与可见段楼梯的创建。命令行的提示与操作如下:

请选择插入点: (单击绘图区目标位置依次插入楼梯剖切段或可见段)

本例中,删去自动生成的楼梯部分并创建参数楼梯,如图 14-24 所示。

2. 参数栏杆

"参数栏杆"功能可以根据栏杆参数绘制与已有楼梯相互匹配的栏杆,还可以实现楼梯栏杆库的自定义扩充或删减。

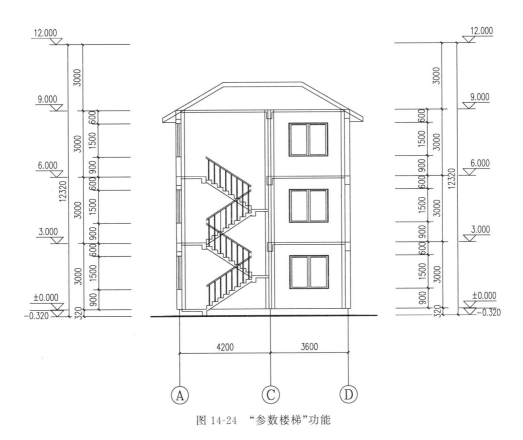

图 14-24　"参数楼梯"功能

单击天正屏幕菜单"剖面"选项,打开二级菜单,选择"参数栏杆",界面弹出"剖面楼梯栏杆参数"对话框,如图 14-25 所示。

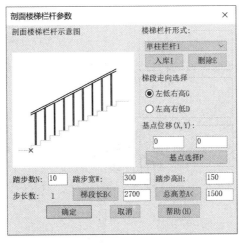

图 14-25　"剖面楼梯栏杆参数"对话框

1) 创建参数栏杆

根据需要选择"楼梯栏杆形式",并在左侧的剖面楼梯栏杆示意图中预览观察,进行"梯段走向选择",设置"基点位移",进行"基点选择",设定踏步、步长、梯段长、总高差等参数,单

击"确定"按钮,命令行的提示与操作如下:

　　请给出剖面楼梯栏杆的插入点 <退出>:　　　　　　(单击绘图区目标位置插入剖面楼梯栏杆)

　　2)扩充栏杆库

　　单击"入库 I"按钮,可以将指定栏杆对象添加进入栏杆库,以便在创建参数栏杆时选择楼梯栏杆形式,命令行的提示与操作如下:

　　请选取要定义成栏杆图案
　　的图元(LINE,ARC,CIRCLE) <退出>:
　　选择对象:　　　　　　　　　　　　　　　　(选择目标对象,回车或空格确认)
　　栏杆图案的起始点 <退出>:　　　　　　　　　(单击栏杆图案的起始点位置)
　　栏杆图案的结束点 <退出>:　　　　　　　　　(单击栏杆图案的结束点位置)
　　栏杆图案的名称 <退出>:　　　　　　　　　　(输入名称,回车确认)
　　步长数 <1>:　　　　　　　　　　　　　　　(输入数值,回车执行)

　　3)删除入库栏杆

　　单击"删除 E"按钮,可以将选定的由用户添加的楼梯栏杆形式从栏杆库中删除。

3. 楼梯栏杆

　　"楼梯栏杆"功能可以自动识别楼梯剖切段与可见段,绘制普通直线栏杆,并自动处理遮挡关系。

　　单击天正屏幕菜单"剖面"选项,打开二级菜单,选择"楼梯栏杆",命令行的提示与操作如下:

　　请输入楼梯扶手的高度 <1000>:　　　　　　　(输入数值,回车确认)
　　是否要打断遮挡线(Y/N)? <Y>:　　　　　　　(回车或空格默认选择打断遮挡线)
　　再输入楼梯扶手的起始点 <退出>:　　　　　　 (单击剖切梯段起始踏步的上端点)
　　结束点 <退出>:　　　　　　　　　　　　　　(单击剖切梯段结束踏步的上端点)
　　再输入楼梯扶手的起始点 <退出>:　　　　　　 (单击可见梯段起始踏步的上端点)
　　结束点 <退出>:　　　　　　　　　　　　　　(单击可见梯段结束踏步的上端点)
　　再输入楼梯扶手的起始点 <退出>:　　　　　　 (回车或空格退出)

　　依次创建剖切梯段与可见梯段的栏杆,并实现扶手部分的自动遮挡,如图 14-26 所示。

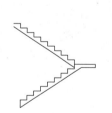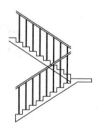

图 14-26　"楼梯栏杆"功能

4. 楼梯栏板

　　"楼梯栏杆"功能可以自动识别楼梯剖切段与可见段,绘制普通直线栏板,并自动处理遮挡关系。

　　单击天正屏幕菜单"剖面"选项,打开二级菜单,选择"楼梯栏板",命令行的提示与操作如下:

请输入楼梯扶手的高度＜1000＞:	（输入数值,回车确认）
是否要将遮挡线变虚(Y/N)?＜Y＞:	（回车或空格默认选择打断遮挡线）
再输入楼梯扶手的起始点 ＜退出＞:	（单击剖切梯段起始踏步的上端点）
结束点 ＜退出＞:	（单击剖切梯段结束踏步的上端点）
再输入楼梯扶手的起始点 ＜退出＞:	（单击可见梯段起始踏步的上端点）
结束点 ＜退出＞:	（单击可见梯段结束踏步的上端点）
再输入楼梯扶手的起始点 ＜退出＞:	（回车或空格退出）

依次创建剖切梯段与可见梯段的栏板,如图 14-27 所示。

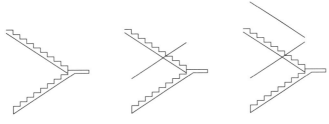

图 14-27　"楼梯栏板"功能

5. 扶手接头

"扶手接头"功能可以对楼梯栏杆或栏板的扶手接头位置作细节处理,与"参数楼梯""参数栏杆""楼梯栏杆""楼梯栏板"等功能配合使用。

单击天正屏幕菜单"剖面"选项,打开二级菜单,选择"扶手接头",命令行的提示与操作如下:

请输入扶手伸出距离＜200＞:	（输入数值,回车确认）
请选择是否增加栏杆	
[增加栏杆(Y)/不增加栏杆(N)]＜增加栏杆(Y)＞:	（输入"Y"或"N"执行）
请指定两点来确定需要连接的一对扶手!	
选择第一个角点＜取消＞:	（单击选择框的第一个角点）
另一个角点＜取消＞:	（单击选择框的另一个角点）
请指定两点来确定需要连接的一对扶手!	
选择第一个角点＜取消＞:	（回车或空格退出）

图 14-28 分别为"楼梯栏杆"与"楼梯栏板"功能创建的栏杆与栏板接头处的闭合。

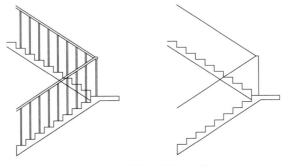

图 14-28　"扶手接头"功能

本例完成了相邻扶手接头与端部扶手接头的闭合、休息平台支承剖面梁的绘制,并调整了一层剖面墙线与楼梯踏步的下端位置,修改了地坪线等,如图 14-29 所示。

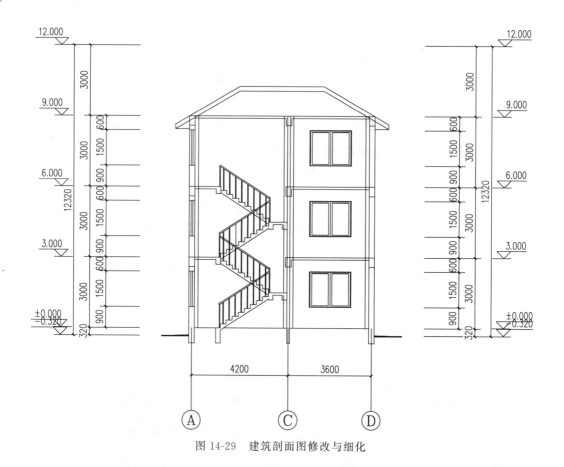

图 14-29　建筑剖面图修改与细化

14.3　剖面图的标注与其他

除上述剖面图主要内容的修改与细化之外,还应进行立面修改、剖面填充与加粗、剖面标注等操作。

14.3.1　立面修改

对于剖面图中未剖切到的可见部分,如看到的门窗、阳台、雨篷、墙面、柱子、雨水管等,需要使用相应的立面功能进行修改,也可以通过 AutoCAD 命令直接进行编辑。

本例中,单击天正屏幕菜单"立面"选项,打开二级菜单,选择"立面门窗",可以完成ⒸⒹ轴线间立面门窗替换,如图 14-30 所示。

14.3.2　剖面填充与加粗

1. 剖面填充

"剖面填充"功能可以指定材料图例进行剖面墙、剖面楼板、剖面梁与剖面楼梯的图案填充。

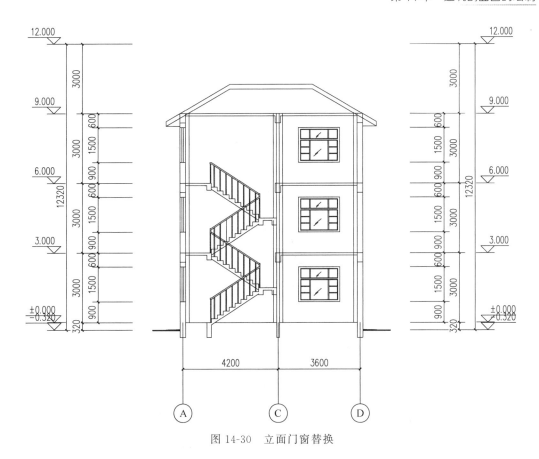

图 14-30　立面门窗替换

单击天正屏幕菜单"剖面"选项,打开二级菜单,选择"剖面填充",命令行的提示与操作如下:

请选取要填充的剖面墙线梁板楼梯<全选>:
选择对象:　　　　　　　　　　　　　　　　　　(选择目标对象,回车或空格确认)

界面弹出"请点取所需的填充图案"对话框,如图 14-31 所示,单击"图案库 L"按钮,进一步打开"选择填充图案"对话框,如图 14-32 所示,可以根据需要选择填充图案、上下翻页、设置填充比例、进行填充预览,单击"确定"按钮即可完成剖面填充。

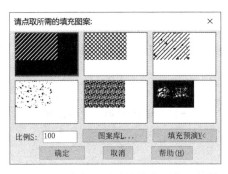

图 14-31　"请点取所需的填充图案"对话框

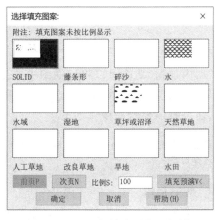

图 14-32　"选择填充图案"对话框

本例填充效果如图 14-33 所示。

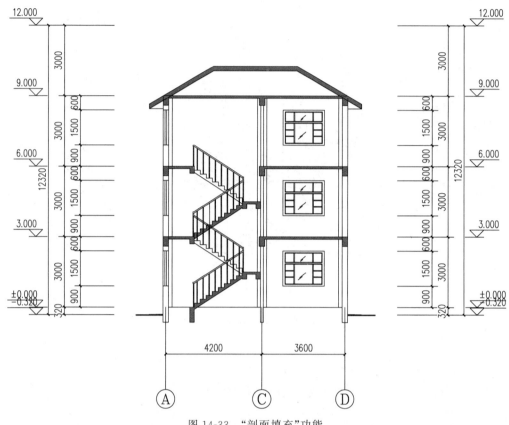

图 14-33 "剖面填充"功能

2. 居中加粗

"居中加粗"功能可以将剖面图中的剖面墙线、梁板线或楼梯线向两侧加粗。

单击天正屏幕菜单"剖面"选项,打开二级菜单,选择"居中加粗",操作效果如图 14-34 所示,命令行的提示与操作如下:

请选取要变粗的剖面墙线梁板楼梯线(向两侧加粗)<全选>:
选择对象:　　　　　　　　　　　　　　　　　　(选择目标对象,回车或空格执行)

3. 向内加粗

"向内加粗"功能可以将剖面图中的剖面墙线、梁板线或楼梯线向内侧加粗。

单击天正屏幕菜单"剖面"选项,打开二级菜单,选择"向内加粗",操作效果如图 14-35 所示,命令行的提示与操作如下:

请选取要变粗的剖面墙线梁板楼梯线(向内侧加粗)<全选>:
选择对象:　　　　　　　　　　　　　　　　　　(选择目标对象,回车或空格执行)

4. 取消加粗

"取消加粗"功能可以将已加粗的剖面墙线、梁板线或楼梯线恢复原状,且不影响已有的剖面填充。

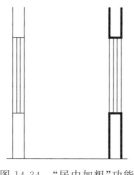

图 14-34 "居中加粗"功能

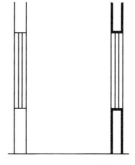

图 14-35 "向内加粗"功能

单击天正屏幕菜单"剖面"选项,打开二级菜单,选择"取消加粗",命令行的提示与操作如下:

请选取要恢复细线的剖切线 <全选>:
选择对象: (选择目标对象,回车或空格执行)

本例采用居中加粗功能,选择所有剖面墙线、梁板线与楼梯线,确认墙线宽度数值,操作完毕如图 14-36 所示。

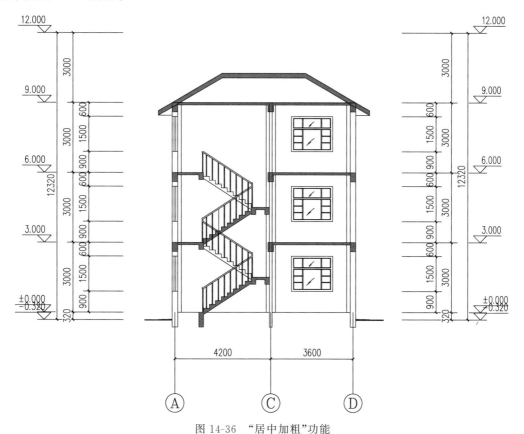

图 14-36 "居中加粗"功能

14.3.3 剖面标注

与立面标注相似,自动生成的建筑剖面图已经包含了主要的尺寸标注和标高标注,只需要在此基础上进行调整和添加,本节继续结合案例进行介绍。

1. 尺寸标注

采用夹点编辑方法,将坡屋顶的顶部高度调整至屋脊处,变更为 2300,总高变更为 11620。

采用"逐点标注"和标注编辑功能,增加一层剖面梯段的水平方向与竖直方向尺寸标注,以及Ⓐ Ⓓ轴线间水平尺寸标注,第 11 章已详细举例介绍具体操作,此处不再赘述。

采用"增补尺寸"功能,增加楼梯间两侧平台的水平尺寸标注,第 11 章已详细举例介绍具体操作,此处不再赘述。

2. 标高标注

采用 AutoCAD 移动命令"MOVE",将坡屋顶的顶部标高调整至屋脊处,变更为 11.300。

采用 AutoCAD 镜像命令"MIRROR",将室外地坪标高改为倒置,避免重叠。

采用"标高标注"功能,增加檐板上沿和檐板下沿的标高标注,分别为 8.655 和 8.455,增加层间休息平台的标高标注,分别为 1.500 和 4.500,第 11 章已详细举例介绍具体操作,此处不再赘述。

3. 加折断线

"加折断线"功能可以绘制单折断线或双折断线,在绘制折断线的同时会自动切割 TArch 对象,并令切割线一侧或之间的对象不显示。

单击天正屏幕菜单"符号标注"选项,打开二级菜单,选择"加折断线",命令行的提示与操作如下:

```
点取折断线起点或［选多段线(S)\
绘双折断线(Q),当前：绘单折断线]<退出>:          (单击折断线的起点位置)
点取折断线终点或［改折断数目(N),当前＝1]<退出>:  (单击折断线的终点位置)
当前切除外部,请选择保留范围
或［改为切除内部(Q)<不切割>:                    (回车或空格执行)
```

本例需要在一层剖面墙线与楼梯踏步的下端绘制折断线。

4. 图名标注

单击天正屏幕菜单"符号标注"选项,打开二级菜单,选择"图名标注",即可对剖面图进行图名标注,第 11 章已详细举例介绍具体操作,此处不再赘述。

5. 图框插入

单击天正屏幕菜单"文件布图"选项,打开二级菜单,选择"插入图框",即可对剖面图进行图框插入,第 11 章已详细举例介绍具体操作,此处不再赘述。

图名标注与图框插入操作,也可以采用 AutoCAD 复制命令"COPY",将已经绘制完毕的平面图或立面图的图名及图框复制到剖面图中,再双击图框进行文字修改。

调整水平方向尺寸标注的位置,本例绘图即完成,如图 14-37 所示。

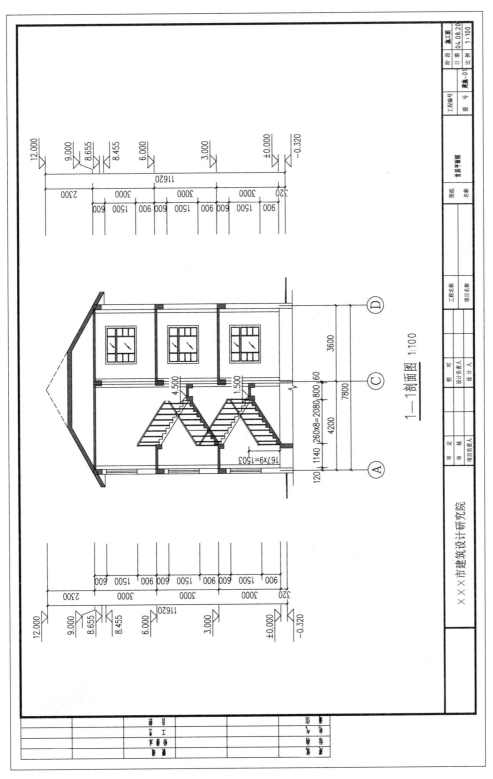

1—1剖面图 1:100

图 14-37　剖面标注功能

14.4 习题

一、概念题

1. 在自动生成建筑剖面图之前，需要使用_____功能打开或新建工程项目，并添加图纸，以及使用_____功能在一层平面图中完成剖切符号标注。

2. 自动生成的剖面图存在较多错误，需要进行修改与细化，使用_____功能可以绘制剖面楼板或休息平台板两端的梁剖面，并自动实现楼板底线裁剪。

3. 使用_____功能可以在剖面墙上插入、替换或修改剖面门窗。

4. 使用_____功能可以根据参数绘制剖面女儿墙或挑檐。

5. 使用_____功能可以根据参数绘制楼梯的剖切与可见部分，再使用_____功能进行扶手接头的细节处理。

6. 可以使用天正屏幕菜单_____二级菜单中的_____功能进行剖面构件的图案填充。

二、操作题（操作视频请查阅电子教学资源库）

运用本章所学内容，绘制如图 14-38 所示的某科研楼建筑剖面图，该图为第 12 章图 12-145 某科研楼建筑平面图的 1—1 剖面图。

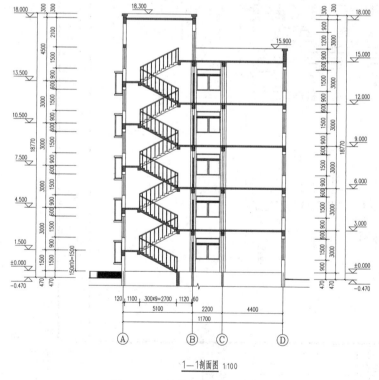

图 14-38　某科研楼建筑剖面图

14-1　绘制某科研楼
建筑剖面图

第15章

TArch 20 V7.0的图块图案

TArch 20 V7.0针对AutoCAD 2022的图块和图案功能进行了改进,提供了更加开放和强大的图库管理系统,用户不仅可以运用各种特定功能方便地进行图块与图案的操作和编辑,还可以根据具体需求进行图库的扩展和维护。

本章学习内容:
➢ 图库管理
➢ 图块操作
➢ 图案管理与编辑

15.1 图库管理

利用TArch 20 V7.0的图库管理功能,用户可以方便而快捷地创建、编辑和管理绘制建筑施工图时常用的一些对象内容,如前述章节介绍的门窗、阳台、栏杆等。

15.1.1 通用图库

"通用图库"功能可以进入图库管理系统,对图库内容进行新建、打开、编辑或使用。

单击天正屏幕菜单"图块图案"选项,打开如图15-1所示二级菜单,选择"通用图库",界面弹出"天正图库管理系统"对话框,如图15-2所示。该对话框界面由工具栏、类别区、名称表、预览区和状态栏等部分组成。

1. 工具栏

工具栏 以按钮方式提供了图库管理的部分常用功能,如新建库、打开图库、批量入库、新图入库、重制、删除、替换等。将光标移到某个按钮上,即出现该按钮的功能提示,单击按钮可以实现相应操作。

2. 类别区

类别区位于工具条下方左侧,以树形目录方式显示,单击可以实现打开、收起或选择等操作,右击可以进行新建、删除、重命名、批量入库、新图入库等操作。

图15-1 "图块图案"二级菜单

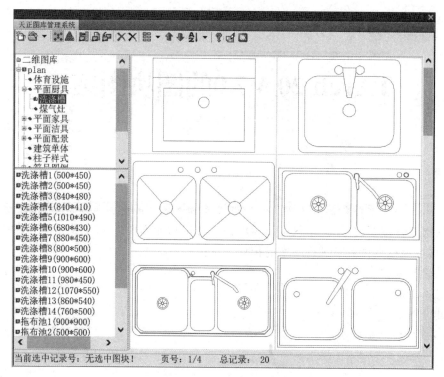

图 15-2　"天正图库管理系统"对话框

3. 名称表

名称表位于类别区下方,列表显示当前类别下的所有图块名称,单击可以进行选择,右击可以进行插入、替换、入库、重制、删除、重命名等操作。

4. 预览区

预览区位于工具条下方右侧,显示当前类别下的所有图块,单击可以进行选择,双击则界面弹出该图块的"图块编辑"对话框,同时命令行出现操作提示。

5. 状态栏

状态栏位于界面最下方,提示当前图块的相关信息。

15.1.2　动态图库

"动态图库"功能可以进入图库管理系统,进行动态图块的相关操作。

单击天正屏幕菜单"图块图案"选项,打开二级菜单,选择"动态图库",界面弹出"天正图库管理系统"对话框,显示"动态图库",如图 15-3 所示。

使用"动态图库"功能插入的图块含有多种参数,单击图块显示蓝色夹点,将光标靠在夹点上,夹点将变红并显示相应的预设功能提示,单击夹点会激活该预设功能。以沙发动态图块为例,如图 15-4 所示,单击"将块与对象对齐"夹点可以移动图块,而单击"沙发样式"夹点则界面弹出沙发样式选择菜单,可以进行沙发样式的切换。

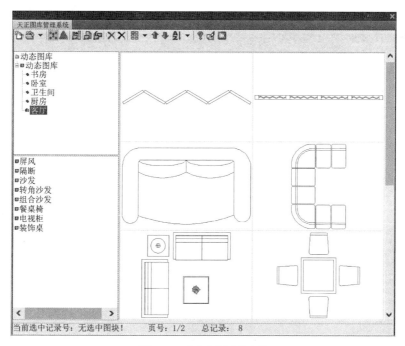

图 15-3　"动态图库"功能

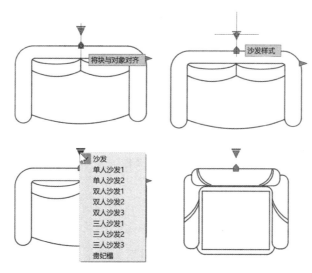

图 15-4　动态图块夹点功能

15.1.3　幻灯管理

"幻灯管理"功能可以通过幻灯库 SLB 文件进行可视方式的辅助管理,对幻灯库内容进行新建、打开、编辑或使用等操作。

单击天正屏幕菜单"图块图案"选项,打开二级菜单,选择"幻灯管理",界面弹出"天正幻灯库管理"对话框,如图 15-5 所示,该对话框的界面组成和操作方法皆与"天正图库管理系统"对话框相似。

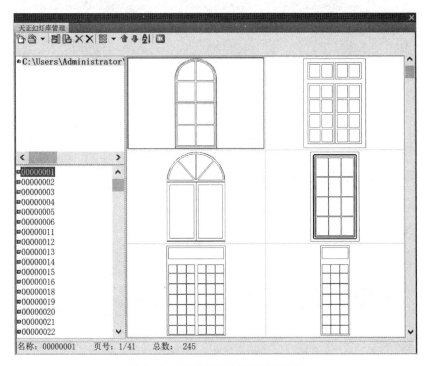

图 15-5　"天正幻灯库管理"对话框

15.1.4　构件库

"构件库"功能可以进入构件图库,对门窗、柱子、楼梯、阳台等构件图库的内容进行新建、打开、编辑或使用。

单击天正屏幕菜单"图块图案"选项,打开二级菜单,选择"构件库",界面弹出"天正构件库"对话框,如图 15-6 所示,其界面组成与操作方法也与"天正图库管理系统"对话框相似。

15.1.5　构件入库

"构件入库"功能可以将指定对象加入构件图库。

单击天正屏幕菜单"图块图案"选项,打开二级菜单,选择"构件入库",命令行的提示与操作如下:

请选择对象:	(选择目标对象,回车或空格确认)
图块基点<(321414,−6413.59,0)>:	(指定基点位置)
制作幻灯片(请用 Zoom 调整合适)	
或 [消隐(H)/不制作返回(X)]<制作>:	(回车或空格执行)

界面弹出"选择构件库目录"对话框,如图 15-7 所示,在对话框中选择目标目录,输入新构件名,单击"确定"按钮,即可完成构件入库操作。

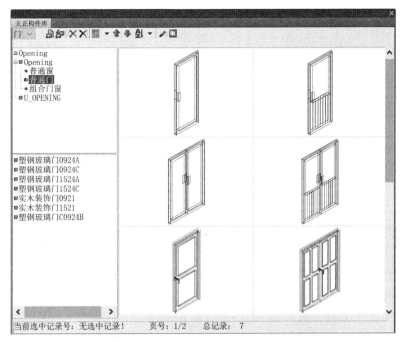

图 15-6　"天正构件库"对话框

图 15-7　"选择构件库目录"对话框

15.2　图块操作

利用图块功能,可以便捷地进行绘图从而避免重复劳动,与 AutoCAD 2022 相比,TArch 20 V7.0 增加了一些特定的图块编辑功能,在图块操作方面更加方便和灵活。

15.2.1　图块转化

"图块转化"功能可以将 AutoCAD 图块对象转化为 TArch 图块对象。

单击天正屏幕菜单"图块图案"选项,打开二级菜单,选择"图块转化",命令行的提示与操作如下:

选择图块:　　　　　　　　　　　　　　(选择目标图块完成操作)

15.2.2　图块改层

"图块改层"功能可以修改已插入图块的内部图层,以区别不同部分的性质。

单击天正屏幕菜单"图块图案"选项,打开二级菜单,选择"图块改层",命令行的提示与操作如下:

请选择要编辑的图块:　　　　　　　　　　(选择目标图块完成操作)

若当前含有两个或两个以上的相同图块对象,界面弹出"图块层编辑"对话框,如图 15-8 所示。可以根据需要选择"图块编辑类型",单击"确定"按钮,界面弹出"图块图层编辑"对话框,如图 15-9 所示。在左侧的"图块层名列表"中选择需要修改的图层名,在右侧的"系统层名列表"中选择系统已有的目标图层名,也可以直接输入新层名,单击"更改"按钮,即可完成图层更改操作,操作完毕后单击"关闭"按钮,即可退出本功能。

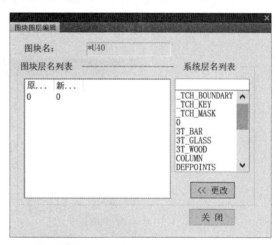

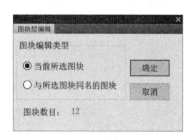

图 15-8　"图块层编辑"对话框　　　　　　　图 15-9　"图块图层编辑"对话框

15.2.3　图块改名

"图块改名"功能可以修改已插入图块的名称。

单击天正屏幕菜单"图块图案"选项,打开二级菜单,选择"图块改名",命令行的提示与操作如下:

请选择要改名的图块<退出>:　　　　　　　　　　(选择目标图块)
其他 29 个同名的图块是否同时
参与修改?[全部(A)/部分(S)/否(N)]< A >:　　(回车或空格默认"A")
请输入新的图块名称:　　　　　　　　　　　　　(输入名称,回车执行)

15.2.4 图块替换

"图块替换"功能可以指定天正图库管理系统中的图块替换图中已插入的图块。

单击天正屏幕菜单"图块图案"选项,打开二级菜单,选择"图块替换",命令行的提示与操作如下:

选择插入的图块<退出>:(选择目标对象,界面弹出"天正图库管理系统"对话框,指定新对象)

15.2.5 多块视图

1. 生二维块

"生二维块"功能可以将普通三维图块消隐生成包含二维图块的同名多视图图块。

单击天正屏幕菜单"图块图案"选项,打开二级菜单,单击带有右三角形按钮 ▶ 的"多块视图",打开如图 15-10 所示三级菜单,选择"生二维块",命令行的提示与操作如下:

选择三维图块:　　　　　　　　　　　　(选择目标对象完成操作)

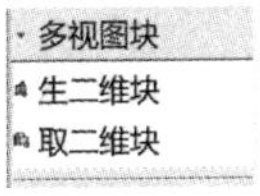

图 15-10 "多块视图"三级菜单

2. 取二维块

"取二维块"功能可以提取多视图块的二维部分,以便于天正二维图块的编辑。

单击天正屏幕菜单"图块图案"选项,打开二级菜单,选择"多块视图"三级菜单下的"取二维块",命令行的提示与操作如下:

选择多视图图块:　　　　　　　　　　　(选择目标对象完成操作)

15.2.6 其他操作

1. 参照裁剪

"参照裁剪"功能可以对图块进行指定边界外的裁剪,裁剪前后其名称与属性不变。

单击天正屏幕菜单"图块图案"选项,打开二级菜单,选择"参照裁剪",操作效果如图 15-11 所示,命令行的提示与操作如下:

选择对象:　　　　　　　　　　　　　　(选择对象,回车或空格确认)
输入剪裁选项
[开(ON)/关(OFF)/剪裁深度(C)/删除(D)/
生成多段线(P)/新建边界(N)]<新建边界>:　(回车或空格默认"新建边界")
指定剪裁边界或选择反向选项:
[选择多段线(S)/多边形(P)/矩形(R)/反向剪裁(I)]<矩形>:　(回车或空格默认"矩形")
指定第一个角点:　　　　　　　　　　　(单击矩形的第一个角点)
指定对角点:　　　　　　　　　　　　　(单击矩形的对角点)

2. 任意屏蔽

"任意屏蔽"功能可以对图形进行指定边界内的显示屏蔽。

单击天正屏幕菜单"图块图案"选项,打开二级菜单,选择"任意屏蔽",命令行的提示与

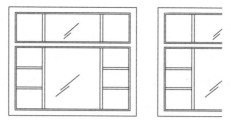

图 15-11 "参照裁剪"功能

操作如下：

指定第一个点或［边框(F)/多段线(P)］<多段线>:(单击屏蔽区域的第一个点)
指定下一个点: (单击屏蔽区域的下一个点)
指定下一个点或［闭合(C)/放弃(U)］:   (依次单击形成封闭区域,回车或空格执行)

操作效果如图 15-12 所示。屏蔽完成后,在屏蔽框关闭的情况下,将光标置于屏蔽边界上,可以显示屏蔽区域边界线,将光标置于图形上,仍然可以显示完整图形。

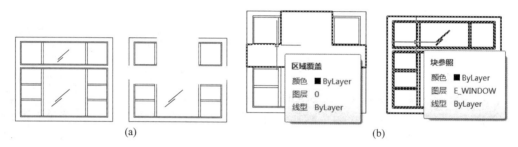

图 15-12 "任意屏蔽"功能

3. 矩形屏蔽

"矩形屏蔽"功能可以使图块以外包矩形为边界遮挡背景。

单击天正屏幕菜单"图块图案"选项,打开二级菜单,选择"矩形屏蔽",命令行的提示与操作如下：

选择图块: (选择目标对象完成操作)

4. 精确屏蔽

"精确屏蔽"功能可以使图块以其轮廓线为边界遮挡背景。

单击天正屏幕菜单"图块图案"选项,打开二级菜单,选择"精确屏蔽",命令行的提示与操作如下：

选择图块: (选择目标对象完成操作)

"矩形屏蔽"与"精确屏蔽"操作效果区别如图 15-13 所示。

5. 取消屏蔽

"取消屏蔽"功能可以取消已有的任意屏蔽、矩形屏蔽或精确屏蔽。

单击天正屏幕菜单"图块图案"选项,打开二级菜单,选择"取消屏蔽",命令行的提示与操作如下：

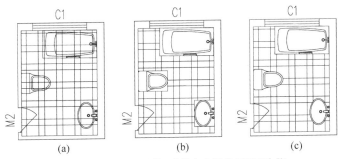

图 15-13　"矩形屏蔽"功能与"精确屏蔽"功能

选择图块或屏蔽对象：　　　　　　　　　　　　（选择目标对象，回车或空格执行）

6. 屏蔽框开

"屏蔽框开"功能可以开启屏蔽框的显示。

7. 屏蔽框关

"屏蔽框关"功能可以关闭屏蔽框的显示。

15.3　图案管理与编辑

利用图案管理与编辑功能，可以根据需要便捷地进行填充图案和线图案的制作与使用，比 AutoCAD 2022 更加方便和灵活。

15.3.1　图案管理

"图案管理"功能可以进入图案管理界面，对图案内容进行新建、修改与删除等操作。

单击天正屏幕菜单"图块图案"选项，打开二级菜单，选择"图案管理"，界面弹出"图案管理"对话框，如图 15-14 所示。

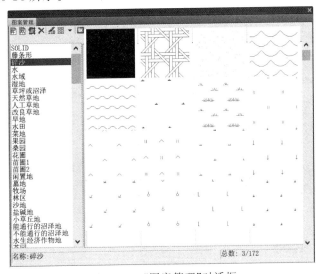

图 15-14　"图案管理"对话框

该对话框界面由工具栏、名称表、预览区和状态栏等部分组成。

1. 工具栏

工具栏 以按钮方式提供了图案管理的部分常用功能，依次为新建直排图案、新建斜排图案、重制图案、删除图案、修改图案比例、改变页面布局、确定等。将光标移到某个按钮上，即出现该按钮的功能提示，单击按钮可以实现相应操作。如图 15-15 所示，为直排图案与斜排图案的制作效果。

2. 名称表

名称表位于左侧，列表显示系统中所有图案的名称，单击选择图案，结合工具条可以进一步进行重制、删除、修改比例等操作。

3. 预览区

预览区位于右侧，预览显示系统中的所有图案，选中的图案以红色显示，右击图案可以进行重建、删除、修改等操作。

4. 状态栏

状态栏位于界面最下方，提示当前图案的相关信息。

> **注意**
>
> （1）TArch 20 V7.0 图案只能使用英文命名；
>
> （2）制作图案的图元只能由点、直线、圆或圆弧组成；
>
> （3）TArch 20 V7.0 新建的直排或斜排图案将与 AutoCAD 原有的图案一起，显示在"HATCH"功能"图案填充和渐变色"对话框的"填充图案选项板"界面的"其他预定义"选项卡中；
>
> （4）结合"HATCH"功能，可根据需要选择图案进行填充操作，详见本书第 3 章。

练一练（操作视频请查阅电子教学资源库）

熟悉图案的管理与编辑功能：

新建如图 15-15 所示的直排与斜排图案，并进行图案填充。

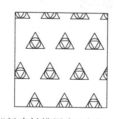

图 15-15　"新建直排图案"与"新建斜排图案"功能　　　　15-1　图案管理与编辑

15.3.2　木纹填充

"木纹填充"功能可以通过横纹、竖纹或断纹等方式对指定区域进行木材图案填充，如

图 15-16 所示。

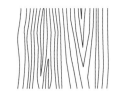

图 15-16　"木纹填充"功能

单击天正屏幕菜单"图块图案"选项,打开二级菜单,选择"木纹填充",命令行的提示与操作如下:

输入矩形边界的第一个角点<选择边界>:　　　　　　　(单击矩形边界的第一个角点)
输入矩形边界的第二个角点<退出>:　　　　　　　　　(单击矩形边界的对角点)
选择木纹[横纹(H)/竖纹(S)/断纹(D)/自定义(A)]<退出>:　(输入木纹选项字母)
点取位置或[改变基点(B)/旋转(R)/缩放(S)]<退出>:　　(单击目标位置插入木纹)

15.3.3　图案加洞

"图案加洞"功能可以在已有填充图案上开洞口。

单击天正屏幕菜单"图块图案"选项,打开二级菜单,选择"图案加洞",命令行的提示与操作如下:

请选择图案填充<退出>:　　　　　　　　　　　　　　(选择目标图案)
矩形的第一个角点或[圆形裁剪(C)/
多边形裁剪(P)/多段线定边界(L)/图块定边界(B)]<退出>:　(单击矩形的第一个角点)
另一个角点<退出>:　　　　　　　　　　　　　　　　(单击矩形的对角点)

如图 15-17 所示,可以进行矩形、圆形、多边形加洞,也可以指定多段线或图块边界进行加洞。

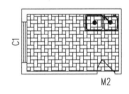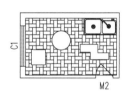

图 15-17　"图案加洞"功能

15.3.4　图案减洞

"图案减洞"功能可以删除已有填充图案上的洞口,恢复填充图案的完整性。

单击天正屏幕菜单"图块图案"选项,打开二级菜单,选择"图案减洞",命令行的提示与操作如下:

请选择图案填充<退出>:　　　　　　　　　　　　　　(选择目标图案)
选取边界区域内的点<退出>:　　　　　　　　　　　　(单击边界区域内任一点完成操作)

15.3.5　线图案

"线图案"功能可以沿指定的直线、圆、圆弧或多段线以预定义的线图案进行连续填充绘制。

单击天正屏幕菜单"图块图案"选项,打开二级菜单,选择"线图案",界面弹出"线图案"对话框,如图 15-18 所示,其操作步骤和内容如下:

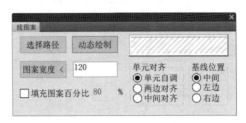

图 15-18　"线图案"对话框

1. 选择线图案类型

单击对话框右侧上方的线图案预览图,界面弹出"天正图库管理系统"对话框,显示线图案图库,如图 15-19 所示,双击选择线图案类型,返回"线图案"对话框。

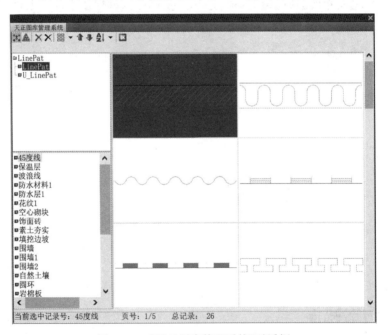

图 15-19　"天正图库管理系统"对话框

2. 设置线图案参数

选择"单元对齐"方式和"基线位置"类型,设置图案宽度和填充百分比。

3. 选择线图案绘制方式

选择"选择路径"或"动态绘制"方式实现线图案的绘制,既可以沿图上已有对象路径绘制,也可以根据动态路径直接绘制,如图 15-20 所示,可以沿直线、圆、圆弧或多段线进行线图案填充。

图 15-20　"线图案"功能

15.3.6　填充面积

"填充面积"功能可以按图案或按图层统计填充面积,并输出统计结果。

单击天正屏幕菜单"图块图案"选项,打开二级菜单,选择"填充面积",界面弹出如图 15-21 所示的"填充面积"对话框,选择统计方式与面积精度,单击"选择填充"按钮,命令行的提示与操作如下:

请选择填充图案<退出>:　　　　　　　　　　　　　(选择目标图案,回车或空格确认)

图 15-21　"填充面积"对话框

自动返回"填充面积"对话框,统计结果显示在左侧列表,单击"标注结果"按钮,对话框自动关闭,命令行的提示与操作如下:

请点取表格的插入位置<退出>:　　　　　　　　　(单击绘图区目标位置,插入标注表格)

对话框显示与统计表格标注效果如图 15-22 所示。

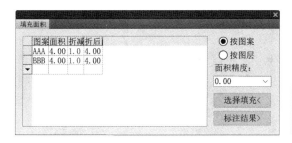

图案名	面积(m^2)	折减系数	折后面积(m^2)
AAA	4.00	1.0	4.00
BBB	4.00	1.0	4.00

图 15-22　"填充面积"功能

15.4 习题

一、概念题

1. "天正图库管理系统"对话框界面由 _____、_____、_____、_____、_____和状态栏等部分组成。

2. 图块的屏蔽功能包括以外包矩形为边界进行遮挡的 _____和以轮廓线为边界进行遮挡的 _____。

3. 使用 _____功能可以进入图案管理界面,对图案内容进行新建、修改与删除等操作。

4. 使用天正屏幕菜单 _____二级菜单中的 _____功能可以沿指定对象或路径以预定义的线图案进行连续填充绘制。

二、操作题(操作视频请查阅电子教学资源库)

1. 熟悉 TArch 20 V7.0 的图库管理功能,联系和区别"天正图库管理系统""天正幻灯库管理""天正构件库"等对话框。

2. 熟悉 TArch 20 V7.0 的图块操作功能,包括转化、改层、改名、替换等。

3. 绘制如图 15-20 所示的线图案。

4. 为本书第 12 章图 12-145 所示的某科研楼建筑平面图的卫生间填充地面,布置洁具与隔断,并进行洁具与隔断的屏蔽,如图 15-23 所示。

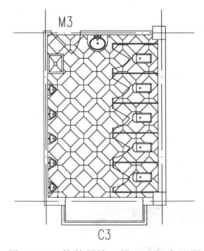

图 15-23 某科研楼一层卫生间布置图

15-2 图库管理功能   15-3 图块操作功能   15-4 绘制线图案   15-5 绘制卫生间布置图

参 考 文 献

[1] 马鹏程,胡仁喜.AutoCAD 2022 中文版从入门到精通[M].北京:人民邮电出版社,2022.

[2] 胡仁喜,韩哲.详解 AutoCAD 2022 建筑设计[M].北京:电子工业出版社,2022.

[3] CAD/CAM/CAE 技术联盟.天正建筑 T 20 V7.0 建筑设计从入门到精通[M].北京:清华大学出版社,2022.

[4] 中华人民共和国住房和城乡建设部.房屋建筑制图统一标准(GB/T 50001—2017)[S].北京:中国建筑工业出版社,2017.

[5] 中华人民共和国住房和城乡建设部.建筑结构制图标准(GB/T 50105—2010)[S].北京:中国建筑工业出版社,2010.

[6] 中华人民共和国住房和城乡建设部.建筑制图标准(GB/T 50104—2010)[S].北京:中国计划出版社,2011.

[7] 中华人民共和国住房和城乡建设部.总图制图标准(GB/T50103—2010)[S].北京:中国计划出版社,2011.

附录A

常用快捷命令

A-1 常用功能键

功能键	说　　明
【F1】	获取帮助
【F2】	实现作图窗口和文本窗口的切换
【F3】	控制对象捕捉模式
【F4】	控制三维对象捕捉模式
【F5】	等轴测平面切换
【F6】	控制动态 UCS 模式
【F7】	控制栅格显示模式
【F8】	控制正交模式
【F9】	控制捕捉模式
【F10】	控制极轴模式
【F11】	控制对象追踪模式
【F12】	控制动态输入模式

A-2 常用 Ctrl 快捷键

快捷键	说　　明
【Ctrl】+1	修改特性
【Ctrl】+2	打开设计中心
【Ctrl】+3	打开工具选项板
【Ctrl】+4	打开图纸集管理器
【Ctrl】+6	打开数据库连接管理器
【Ctrl】+7	打开标记集管理器
【Ctrl】+8	打开快速计算器
【Ctrl】+9	控制命令行开关
【Ctrl】+0	控制全屏显示

续表

快捷键	说　明
【Ctrl】+A	全部选择
【Ctrl】+B	控制捕捉模式
【Ctrl】+C	将选定的对象复制到剪贴板
【Ctrl】+D	控制动态 UCS 模式
【Ctrl】+E	等轴测平面切换
【Ctrl】+F	控制对象捕捉模式
【Ctrl】+G	控制栅格显示模式
【Ctrl】+J	重复执行上一步命令
【Ctrl】+K	超级链接
【Ctrl】+L	控制正交模式
【Ctrl】+N	新建文件
【Ctrl】+O	打开文件
【Ctrl】+P	打印文件
【Ctrl】+Q	退出
【Ctrl】+S	保存文件
【Ctrl】+U	控制极轴模式
【Ctrl】+V	粘贴剪切板上的内容
【Ctrl】+W	控制选择循环模式
【Ctrl】+X	剪切
【Ctrl】+Y	重做
【Ctrl】+Z	取消前一步操作

A-3　常用快捷命令

快捷命令	完整命令	命令说明	快捷命令	完整命令	命令说明
L	LINE	绘制直线	XL	XLINE	绘制构造线
PL	PLINE	绘制多段线	ML	MLINE	绘制多线
REC	RECTANG	绘制矩形	POL	POLYGON	绘制多边形
C	CIRCLE	绘制圆	A	ARC	绘制圆弧
DO	DONUT	绘制圆环	EL	ELLIPSE	绘制椭圆或椭圆弧
SPL	SPLINE	绘制样条曲线	PO	POINT	绘制多个点
DIV	DIVIDE	创建定数等分点	ME	MEASURE	创建定距等分点
H	BHATCH	创建图案填充	HE	HATCHEDIT	编辑图案填充
GD	GRADIENT	创建渐变色	BO	BOUNDARY	创建边界
DI	DIST	距离查询	AA	AREA	面积查询
LI	LIST	列表查询	E	ERASE	删除图形
M	MOVE	移动图形	CO/CP	COPY	复制图形
RO	ROTATE	旋转图形	SC	SCALE	缩放图形
CHA	CHAMFER	倒角	F	FILLET	圆角

快捷命令	完整命令	命令说明	快捷命令	完整命令	命令说明
TR	TRIM	修剪图形	EX	EXTEND	延伸图形
O	OFFSET	偏移图形	MI	MIRROR	镜像图形
S	STRETCH	拉伸图形	LEN	LENGTHEN	拉长图形
BR	BREAK	打断图形	J	JOIN	合并图形
X	EXPLODE	分解图形	AR	ARRAY	阵列图形
PE	PEDIT	多段线编辑	PR/MO	PROPERTIES	打开特性选项板
MA	MATCHPROP	特性匹配	OP	OPTION	打开选项对话框
TO	TOOLBAR	显示隐藏和自定义工具栏	TP	TOOLPALE-TTES	打开工具选项板窗口
LA	LAYER	打开图层特性管理器	DS	DSETTINGS	打开"草图设置"对话框
LT	LINESTYPE	设置对象线型	LTS	LTSCALE	设置线型比例
LW	LWEIGHT	设置对象线宽	COL	COLOR	设置对象颜色
UN	UNITS	设置绘图单位	Z	ZOOM	缩放视图
P	PAN	平移视图	OS	OSNAP	设置对象捕捉模式
SN	SNAP	设置捕捉	RA	REDRAWALL	刷新所有视口的显示
RE	REGEN	从当前视口重生成整个图形	REA	REGENALL	重生成图形并刷新所有视口
ST	STYLE	创建文字样式	DT	DTEXT	创建单行文字
MT	MTEXT	创建多行文字	ED	DDEDIT	编辑文字
TS	TABLESTYLE	创建表格样式	TB	TABLE	创建表格
D	DIMSTYLE	创建标注样式	DLI	DIMLINEAR	创建线性标注
DAL	DIMLIGNED	创建对齐标注	DBA	DIMBASELINE	创建基线标注
DCO	DIMCONTINUE	创建连续标注	DRA	DIMRADIUS	创建半径标注
DDI	DIMDIAMETER	创建直径标注	DJO	DIMJOGGED	创建折弯标注
DAN	DIMANGULAR	创建角度标注	DAR	DIMARC	创建弧长标注
DCE	DIMCENTER	创建圆心标记	DJL	DIMJOGLINE	创建折弯线性标注
MLS	MLEADERSTYLE	创建多重引线样式	MLD	MLEADER	创建多重引线
DED	DIMEDIT	编辑标注	B	BLOCK	创建图块
W	WBLOCK	创建外部图块	I	INSERT	插入图块
BE	BEDIT	在块编辑器中打开块定义	ATT	ATTDEF	定义属性
PRINT	PLOT	创建打印	EXP	EXPORT	输出数据
PRE	PREVIEW	创建打印预览	V	VIEW	命名视图